王小荣 主编　张友鹏 主审

机床数控
技术及应用

JICHUANG SHUKONG

JISHU JI YINGYONG

化学工业出版社

·北京·

图书在版编目（CIP）数据

机床数控技术及应用/王小荣主编. —北京：化学工
业出版社，2017.1
ISBN 978-7-122-28542-3

Ⅰ.①机… Ⅱ.①王… Ⅲ.①数控机床-教材
Ⅳ.①TG659

中国版本图书馆 CIP 数据核字（2016）第 279016 号

责任编辑：王　烨　项　潋　　　　　　　文字编辑：陈　喆
责任校对：宋　夏　　　　　　　　　　　装帧设计：刘丽华

出版发行：化学工业出版社（北京市东城区青年湖南街 13 号　邮政编码 100011）
印　　装：北京虎彩文化传播有限公司
787mm×1092mm　1/16　印张 15¼　字数 417 千字　2017 年 2 月北京第 1 版第 1 次印刷

购书咨询：010-64518888　　　　　　　售后服务：010-64518899
网　　址：http://www.cip.com.cn
凡购买本书，如有缺损质量问题，本社销售中心负责调换。

定　　价：59.00 元　　　　　　　　　　　　　　　版权所有　违者必究

前言 ▶▶▶
FOREWORD

数控技术集机械制造技术、计算机技术、自动控制技术、测量技术、液压与气压传动技术等于一体，是制造业自动化、柔性化、集成化生产的基础，它的广泛应用使全球制造业发生根本性的变化，它引起世界各国科技界和工业界的很大重视，可以说数控技术的应用与创新是21世纪机械制造行业进行技术更新与改造、向机电一体化方向发展的主要途径和主要手段。数控技术的水平及应用状况已成为衡量一个国家工业现代化水平的主要标志之一。

随着数控技术在我国的普及与发展，迫切需要培养大量素质高、能力强、掌握超硬刀具应用的数控技术应用人才。为适应数控技术和国民经济发展的需要，我们编写了《机床数控技术及应用》一书。在编写中，我们力求反映数控技术基本知识、核心技术与最新技术成就，重视理论与实际相结合，取材和叙述上层次分明、内容合理。本书数控加工实例中的数控加工程序全部由编者经机床加工验证。本书可作为相关专业技术人员的参考书，也可作为高等院校工科机械类专业数控技术课程的教材或参考用书。

本书共分8章：第1章介绍数控机床及其数控技术；第2章介绍计算机数控系统；第3章介绍数控机床伺服系统；第4章介绍数控机床检测系统；第5章介绍数控机床机械结构；第6章介绍数控机床加工程序编制；第7章介绍数控加工工艺；第8章介绍数控加工实例。

本书由王小荣老师主编，王朝琴、张红和陈德道老师参编。其中，第1章由陈德道编写，第2章、第3章、第5章由王朝琴编写，第4章、第7章、第8章由王小荣编写，第6章由张红编写。全书由张友鹏（教授，博士生导师）主审。本教材受到甘肃省国际科技合作专项（1604WKCA008）支持。

由于编者时间有限，书中难免有不足之处，敬请读者批评指正。

编　者

目录

CONTENTS

第 8 章　数控加工实例

参考文献

数控机床概述

1.1 数控机床产生与发展

1.1.1 数控机床的产生

科学技术和社会生产的不断发展，对机械产品的质量和生产率提出了越来越高的要求。机械加工工艺过程的自动化是实现上述要求的最重要措施之一。它不仅能够提高产品的质量，提高生产效率，降低生产成本，还能够大大改善工人的劳动强度。

许多生产企业已经采用了自动机床、组合机床和专用自动生产线。采用这种高度自动化和高效率的设备，尽管需要很大的初始投资以及较长的生产准备时间，但在大批量的生产条件下，由于分摊在每一个工件上的费用很少，经济效益仍然是非常显著的。但是，在机械制造工业中，并不是所有的产品零件都具有很大的批量，单件与小批生产的零件（批量在 $10 \sim 100$ 件）约占机械加工总量的 80%。尤其是在造船、航天、航空、机床、重型机械以及国防部门，其生产特点是加工批量小、改型频繁、零件的形状复杂而且精度要求高，如果采用专用化程度很高的自动化机床加工这类零件就显得很不合适，因为生产过程中需要经常改装与调整设备，对于专用生产线来说，这种改装与调整甚至是不可能实现的。近年来，由于市场竞争日趋激烈，为在竞争中求得生存与发展，就必须频繁地改型，并缩短生产周期，满足市场上不断变化的需要。因此，即使是大批量生产，也改变了产品长期一成不变的做法。频繁地开发新产品，使"刚性"的自动化设备即使在大批生产中也日益暴露其缺点。已经使用的各类仿形加工机床部分地解决了小批量、复杂零件的加工。但在更换零件时，必须制造靠模和调整机床，这不但要耗费大量的手工劳动，延长了生产准备周期，而且由于靠模误差的影响，加工零件的精度很难达到较高的要求。为了解决上述这些问题，满足多品种、小批量的自动化生产，迫切需要一种灵活的、通用的、能够适应产品频繁变化的柔性自动化机床。

数字控制（Numerical Control，简称 NC 或数控）机床就是在这样的背景下诞生与发展起来的。它极其有效地解决了上述矛盾，为单件、小批生产精密复杂零件提供了自动化加工手段。

数控机床的工作原理是：将加工过程所需的刀具与工件之间的相对位移量以及各种操作（如主轴变速、松夹工件、进刀与退刀、开车与停车、选择刀具、供给切削液等）都用数字化的信息代码来表示，并将数字信息送入专用的或通用的计算机，计算机对输入的信息进行处理与运算，发出各种指令来控制机床的伺服系统或其他执行元件，使机床自动加工出所需要的工件。数控机床与其他自动机床的一个根本区别在于，当加工对象改变时，除了重新装夹工件和更换刀具之外，只需要更换加工程序，不需要对机床作任何调整。

1952 年，美国帕森斯公司（Parsons）和麻省理工学院（MIT）合作研制成功世界上第一台三坐标数控铣床，用于加工直升机叶片轮廓检查用样板。这是一台采用专用计算机进行运算与控制的直线插补轮廓控制数控铣床，专用计算机采用电子管元件，逻辑运算与控制采用硬件连接的电路。1955 年后，该类机床进入实用化阶段，在复杂曲面的加工中发挥了重要作用。

我国从 1958 年开始研制数控机床，在研制与推广使用数控机床方面取得了一定成绩。近年来，由于引进了国外的数控系统与伺服系统的制造技术，使我国数控机床在品种、数量和质量方面得到了迅速发展。目前，我国已有几十家机床厂能够生产不同类型的数控机床和加工中心。我国经济型数控机床的研究、生产和推广工作也取得了较大的进展，它必将对我国各行业的技术改造起到积极的推动作用。目前，在数控技术领域中，我国和先进的工业国家之间还存在着不小的差距，但这种差距正在缩小。随着工厂、企业技术改造的深入开展，各行各业对数控机床的需要量将会有大幅度的增长，这将有力地促进数控机床的发展。

1.1.2 计算机数控系统的特点

随着电子技术和计算机技术的不断发展，数控系统经历了逻辑数字控制阶段（NC 阶段）和计算机数字控制阶段（CNC 阶段）。NC 阶段数控系统发展经历了电子管时代、晶体管时代、小规模集成电路时代。自 1970 年小型计算机用于数控系统，数控系统发展进入 CNC 阶段，这是第四代数控系统。从 1974 年微处理器用于数控系统，数控系统发展到第五代，经过几年的发展，数控系统从性能到可靠性均得到很大的提高。自 20 世纪 70～80 年代，数控系统在全世界得到了大规模的发展和应用。从 20 世纪 90 年代开始，PC 机的发展日新月异，基于 PC 平台的数控系统应运而生，数控系统发展进入第六代，但目前市场上流行的和企业普遍使用的仍然是第五代数控系统。

数控系统中引入了微型计算机（简称微机），使它在质的方面完成了一次飞跃。计算机数控（Computer Numerical Control，简称 CNC）系统有许多优点。

（1）柔性好

硬件数控系统的许多功能是靠硬件电路来实现的。若想改变系统的功能，必须重新布线，但计算机数控系统能利用控制软件灵活地增加或改变数控系统的功能，更能适应生产发展的需要。

（2）功能强

可利用计算机技术及其外围设备，增强数控系统及数控机床的功能。例如，利用计算机图形显示功能，检查编程的刀具轨迹，纠正编程错误，还可检查刀具与机床、夹具碰撞的可能性等；利用计算机网络通信的功能，便于数控机床组成生产线等。

（3）可靠性高

计算机数控系统可使用磁带、软盘和网络等许多输入装置，避免了以往数控机床由于频繁地开启光电阅读机而造成的信息出错的缺点。与硬件数控相比，计算机数控尽量减少硬件电路，显著地减少了焊点、接插件和外部连线，提高了可靠性。此外，计算机数控系统一般都具备自诊断功能，可及时指出故障原因，便于维修或预防操作失误，减少停机时间。这一切使得现代数控系统的无故障运行时间大为提高。

（4）易于实现机电一体化

由于计算机电路板上采用大规模集成电路和先进的印制电路排版技术，只要采用数块印制电路板即可构成整个控制系统，而将数控装置连同操作面板装入一个不大的数控箱内，可与机床结合在一起，减少占地面积，有利于实现机电一体化。

（5）经济性好

采用微机数控系统后，系统的性能价格比大为提高。现在不但大型企业，就是中小型企业也逐渐采用 CNC 数控机床了。

1.1.3 数控机床的应用范围

数控机床确实存在一般机床所不具备的许多优点，但是这些优点都是以一定条件为前提的。数控机床的应用范围正在不断扩大，但它并不能完全代替其他类型的机床，也不能以最经济的方式解决机械加工中的所有问题。数控机床通常最适合加工具有以下特点的零件。

① 多品种小批量生产的零件。图 1-1 表示了三类机床的零件加工批量与综合费用的关系。从图中可以看出，零件加工批量的增大对于选用数控机床是不利的。其原因在于：数控机床设备费用高昂，与大批量生产采用的专用机床相比，其效率还不够高。通常，采用数控机床加工的合理生产批量在 10～200 件之间，目前有向中批量发展的趋势。

② 结构比较复杂的零件。图 1-2 表示了三类机床的被加工零件复杂程度与零件批量大小的关系。通常数控机床适宜于加工结构比较复杂、在非数控机床上加工时需要有昂贵的工艺装备的零件。

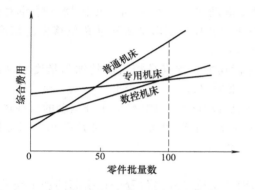

图 1-1 零件加工批量与综合费用的关系

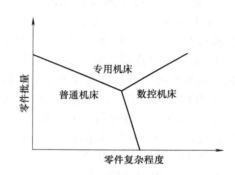

图 1-2 数控机床适用范围示意图

③ 需要频繁改型的零件。它节省了大量的工艺装备费用，使综合费用下降。

④ 价格昂贵、不允许报废的关键零件。

⑤ 需要最短生产周期的急需零件。广泛推广数控机床的最大障碍是设备的初期投资大，由于系统本身的复杂性，又增加了维修费用。如果缺少完善的售后服务，往往不能及时排除设备故障，将会在一定程度上影响机床的利用率，这些因素都会增加综合生产费用。

考虑到以上所述的种种原因，在决定选用数控机床加工时，需要进行反复对比和仔细的经济分析，使数控机床发挥它的最好经济效益。

1.1.4 数控机床和数控系统的发展

现代数控机床及其数控系统，目前主要向高速、高精度化方面发展。

要提高机械加工的生产率，其中最主要的方法是提高速度，但这样做会降低加工精度。现代数控机床在提高加工速度的同时，也在进行高精度化。目前可在 $0.1\mu m$ 的最小设定单位时，进给速度达到 $24m/min$。要做到这一点，就要对机械和数控系统提出更高的要求。

（1）机械方面

例如，机床主轴要高速化，就要提高主轴和机床机械结构的动、静态刚度；采用能承受高速的机械零件，如采用陶瓷滚珠轴承等。

(2) 数控系统方面

主要是提高计算机的运算速度。现代数控系统已从16位的CPU，发展到普遍采用32位的CPU，并向64位的CPU发展。主机频率由5MHz提高到20~33MHz。有的系统还制造了插补器的专用芯片，以提高插补速度；有的采用多CPU系统，减轻主CPU负担，进一步提高控制速度。

(3) 伺服系统方面

① 采用数字伺服系统　使伺服电动机的位置环、速度环的控制都实现数字化。FANUC15系列开发出专用的数字信号处理器，位置指令输入后，它与从脉冲编码器检测来的位置信息以及从电动机测速装置检测来的速度信息一起，在专用的微处理器芯片内，进行控制位置、速度控制等运算，最后向功率放大器发出指令，以达到对电动机的高速、高精度控制。

② 采用现代控制理论提高跟随精度　当数控系统发出位置指令后，由于机械部分不能很快响应会产生滞后现象，影响了加工精度。现代控制理论中有各种算法能够实现高速和高精度的伺服控制，但是，由于它们的计算方法太复杂，以往的计算机运算速度不够，很难实现。现在计算机的运算速度和存储容量都加大很多，有时还可采用专用芯片的办法，使复杂的计算能够在线实现，使得滞后量减少很多，从而提高了跟随精度。

③ 采用高分辨率的位置编码器　一般交流伺服电动机轴上装有回转编码器（脉冲发生器），用来检测电动机的角位移。显然，编码器的分辨率越高，则电动机转动角位移就越精确。现代高分辨率位置编码器绝对位置的测量可达163840p/r。

④ 实现多种补偿功能　数控系统能实现多种补偿功能，提高数控机床的加工精度和动态特性。数控系统的补偿功能主要用来补偿机械系统带来的误差。

a. 直线度的补偿。随着某一轴的运动，对另一轴加以补偿，以提高工作台运动的直线度。

b. 采用新的丝杠导程误差补偿方法。用几条近似线表示导程误差，仅对其中几个点进行补偿。此法可减少补偿数据的设定点数，使补偿方法大为简化。

c. 丝杠、齿轮间隙补偿。

d. 热变形误差补偿，用来补偿由于机床热变形而产生机床几何位置变化引起的加工误差。

e. 刀具长度、半径等补偿。

f. 存储型补偿。这种补偿方法，可根据机床使用时的实际情况（如机床零件的磨损情况等）适时地修正补偿值。

提高数控系统的可靠性，可大大降低数控机床的故障率。新型数控系统大量使用大规模和超大规模集成电路，还采用专用芯片提高集成度以及使用表面封装技术等方法，减少了元器件数量和它们之间的连线和焊点数目，从而大幅度降低系统的故障率。

此外，现代数控系统还具有人工智能（AI）故障诊断系统，用它来诊断数控系统及机床的故障，把专家们所掌握的对于各种故障原因及其处置方法作为知识库储存到计算机的存储器中，以知识库为依据来开发软件，分析查找故障原因。只要回答显示器提出的简单问题，就能和专家一样诊断出机床的故障原因，提出排除故障的方法。

由于CNC系统使用的计算机容量越来越大，运算速度越来越快，使得CNC系统不仅能完成机床的数字控制功能，而且还可以充分利用软件技术，使系统智能化，给使用者以更大的帮助。例如，将迄今为止必须由编程员决定的零件的加工部位、加工工序、加工顺序等由CNC系统自动决定。操作者只要将加工形状和必要的毛坯形状输进CNC系统，就能自动生成加工程序。这样数控加工的编程时间将大为缩短，即使经验不足的操作者也能进行操作。CNC系统如何与人工智能技术相结合，尚待研究开发。除了上述故障诊断和编程方面的应用外，还有更大的领域留待我们去探索。

越来越多的工厂希望将多台数控机床组成各种类型的生产线或者DNC（Direct Numeri-cal

Control 直接数字控制）系统。这就要求 CNC 系统提高联网能力。一般 CNC 系统都具有 RS232 远距离串行接口，可以按照用户的格式要求，与同一级计算机进行多种数据交换。为了满足不同厂家、不同类型数控机床联网功能要求，现代数控系统大都具有 MAP（制造自动化协议）接口，现在已实现了 MAP3.0 版本，并采用光缆通信，以提高数据传送速度和可靠性。

1.2　数控机床基本工作原理

1.2.1　数控机床的工作原理

在数控机床上加工零件通常经过以下几个步骤。

① 根据加工零件的图样与工艺方案，用规定的代码和程序格式编写程序单，并把它记录在载体上。

② 把程序载体上的程序通过输入装置输入 CNC 单元中。

③ CNC 单元将输入的程序经过处理之后，向机床各个坐标的伺服系统发出信号。

④ 伺服系统根据 CNC 单元发出的信号，驱动机床的运动部件，并控制必要的辅助操作。

⑤ 通过机床机械部件带动刀具与工件的相对运动，加工出要求的工件。

⑥ 检测机床的运动，并通过反馈装置反馈给 CNC 单元，以减小加工误差。当然，对于开环数控机床来说是没有检测、反馈系统的。

1.2.2　数控系统的主要工作过程

数控系统的主要任务是进行刀具和工件之间相对运动的控制，图 1-3 初步描绘了数控系统的主要工作过程。

在接通电源后，微机数控装置和可编程控制器都将对数控系统各组成部分的工作状态进行检查和诊断，并设置初态。当数控系统具备了正常工作的条件时，可开始进行加工控制信息的输入。

工件在数控机床上的加工过程由数控加工程序来描述。按照管理形式的不同，编程工作可以在专门的编程场所进行，也可以在机床前进行。对于前一种情况，在加工准备阶段，利用专门的编程系统产生数控加工程序，并保存到控制介质上，再输入数控装置，或者采用通信方式直接传输到数控装置，操作员可按照需要，通过数控面板对读入的数控加工程序进行修改；对于后一种情况，操作员可直接利用数控装置本身的编辑器进行数控加工程序的编写和修改。

输入数控装置的加工程序是按工件坐标系来编程的，而机床刀具相对于工件是按机床坐标系运动的，同时加工所使用的刀具参数也各不相同，因此，在加工前，还要输入使用的刀具参数，以及工件编程原点相对于机床原点的坐标位置。

输入加工控制信息后，可选择一种加工方式（如手动方式，或自动方式中的单段方式和连续方式），启动加工运行，此时，数控装置在系统控制程序的作用下，对输入的加工控制信息进行预处理，即进行译码以及刀具半径补偿和刀具长度补偿计算，系统进行数控加工程序译码（或解释）时，将其区分成几何的、工艺的数据和开关功能。几何数据是刀具相对工件的运动路径数据，如有关坐标指定等，利用这些数据可加工出要求的工件几何形状；工艺数据是主轴转速和进给速度等功能，即 F、S 功能和部分 G 功能；开关功能是对机床电器的开关命令，例如主轴启/停、刀具选择和交换、冷却液的启/停、润滑液的启/停等辅助 M 功能指令等。

由于在编写数控加工程序时，一般不考虑刀具的实际几何数据，所以，数控装置根据工件

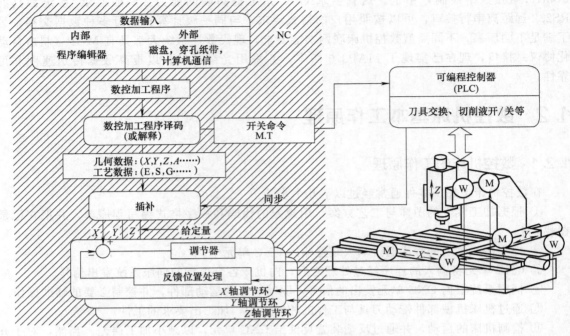

图 1-3　数控系统的主要工作过程

M—电动机；W—位置传感器

几何数据和在加工前输入的实际刀具参数，要进行相应的刀具补偿计算，简称刀补计算。在数控系统中存在着多种坐标系，根据输入的实际工件原点，加工过程所采用的各种坐标系等几何信息，数控装置还要进行相应的坐标变换。

数控装置对加工控制信息预处理完毕后，开始逐段运行数控加工程序。要产生的运动轨迹在几何数据中由各曲线段起、终点及其连接方式（如直线和圆弧等）等主要几何数据给出，数控装置中的插补器能根据已知的几何数据计算出刀具一系列的加工点，并完成所谓的数据"密化"工作，即完成插补处理。插补后的位置信号与检测到的位置信号进行位置处理，处理后的信号控制伺服装置，由伺服装置驱动电动机运动，从而带动机床运动件运动。

由数控装置发出的开关命令在系统程序的控制下，在各加工程序段插补处理开始前或完成后，适时输出给机床控制器。在机床控制器中，开关命令和由机床反馈的回答信号一起被处理和转换为对机床开关设备的控制命令。在现代的数控系统中，大多数机床控制电路都用 PLC 中可靠的开关功能来实现。

在机床的运行过程中，数控系统要随时监视数控机床的工作状态，通过显示部件及时向操作者提供系统工作状态和故障情况。此外，数控系统还要对机床操作面板进行监控，因为机床操作面板的开关状态可以影响加工状态，需及时处理有关信号。

1.3　数控机床分类

目前，为了研究数控机床，可从不同的角度对数控机床进行分类。

1.3.1　按控制系统的特点分类

(1) 点位控制数控机床

对于一些孔加工用数控机床，只要求获得精确的孔系坐标定位精度（图 1-4）而不管从一个孔到另外一个孔是按照什么轨迹运动,如坐标钻床、坐标铣床以及冲床等,就可以采用简单而价格低廉的点位控制系统。

这种点位控制系统,为了确保准确的定位,系统在高速运行后,一般采用3级减速,以减小定位误差。但是,由于移动件本身存在惯性,而且在低速运动时,摩擦力有可能变化,所以即使系统关断后,工作台并不立即停止,形成定位误差,而且这个值有一定的分散性。

(2)直线控制数控机床

某些数控机床不仅要求具有准确定位的功能,而且要求从一点到另一点之间按直线移动,并能控制位移的速度(图1-5)。因为这一类型的数控机床在两点间移动时,要进行切削加工。所以对于不同的刀具和工件,需要选用不同的切削用量及进给速度。

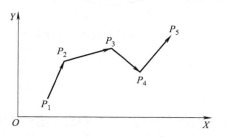

图 1-4　数控机床的点位加工

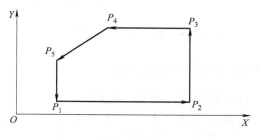

图 1-5　数控机床的直线加工

这一类的数控机床包括经济型数控镗铣床、数控车床等。一般情况下,这些数控机床有2~3个可控轴,但可同时控制轴数只有1个。

为了能在刀具磨损或更换刀具后,仍得到合格的零件,这类机床的数控系统常常具有刀具半径补偿功能、刀具长度补偿功能和主轴转速控制的功能。

(3)轮廓控制的数控机床

更多的数控机床具有轮廓控制的功能(图1-6),即可以加工具有曲线或者曲面的零件。这类机床有两坐标及两坐标以上的数控铣床、加工中心等。这类数控机床应能同时控制两个或两个以上的轴进行插补运算,对位移和速度进行严格的不间断控制。现代数控机床绝大多数都具有两坐标或两坐标以上联动的功能;不仅有刀具半径补偿、刀具长度补偿,还有机床轴向运动误差补偿、丝杠、齿轮的间隙误差补偿等一系列功能。按照可联动(同时控制)轴数,可以有2轴控制、2.5轴控制、3轴控制、4轴控制、5轴控制等。

2.5轴控制(两个轴是连续控制,第三轴是点位或直线控制)的原理,实现了三个主要轴

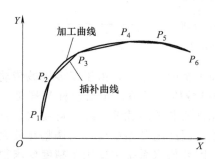

图 1-6　数控机床轮廓加工

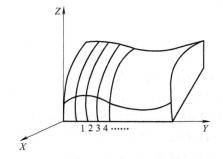

图 1-7　2.5轴数控机床加工空间曲面

X、Y、Z内的二维控制(图1-7)。

3轴控制是三个坐标轴X、Y、Z都同时插补,是三维连续控制(图1-8)。

5轴连续控制是一种很重要的加工形式(图1-9),这时三个坐标轴X、Y、Z与工作台的回转、刀具的摆动同时联动(也可以是与两轴的数控转台联动,或刀具做两个方向的摆动)。

由于刀尖可以按数学规律导向，使之垂直于任何双倍曲线平面，因此特别适合于加工透平叶片、机翼等。

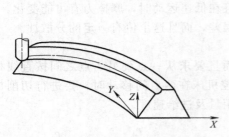
图 1-8 三坐标数控机床曲面加工

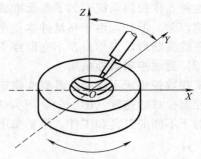
图 1-9 五轴联动数控机床加工

1.3.2 按伺服系统分类

(1) 开环伺服系统数控机床

这是比较原始的一种数控机床，这类机床的数控系统将零件的程序处理后，输出数字指令信号给伺服系统，驱动机床运动，没有来自位置传感器的反馈信号，如图 1-10 所示。最典型的系统就是采用步进电动机的伺服系统。这类机床较为经济，但是速度及精度都较低。因此，目前在国内，仍作为一种经济型数控机床，多用于旧机床改造。

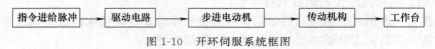
图 1-10 开环伺服系统框图

(2) 闭环伺服系统数控机床

这类机床可以接受插补器的指令，而且随时接受工作台测得的实际位置反馈信号，根据其差值不断进行误差修正，如图 1-11 所示，这类数控机床可以消除由于传动部件制造中存在的精度误差给工件加工带来的影响。

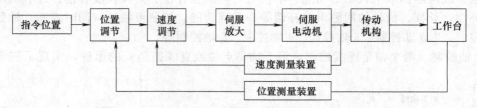
图 1-11 闭环伺服系统框图

采用闭环伺服系统的数控机床，可以得到很高的加工精度，但是，由于很多机械传动环节（如丝杠副、工作台等）都包含在反馈环节内，而各种机械传动环节，包括丝杠与螺母、工作台与导轨的摩擦特性，各部件的刚度，以及位移检测元件安装的间隙等，都是可变的，将直接影响伺服系统的调节参数，而且有一些是非线性的参数。因此闭环系统设计与调整有较大的难度，设计与调整不好，很容易造成系统不稳定。所以，闭环伺服系统主要用于精度要求很高的镗铣床、超精车床、超精铣床等。

(3) 半闭环伺服系统数控机床

大多数数控机床是半闭环伺服系统，将测量元件从工作台移到电动机端头或丝杠端头。这种系统的闭环环路内不包括丝杠、螺母副及工作台，因此可以获得稳定的控制特性，如图1-12所示。而且由于采用了高分辨率的测量元件，可以获得比较满意的精度及速度。

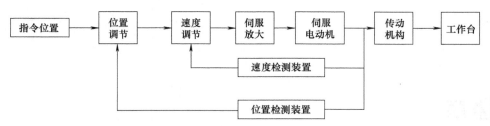

图 1-12 半闭环伺服系统框图

1.3.3 按工艺方式分类

① 金属切削类数控机床 如数控车床、加工中心、数控钻床、数控磨床、数控镗床等。
② 金属成型类数控机床 如数控折弯机、数控弯管机、数控回转头压力机等。
③ 数控特种加工机床 如数控线切割机床、数控电火花加工机床、数控激光切割机等。
④ 其他类型的数控机床 如火焰切割机、数控三坐标测量机等。

1.3.4 按功能水平分类

根据一些功能及指标，可以把数控机床分为低、中、高三个档次（表 1-1），这种分类方法，目前在我国用得很多，但没有一个确切的定义。

表 1-1 数控机床分类

功 能	低档数控机床	中档数控机床	高档数控机床
进给当量和进给速度	进给当量为 $10\mu m$，进给速度为 $8\sim15m/min$	进给当量为 $1\mu m$，进给速度为 $15\sim24m/min$	进给当量为 $0.1\mu m$，进给速度为 $15\sim100m/min$
伺服进给系统	开环、步进电动机	半闭环直流或交流伺服系统	闭环伺服系统、电主轴、直线电动机
联动轴数	$2\sim3$ 轴	$3\sim4$ 轴	3 轴以上
通信功能	无	RS232 或 DNC 接口	RS232、RS485、DNC、MAP 接口
显示功能	数码管显示或简单的 CRT 字符显示	功能较齐全的 CRT 显示或液晶显示	功能齐全的 CRT（三维动态图形显示）
内装 PLC	无	有	有强功能的 PLC，有轴控制的扩展功能
主 CPU	8 位或 16 位 CPU	由 16 位向 32 位 CPU 过渡	32 位向 64 位 CPU 发展

第 ❷ 章 ▶▶▶

计算机数控系统

2.1 计算机数控系统概述

计算机数控系统（简称 CNC 系统），是 20 世纪 70 年代发展起来的机床数控系统，它是靠计算机运行控制软件来替代先前的硬件数控系统（简称 NC 系统）完成对机床的控制。CNC 是一个运行数控控制软件的计算机，按照零件数控加工程序去执行数控装置的一部分或全部功能，在计算机之外的唯一装置是接口。

2.1.1 CNC 系统的组成

CNC 数控系统由加工程序、输入输出设备、CNC 装置、可编程控制器（PLC）、主轴驱动装置和进给驱动装置等组成，图 2-1 所示为 CNC 系统的组成框图。

数控系统是严格按照数控程序对工件进行自动加工的。数控加工程序按零件加工顺序记载机床加工所需的各种信息，如零件加工的轨迹信息、工艺信息及开关命令等。

2.1.2 CNC 系统工作过程

CNC 装置的工作过程是在硬件的支持下，执行软件的过程。CNC 装置的工作原理是：通过输入输出设备输入机床加工零件所需的各种数据信息（数控加工程序），经过计算机的译码、刀具半径补偿、加减速控制、插补等处理和运算，将每个坐标轴的移动分量送到其相应的驱动电路，经过转换、放大，驱动伺服电动机，带动坐标轴运动，同时进行实时反馈控制，使每个坐标轴都能精确移动到指令所要求的位置。从而实现刀具与工件的相对运动，自动完成对零件的加工。

2.1.3 CNC 系统的特点

CNC 系统之所以取代以前的 NC 系统，是因为 CNC 系统具有 NC 系统无法比拟的优点。

(1) 灵活性大

NC 系统是用硬件逻辑线路来实现对机床的控制功能。这种固定接线的电路一旦制成后就很难改变，而 CNC 系统的数控功能大部分是由软件在通用硬件的支持下来实现的，其功能的改变、扩充和适应性方面都具有较大的灵活性，如果要改变、扩充其功能，只需通过对软件的修改和扩充便可实现。

(2) 通用性强

CNC 系统的硬件和软件大多采用模块化的结构。按模块化的结构组成的 CNC 系统基本配

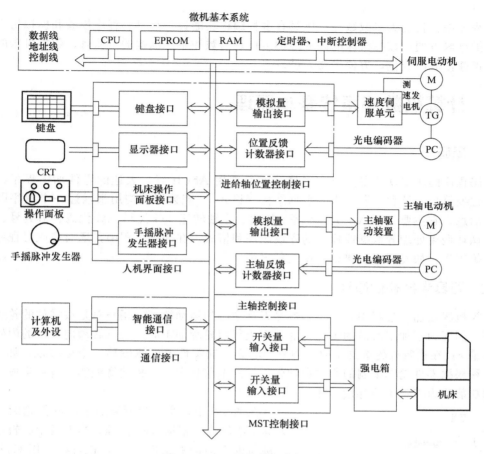

图 2-1 CNC 系统的组成框图

置部分是通用的，不同的数控机床（如数控车床、数控铣床、数控磨床、加工中心等），只需要配置相应的功能模块，就可以满足这些机床特定的功能，这对数控机床的维护维修都十分方便。

（3）数控功能丰富

CNC 系统利用计算机的高度计算能力，可实现许多复杂的数控功能，如高次曲线插补、动静态图形显示、多种功能补偿、数字伺服控制功能等。

（4）可靠性高

CNC 装置的加工零件程序在加工前一次送入存储器，并经过检查后方可被调用，这就避免了在加工过程中程序输入带来的故障。同时许多功能由软件来实现，硬件结构大大简化，采用大规模和超大规模集成电路，使可靠性进一步提高。

（5）易于实现机电一体化

由于采用计算机，使硬件数量相应减少，加之电子元件的集成度越来越高，使硬件的体积不断减小。因此，数控系统的结构非常紧凑，使其与机床结合在一起成为可能，减少占地面积，方便操作。由于通信功能的增强，容易组成数控加工自动生产线，如 FMC、FMS、DNC 和 CIMS 等。

（6）使用维护方便

操作使用方便：目前大多数数控系统的操作采用菜单结构，用户只需根据菜单的提示进行操作即可。

　　编程方便：目前大多数数控机床具有多种编程功能，并且具有程序校验和模拟仿真功能。

　　维护维修方便：数控机床的许多维护工作是由数控系统承担的，而且，数控机床的自诊断功能可迅速使故障定位，方便维修人员。

2.2　计算机数控系统基本原理

2.2.1　译码

　　译码程序的主要功能是：将文本格式（通常用 ASCII 码）表达的零件加工程序，以程序段为单位换算成后续程序所要求的数据结构（格式）。该数据结构用来描述一个程序段解释后的数据信息，它主要包括 X、Y、Z 等坐标值、主轴转速、G 代码、M 代码、刀具号、子程序处理和循环调用处理等数据或标志的存放顺序和格式。在译码过程中，还要完成对程序段的语法检查等工作，如发现语法错误，便显示报警。

2.2.2　刀具半径补偿原理

　　数控机床在加工过程中，它控制的是刀具中心的运动轨迹。用户总是按零件的轮廓编制加工程序，因而为了加工所需的零件轮廓，在进行内轮廓加工时，刀具必须向零件的内侧偏移一个偏移量 r；在进行外轮廓加工时，刀具中心必须向零件的外侧偏移一个偏移量，如图 2-2 所示。这种根据零件轮廓编制的程序和预先设定的偏移参数，数控装置能实时自动生成刀具中心轨迹的功能称为刀具半径补偿功能。

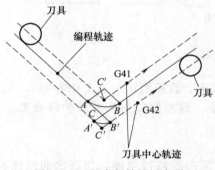

图 2-2　刀具半径补偿示意图

　　在图 2-2 中，实线为所需加工的零件轮廓，虚线为刀具中心轨迹。根据 ISO 标准，当刀具中心轨迹在编程轨迹前进方向的右边时，称为右刀补，用 G42 指令实现；反之称为左刀补，用 G41 指令来实现。

　　在数控加工过程中，采用刀具半径补偿功能可大大简化编程的工作量。因刀具的磨损或因换刀引起的刀具半径的变化时不必重新编写加工程序，只需修改相应的偏置参数即可；由于加工不是一道工序完成的，在粗加工时，要为精加工预留加工余量，加工余量的预留可通过修改偏置参数实现，不必为粗精加工各编一个加工程序。

　　数控系统的刀具半径补偿方法有 B 刀具半径补偿和 C 刀具半径补偿。

　　(1) B 刀具半径补偿

　　这种方法的特点是：刀具中心轨迹的段间连接都是以圆弧进行的，其算法简单，容易实现，如图 2-2 所示，但由于段间连接采用圆弧，这就产生一些无法避免的缺点：首先，当加工外轮廓尖角时，由于刀具中心通过连接圆弧轮廓尖角处时，始终处于切削状态，要求的尖角往往被加工成圆角。其次，在加工内轮廓时，要由程序员人为地编制一个辅助加工的过渡圆弧，如图 2-2 所示中的 AB 圆弧，并且要求这个过渡圆弧的半径必须大于刀具半径，这就给编程工作带来了麻烦，一旦疏忽，使过渡圆弧的半径小于刀具半径时，就会因为刀具干涉而产生过切削现象，使加工零件报废。因此，这些缺点限制了该方法的应用。

　　(2) C 刀具半径补偿

　　这种方法的特点是：刀具中心轨迹的段间都以直线进行连接，由数控系统根据工件轮廓的编程轨迹和刀具偏置量直接算出刀具中心轨迹的转接点 C 和 C′ 点，如图 2-2 所示。然后再对刀具中心轨迹进行伸长和缩短的修正。这就是所谓的 C 机能刀具半径补偿功能（简称 C 刀补）。它的主要特点是采用直线作为轮廓之间的过渡，因此，该刀补的尖角工艺性较 B 刀补好，其次在内轮廓加工时，它实现过切自动预报，从而避免过切的发生。

(3) 两种刀补的处理方法的区别

B 刀补法在确定刀具轨迹时，采用的是"读一段、算一段，再走一段"的处理方法。这就无法预计到由于刀具半径所造成的下一段加工轨迹对本段轨迹的影响。于是，对于给定的零件轮廓轨迹来说，当加工内轮廓时，为了避免刀具的干涉，合理选择刀具的半径，以及在相邻加工轨迹转接处选用恰当的过渡圆弧等问题，就不得不靠程序员来处理。为了解决下一段加工轨迹对本段加工轨迹的影响问题，C 刀补采用的方法是一次对两段进行处理，即先读第一段、算第一段，再读第二段、算第二段，然后根据计算结果来确定第一段、第二段之间刀具中心轨迹的段间过渡状态，分析第二段对第一段有无影响，如果有，对第一段进行处理，然后再走处理后的第一段；如果没有影响，直接走第一段。以后按这种方法依次进行下去，直到程序结束为止。

(4) 刀具半径补偿的执行过程

刀具半径补偿的执行过程一般分为三步，如图 2-3 所示。

① 刀补的建立　刀具从起刀点接近工件，并在原来的编程轨迹基础上，刀具中心向左（G41）或向右（G42）偏移一个偏移量（图 2-3 中的粗虚线）。在该过程中不进行零件加工，由于计算的问题，该过程只能走直线（用 G00 或 G01）。

② 刀补的进行　刀具中心轨迹（图 2-3 中的虚线）与编程轨迹（图 2-3 中的实线）始终偏离一个刀具半径的距离。

③ 刀补的撤销　刀具撤离工件，使刀具中心轨迹终点与程序轨迹的终点重合（图 2-3 中的粗虚线）。它是刀补建立的逆过程。同样，在该过程中不能进行零件加工。该过程只能走直线（用 G00 或 G01）。

(5) C 机能刀具半径补偿的转接形式和过渡方式

① 转接形式　由于 C 机能刀具半径补偿采用直线过渡，因而在实际加工过程中，随着前后两段编程轨迹线形的不同，相应的刀具中心轨迹也会有不同的转接形式，在 CNC 系统中都有圆弧插补和直线插补两种功能，对由这两种线型组成的编程轨迹有四种转接形式，即直线与直线转接、直线与圆弧转接、圆弧与直线转接、圆弧与圆弧转接等形式。

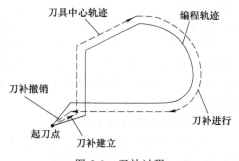

图 2-3　刀补过程

② 过渡方式　为了讨论 C 机能刀具半径补偿的过渡方式，有必要先说明矢量夹角的含义，矢量夹角 α 是指两编程轨迹在交点处非加工侧的夹角 α，如图 2-4 所示。

根据两段编程轨迹的矢量夹角和刀补方向的不同，刀具中心从一编程段到另一个编程段的段间连接方式（即过渡方式）有缩短型、伸长型和插入型三种。

如图 2-5（a）所示，AB、AD 为刀具半径矢量。对应于编程轨迹 OA、AF，刀具中心轨迹 JB 与 DK 将在 C 点相交。这样，相对于 OA 与 AF 而言，将缩短一个 CB 与 DC 的长度。这种转接称为缩短型转接，其矢量夹角 $\alpha > 180°$

如图 2-5（b）所示，C 点将处于 JB 与 DK 的延长线上，因此，称为伸长型转接，其矢量夹角 $90° < \alpha < 180°$。

如图 2-5（c）所示，若仍采用伸长型转接，则刀具非切削的空行程时间长。为了解决这个

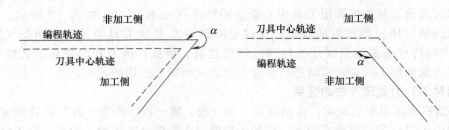

图 2-4 矢量夹角的定义

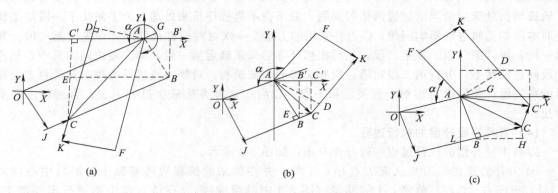

(a)　　　　　　　　(b)　　　　　　　　(c)

图 2-5 刀具中心轨迹的过渡方式

问题，令 *BC* 等于 *CD* 且等于刀具半径矢量的长度 *AB* 和 *AD*，同时，在之间插入过渡直线 *CC′*，等于插入一个程序段。这种过渡方式称为插入型转接，其矢量夹角 $\alpha<90°$。

（6）刀具中心轨迹的计算

刀具中心轨迹的计算的任务是求算其组成线段各交点的坐标值，计算的依据是编程轨迹和刀具中心偏移量（即刀具半径矢量）。如图 2-5 所示就是计算 *J*、*C*、*C′*、*K* 点的坐标值。图中 *OJ*、*FK*、*AB*、*AD* 为刀具半径矢量，*OA*、*AF* 为编程矢量，都是已知量，矢量夹角 α 也是已知的。图 2-5 是直线与直线的转接形式，其他三种转接形式的计算也是相似的。

图 2-5 中，*J* 点和 *K* 点坐标可以根据刀具半径矢量 *OJ*、*FK* 的模量和方向（垂直于编程矢量 *OA* 和 *AF*）来计算。*C* 点和 *C′* 点的坐标可由已知矢量的几何关系求出，因为编程轨迹的组合方式、刀具中心轨迹的转接形式以及刀补方向（G41/G42）的不同，*C* 点和 *C′* 点坐标的计算公式繁多，这里不予推算。

（7）刀具半径补偿的实例

下面以一个实例来说明刀具半径补偿的工作过程，如图 2-6 所示，数控系统完成从 *O* 点到点 *E* 的编程轨迹的加工步骤如下。

① 读入 *OA*，判断出是刀补的建立，继续读下一段。

② 读入 *AB*，因为矢量夹角 $\alpha<90°$，且又是右刀补，由图 2-5 可知，此时段间转接的方式是插入型。则计算出 *a*、*b*、*c* 三点的坐标值，并输出直线段 *Oa*、*ab*、*bc*，供插补程序运行。

③ 读入 *BC*，因为矢量夹角 $\alpha<90°$，同理，由图 2-5 可知，该段间转接的过渡方式也是插入型。则计算出 *d*、*e* 点的坐标值，并输出直线段 *cd*、*de*。

④ 读入 *CD*，因为矢量夹角 $\alpha>180°$，同理，由图 2-5 可知，该段间转接的过渡方式是缩短型。则计算出 *f* 点的坐标值，由于是内侧加工，需进行过切判别，若过切则报警，并停止输出。若不过切，继续加工。

⑤ 读入 *DE*（假定有撤销刀补的指令 G40），因为矢量夹角 $\alpha>180°$，尽管是刀补撤销段，由图 2-5 可知，该段间转接的过渡方式是伸长型。则计算出 *g*、*h* 点的坐标值，然后输出直线

段 fg、gh、he。

⑥ 刀具半径补偿处理结束。刀具半径补偿计算时，首先要判断矢量夹角 α 的大小，然后决定过渡方式和求算交点的坐标值。矢量夹角 α 可以根据两相邻编程矢量（即轨迹）的矢量角来决定。

2.2.3 速度计算原理

进给速度的计算因系统的不同，其方法有很大的差别。在开环系统中，坐标轴运动速度是通过控制向步进电动机输出脉冲的频率来实现的。速度计算的方法是根据编程的 F 值来确定该频率值。在闭环和半闭环系统中，采用数据采样方法进行插补加工，速度计算是根据编程的 F 值，将轮廓曲线分割为采样周期的轮廓步长。

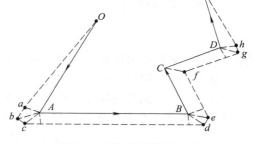

图 2-6 刀具半径补偿实例

(1) 开环系统进给速度的计算

开环系统，每输出一个脉冲，步进电动机就转过一个角度，驱动坐标轴进给一个脉冲对应的距离（称为脉冲当量 δ），插补程序根据零件轮廓尺寸和编程进给速度的要求，向各坐标轴分配脉冲，脉冲的频率决定了进给速度。

从工艺要求看，两轴联动时各坐标轴的速度为：

$$v_x = F\cos\alpha \tag{2-1}$$

$$v_y = F\sin\alpha \tag{2-2}$$

式中 F——进给速度；

v_x，v_y——X 轴、Y 轴方向的进给速度；

α——F 与 X 轴之间的夹角。

从控制看，两轴联动时，各坐标轴的速度为：

$$v_x = 60f_x\delta \tag{2-3}$$

$$v_y = 60f_y\delta \tag{2-4}$$

式中 f_x，f_y——X 轴、Y 轴方向的进给脉冲频率。

则：

$$f_x = \frac{F\cos\alpha}{60\delta} \tag{2-5}$$

$$f_y = \frac{F\sin\alpha}{60\delta} \tag{2-6}$$

由于进给速度要求稳定，故要选择合适的插补算法以及采取稳速措施。

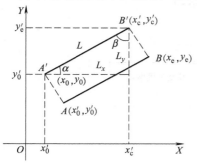

图 2-7 直线插补速度处理

(2) 闭环、半闭环系统的速度计算

在闭环、半闭环系统中，速度计算的任务是确定一个采样周期的轮廓补偿和各坐标轴的进给步长。

直线插补时，首先要求出一个直线段在 X 和 Y 坐标上的投影 L_x 和 L_y，如图 2-7 所示。

$$L_x = x'_e - x'_0 \tag{2-7}$$

$$L_y = y'_e - y'_0 \tag{2-8}$$

式中 x'_e，y'_e——刀补后直线段终点坐标值；

y'_0，x'_0——刀补后直线段起点坐标值。

接着计算直线段的方向余弦：

$$\cos\alpha = \frac{L_x}{L} \qquad\qquad (2-9)$$

$$\cos\beta = \frac{L_y}{L} \qquad\qquad (2-10)$$

一个插补周期的步长为：

$$\Delta L = \frac{1}{60}F\Delta t \qquad\qquad (2-11)$$

式中　F——编程给出的合成速度，mm/min；

　　Δt——插补周期，ms；

　　ΔL——每个插补周期小直线段的长度，μm。

各坐标轴在一个采样周期中的运动步长为：

$$\Delta x = \Delta L\cos\alpha = F\cos\alpha\,\Delta t/60 \qquad\qquad (2-12)$$

$$\Delta y = \Delta L\cos\beta = F\cos\beta\,\Delta t/60 \qquad\qquad (2-13)$$

圆弧插补时，由于采用插补原理不同，插补算法不同，将算法步骤分配在速度计算中还是插补计算中也不相同。图 2-8 所示是一种速度算法，坐标轴在一个采样周期内的步长为：

$$\Delta x_i = F\cos\alpha_i\,\Delta t/60 = \frac{F\Delta t J_{i-1}}{60R} \qquad (2-14)$$

$$\Delta y_i = F\sin\alpha_i\,\Delta t/60 = \frac{F\Delta t I_{i-1}}{60R} \qquad (2-15)$$

式中　I_{i-1}，J_{i-1}——圆心相对于第 $i-1$ 点的
坐标；

　　α_i——第 i 点和第 $i-1$ 点连线
与 X 轴的夹角。

α_i 指圆弧上某点切线方向，即进给速度方向与 X 轴夹角。

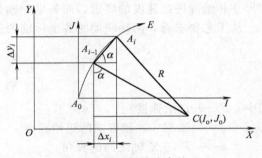

图 2-8　圆弧插补速度处理

2.2.4　位置控制原理

位置控制数据流程如图 2-9 所示，位置控制处理主要进行各进给轴跟随误差的计算，并进行调节处理，其输出为位移速度控制指令。

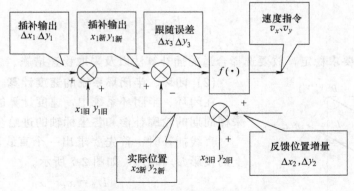

图 2-9　位置控制转换流程

位置控制完成以下几步计算。

① 计算新的位置指令坐标值：

$$x_{1新} = x_{1旧} + \Delta x_1 \qquad (2\text{-}16)$$

$$y_{1新} = y_{1旧} + \Delta y_1 \qquad (2\text{-}17)$$

② 计算新的位置实际坐标值：

$$x_{2新} = x_{2旧} + \Delta x_2 \qquad (2\text{-}18)$$

$$y_{2新} = y_{2旧} + \Delta y_2 \qquad (2\text{-}19)$$

③ 计算跟随误差（指令位置值—实际位置值）：

$$\Delta x_3 = x_{1新} - x_{2新} \qquad (2\text{-}20)$$

$$\Delta y_3 = y_{1新} - y_{2新} \qquad (2\text{-}21)$$

④ 计算速度指令值：

$$v_x = f(\Delta x_3) \qquad (2\text{-}22)$$

$$v_y = f(\Delta y_3) \qquad (2\text{-}23)$$

这里 $f(\cdot)$ 是位置环的调节控制算法，具体的算法视具体系统而定。这一步在有些系统中是采用硬件来实现的。v_x、v_y 送给伺服驱动单元，控制电动机驱动两执行部件以某一速度移动一个距离，以实现 CNC 装置的轨迹控制。

2.2.5 误差补偿原理

数控机床在加工时，指令的输入、译码、计算以及控制电动机的运动都是由数控系统统一控制完成的，从而避免了人为误差。但是，由于整个加工过程都是自动进行的，人工几乎不能干预，操作者不能对误差加以补偿，这就需要数控系统提供各种补偿功能，以便在加工过程中自动地补偿一些有规律的误差，提高加工零件的精度。

（1）反转间隙补偿

在进给传动链中，齿轮传动、滚珠丝杠螺母副等均存在反转误差，这种反转间隙会造成在工作台反向运动时，电动机空走而工作台不运动，从而造成半闭环系统的误差和全闭环系统的位置环震荡不稳定。

解决方法：采用预紧和调整的方法，减小间隙。对剩余间隙，在半闭环系统中可将其参数测出，作为参数输入数控系统，那么，此后每当数控机床反向运动时，数控系统会控制电动机多走一段距离，这段距离等于间隙值，从而补偿了间隙误差。需要注意的是对全闭环系统不能采用以上补偿方法（通常数控系统要求将间隙值设置为零），因此，必须从机械上减小或消除间隙。有些系统具有全闭环反向间隙附加脉冲补偿，以减小其对全闭环稳定性的影响。也就是说，当工作台反向运动时，对伺服系统施加一个一定脉宽的脉冲电压（可由参数设定），以补偿间隙误差。

（2）螺距误差补偿

在半闭环系统中，定位精度很大程度上受滚珠丝杠精度的影响，尽管采用了高精度的滚珠丝杠，但误差总是存在的。要得到超过滚珠丝杠精度的运动精度，则必须采用螺距误差补偿功能，利用数控系统对误差进行补偿和修正。采用该功能的另一个原因是：数控机床长时间使用后，由于磨损，精度可能下降。这样，采用该功能定期测量与补偿可在保持精度的前提下，延长机床的使用寿命。

螺距误差补偿的基本原理是：将数控机床某轴的指令位置与位置测量系统所测得的实际位置相比较，计算出在全行程上的误差分布曲线，将误差以表格的形式输入数控系统中。以后数控系统在控制该轴运动的时候，会自动考虑到该差值并加以补偿，其实施步骤如下。

① 安装高精度位移测量装置。

② 编制简单程序，在整个行程上，顺序定位在一些位置点上。所选点的数目及距离受数控系统限制。

③ 记录运动到这些点的实际精确位置。

④ 将各点处的误差标出，形成在不同的指令位置处误差表。

⑤ 测量多次，取平均值。

⑥ 将该表输入数控系统，按此表进行补偿。

例如，图 2-10 为输入至数控系统的螺距误差补偿表，图 2-11 所示为 X 轴七点的误差曲线。

图 2-10　螺距误差补偿表　　　　　图 2-11　X 轴七点的误差曲线

使用螺距误差补偿功能时，应注意如下几点。

① 重复定位精度较差的轴，因为无法准确确定其误差曲线，螺距误差补偿功能无法使用。该功能无法补偿重复定位误差。

② 只有建立机床坐标系后，螺距误差补偿才有意义。

③ 由于机床坐标系是靠返回参考点来建立的，因此，在误差表中参考点的误差为零。

④ 需要采用比滚珠丝杠高一个数量级的检测装置来测量误差分布曲线，否则没有意义。一般常用激光干涉仪来测量。

(3) 其他因素引起的误差及其补偿

① 摩擦力与切削力所产生的弹性间隙　由于机械传动链具有有限的刚度，因此由摩擦力与切削力可能引起传动链的弹性变性，从而形成弹性间隙。由于这种间隙与外部载荷有关，因此无法进行补偿，只有靠增大传动链的刚度，减小摩擦力来解决。

因此，补充功能不是万能的，机械安装中造成的重复定位误差无法补偿，加上丝杠的螺距误差与环境温度有关，并不断的磨损，故无法进行补偿。因此，要进一步提高机床的精度，只有采用全闭环系统。在全闭环系统中，上述误差均在闭环之内，可以得到闭环修正，所以，全闭环可以达到较高的定位精度和重复定位精度。

② 位置环跟随误差　解决位置环所形成的误差，可采取选用动态特性好的驱动装置、减少负载惯量、提高位置开环增益、使各轴位置开环放大倍数相等的方法。

③ 伺服刚度　不仅机械传动有刚度问题，实际上伺服系统也有刚度问题。伺服刚度描述了在电动机外部施加一个转矩负载可使位置环产生多大的位置误差，即：

$$k_s = \frac{E}{M} \tag{2-24}$$

式中　k_s——伺服刚度，$\mu m/N$；

　　　M——外加载荷，N；

　　　E——位置误差，μm。

显然，伺服刚度越高，表示抗负载能力越强。换句话说，加工时切削力对位置控制精度的影响就越小，因此，伺服刚度也是衡量位置控制性能的重要标志。

2.2.6　插补计算原理

2.2.6.1　插补的概念

众所周知，零件的轮廓形状是由各种线型（如直线、圆弧、螺旋线、抛物线、自由曲线等）构成的。其中最主要的是直线与圆弧。用户在零件加工程序中，一般仅提供描述该线型所必需的相关参数，如对直线，提供起点和终点；对圆弧，提供起点、终点、顺圆或逆圆以及圆心相对起点的位置。因此，为了实现轨迹控制，必须在运动过程中实时计算出满足线型和进给速度要求的若干中间点（在起点和终点之间）。这就是数控技术中插补的概念。据此对插补定义如下：所谓插补，就是根据进给速度和给定轮廓曲线的要求，在轮廓的已知点之间，确定一些中间点的方法，这种方法称为插补方法或插补原理。而对于每一种原理（方法）又可能用不同的计算方法来实现，这种具体的计算方法称为插补算法。

对轮廓控制系统来说，最主要的功能便是插补功能，这是由于插补计算是在机床运动过程中实时进行的，即在有限的时间内，必须对各坐标轴实时地分配相应的位置控制信息和速度控制信息。轮廓控制系统正是因为有了插补功能，才能加工出各种形状复杂的零件。可以说插补功能是轮廓控制系统的本质特征。因此，插补算法的优劣，将直接影响 CNC 系统的性能指标。

2.2.6.2　插补方法的分类

由于插补方法的重要性，不少学者都致力于插补方法的研究，使之不断有新的、更有效的插补方法应用于 CNC 系统中。目前常用的插补算法大致分为脉冲增量插补和数字增量插补两大类。

2.2.6.3　脉冲增量插补（行程标量插补）

这类插补算法的特点如下。

① 每次插补的结果仅产生一个单位的行程增量（一个脉冲当量）。以一个脉冲的形式输出给驱动电动机。其基本思想是用折线来逼近曲线（包括直线）。

② 插补速度与进给速度密切相关。而且还受到步进电动机最高运行频率的限制，如当脉冲当量（单位脉冲下工作台或刀具移动的距离）是 $10\mu m$ 时，采用该插补算法所获得的最高进给速度是 5m/mim。

③ 脉冲增量插补的实现方法较简单，通常用加法和位移运算的方法就可完成插补。因此，它比较容易由硬件来实现，而且，用硬件实现这类算法的速度是很快的。但也有用软件来实现这类算法的。

这类插补算法有逐点比较法、最小偏差法、数字积分法、目标点跟踪法、单步追踪法等，它们主要用于采用步进电动机驱动的数控系统。下面以逐点比较法和数字积分法为例来做一说明。

(1) 逐点比较法

逐点比较法是脉冲增量插补的最典型的代表，它是一种最早的插补算法，该法的原理是：CNC 系统在控制过程中，能逐点地计算和判别运动轨迹与给定轨迹的偏差，并根据偏差控制进给轴向给定轮廓靠近，缩小偏差，使加工轮廓逼近给定轮廓。

逐点比较法是以折线来逼近直线和圆弧曲线的，它给定的直线或圆弧之间的最大误差是不超过一个脉冲当量，因此，只要将脉冲当量取得足够小，就可以达到加工精度的要求。

① 直线插补计算原理

a. 偏差计算公式。假定加工如图 2-12（a）所示的第一象限的直线 OA。取直线起点为坐标原点，直线终点坐标 $(X_e，Y_e)$ 是已知的。$M(X_m，Y_m)$ 为加工点（动点），若 M 在 OA 直线上，则根据相似三角形的关系可得：

$$\frac{y_m}{x_m}=\frac{y_e}{x_e} \tag{2-25}$$

取 $F_m=y_m x_e-x_m y_e$ 作为直线插补的偏差判别式。

若 M 在直线 OA 上，$\dfrac{y_m}{x_m}=\dfrac{y_e}{x_e}$，则 $F_m=0$；

若 M 在直线 OA 上方的 M'，$\dfrac{y_m}{x_m} > \dfrac{y_e}{x_e}$，则 $F_m > 0$；

若 M 在直线 OA 下方的 M''，$\dfrac{y_m}{x_m} < \dfrac{y_e}{x_e}$，则 $F_m < 0$。

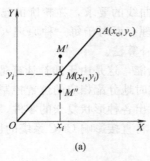 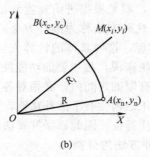

(a)　　　　　　　　　　　　(b)

图 2-12　逐点比较法插补

设在某加工点处，有 $F_m > 0$ 时，为了逼近给定轨迹，应沿 $+X$ 方向进给一步，走一步后新的坐标值为：

$$x_{i+1} = x_i + 1$$
$$y_{i+1} = y_i$$

新的偏差为：$F_{i+1} = y_{i+1} x_e - x_{i+1} y_e = F_i - y_e$

若 $F_m < 0$ 时，为了逼近给定的轨迹，应向 $+Y$ 方向进给一步，走一步后新的坐标值为：

$$x_{i+1} = x_i$$
$$y_{i+1} = y_i + 1$$

新的偏差值为：$F_{i+1} = y_{i+1} x_e - x_{i+1} y_e = F_i + x_e$

b. 终点判别法。逐点比较法的终点判别有多种方法，下面介绍两种。

第一种方法：设置 X、Y 两个减法计数器，计算前，在 X、Y 计数器中分别存入终点坐标 (x_e, y_e)，在 X 坐标（或 Y 坐标）进给一步时，就在 X 计数器（或 Y 计数器）中减去 1，直到这两个计数器中的数都减到零时，便到达终点。

第二种方法：用一终点计数器，寄存 X、Y 两个坐标，从而计算从起点到终点的总步数 Σ；X、Y 每走一步，Σ 减去 1，直到 Σ 为零，就到达终点。

c. 插补计算过程。插补计算时，每走一步，都要进行四个步骤（又称为四个节拍）的逻辑运算和算术运算，即偏差判别、坐标计算和进给、偏差计算、终点判别。

d. 不同象限的直线插补计算。上面讨论的是第一象限的直线插补方法，其他三个象限的插补方法，可以用相同的原理获得，表 2-1 中列出四个象限的直线插补时的偏差计算公式和进给脉冲方向，计算时，公式中 x_e、y_e 均用绝对值。

表 2-1　四象限插补偏差计算公式

	线型	$F_i \geqslant 0$ 时，进给方向	$F_i < 0$ 时，进给方向	偏差计算公式
$F_i < 0, +\Delta y$　$F_i < 0, +\Delta y$ L_2　　　　　　L_1 $F_i \geqslant 0, -\Delta x$　$F_i \geqslant 0, +\Delta x$ O $F_i \geqslant 0, -\Delta x$　$F_i \geqslant 0, +\Delta x$ L_3　　　　　　L_4 $F_i < 0, -\Delta y$　$F_i < 0, -\Delta y$	L_1	$+\Delta x$	$+\Delta y$	$F_i \geqslant 0$ 时：
	L_2	$-\Delta x$	$+\Delta y$	$F_{i+1} = F_i - y_e$
	L_3	$-\Delta x$	$-\Delta y$	$F_i < 0$ 时：
	L_4	$+\Delta x$	$-\Delta y$	$F_{i+1} = F_i + x_e$

例 2-1 欲加工第一象限直线 OA，起点在原点，终点坐标值（6，4），试写出插补计算过程，并绘制插补轨迹。

其插补过程如表 2-2 所示，插补轨迹如图 2-13 所示。

表 2-2 逐点比较法直线插补

步数	偏差判别	坐标进给	偏差计算 $F_0=0$	终点判别 $\Sigma=10$
1	$F_0=0$	$+\Delta x$	$F_1=F_0-y_e=0-4=-4$	$\Sigma=10-1=9$
2	$F_1<0$	$+\Delta y$	$F_2=F_1+x_e=-4+6=2$	$\Sigma=9-1=8$
3	$F_2>0$	$+\Delta x$	$F_3=F_2-y_e=2-4=-2$	$\Sigma=8-1=7$
4	$F_3<0$	$+\Delta y$	$F_4=F_3+x_e=-2+6=4$	$\Sigma=7-1=6$
5	$F_4>0$	$+\Delta x$	$F_5=F_4-y_e=4-4=0$	$\Sigma=6-1=5$
6	$F_5=0$	$+\Delta x$	$F_6=F_5-y_e=0-4=-4$	$\Sigma=5-1=4$
7	$F_6<0$	$+\Delta y$	$F_7=F_6+x_e=-4+6=2$	$\Sigma=4-1=3$
8	$F_7>0$	$+\Delta x$	$F_8=F_7-y_e=2-4=-2$	$\Sigma=3-1=2$
9	$F_8<0$	$+\Delta y$	$F_9=F_8+x_e=-2+6=4$	$\Sigma=2-1=1$
10	$F_9>0$	$+\Delta x$	$F_{10}=F_9-y_e=4-4=0$	$\Sigma=1-1=0$

② 圆弧插补计算原理

a. 偏差计算方式。下面以第一象限逆圆为例讨论偏差计算公式。如图 2-12（b）所示，设需要加工圆弧 $\overset{\frown}{AB}$，圆弧的圆心在坐标原点，已知圆弧的起点为 A (x_0, y_0)，终点为 $B(x_e, y_e)$，圆弧半径为 R，令瞬时加工点为 $M(x_i, y_i)$，它与圆心的距离为 R_i。比较 R 和 R_i 反映加工误差。

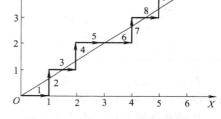

图 2-13 逐点比较法直线插补轨迹

$$R_i^2=x_i^2+y_i^2$$
$$R=x_0^2+y_0^2$$

因此，可得圆弧偏差判别式如下：

$$F_i=R_i^2-R^2=x_i^2+y_i^2-R^2$$

若 $F_i=0$，表明加工点 M 在圆弧上；

$F_i>0$，表明加工点在 M 圆弧外；

$F_i<0$，表明加工点在 M 圆弧内。

设加工点正处于 $M(x_i, y_i)$ 点，若 $F_i\geq0$，对于第一象限逆圆，为了逼近圆弧，应沿 $-X$ 方向进一步，到 $i+1$ 点，其坐标值为：

$$x_{i+1}=x_i-1$$
$$y_{i+1}=y_i$$

新的加工点的偏差为：$F_{i+1}=R_{i+1}^2-R^2=x_{i+1}^2+y_{i+1}^2-R^2=F_i-2x_i+1$

若 $F_i<0$，对于第一象限逆圆，为了逼近圆弧，应沿 $+Y$ 方向进一步，到 $i+1$ 点，其坐标值为：

$$x_{i+1}=x_i$$
$$y_{i+1}=y_i+1$$

新的加工点的偏差为：$F_{i+1}=R_{i+1}^2-R^2=x_{i+1}^2+y_{i+1}^2-R^2=F_i+2y_i+1$

b. 终点判别法。圆弧插补的终点判别与直线插补相同。可将从起点到达终点 X、Y 轴所走步数的总和 Σ 存入一个计数器中，每走一步，Σ 减去 1，直到 Σ 为零，就到达终点。

c. 插补计算过程。圆弧插补计算过程与直线插补计算过程相同，但是偏差计算公式不同。

d. 四个象限圆弧插补计算公式。圆弧所在的象限不同、顺逆不同，则插补计算公式不同，进给方向也不同。归纳起来有 8 种情况的进给脉冲方向与偏差计算公式，如表 2-3 所示。表中

x_i，y_i，x_{i+1}，y_{i+1} 都是动点坐标的绝对值。

表 2-3　四象限圆弧插补公式

	线型	$F_i \geqslant 0$ 时，进给方向	$F_i < 0$ 时，进给方向	偏差计算公式
SR 顺圆	SR₁	$-\Delta y$	$+\Delta x$	$F_i \geqslant 0$ 时：$F_{i+1}=F_i-2y_i+1$　$y_{i+1}=y_i-1$　$F_i < 0$ 时：$F_{i+1}=F_i+2x_i+1$　$x_{i+1}=x_i+1$
	SR₃	$+\Delta y$	$-\Delta x$	
	NR₂	$-\Delta y$	$-\Delta x$	
	NR₄	$+\Delta y$	$+\Delta x$	
NR 逆圆	SR₂	$+\Delta x$	$+\Delta y$	$F_i \geqslant 0$ 时：$F_{i+1}=F_i-2x_i+1$　$x_{i+1}=x_i-1$　$F_i < 0$ 时：$F_{i+1}=F_i+2y_i+1$　$y_{i+1}=y_i+1$
	SR₄	$-\Delta x$	$-\Delta y$	
	NR₁	$-\Delta x$	$+\Delta y$	
	NR₃	$+\Delta x$	$-\Delta y$	

例 2-2　设欲加工第一象限逆时针圆弧 AB，起点 $A(5，0)$，终点 $B(0，5)$，如图 2-14 所示。试写出插补计算过程，并绘制插补轨迹。

其插补计算过程如表 2-4 所示，插补轨迹如图 2-14 所示。

表 2-4　逐点比较法圆弧插补过程

序号	偏差判别	坐标进给	偏　差　计　算	终点判别
			$F_0=0, x_0=5, y_0=0$	$\sum=5+5=10$
1	$F_0=0$	$-\Delta x$	$F_1=F_0-2\times5+1=-9, x_1=5-1=4, y_1=0$	$\sum=10-1=9$
2	$F_1<0$	$+\Delta y$	$F_2=F_1+2\times0+1=-8, x_2=4, y_2=0+1=1$	$\sum=9-1=8$
3	$F_2<0$	$+\Delta y$	$F_3=F_2+2\times1+1=-5, x_3=4, y_3=1+1=2$	$\sum=8-1=7$
4	$F_3<0$	$+\Delta y$	$F_4=F_3+2\times2+1=0, x_4=4, y_4=2+1=3$	$\sum=7-1=6$
5	$F_4=0$	$-\Delta x$	$F_5=F_4-2\times4+1=-7, x_5=4-1=3, y_5=3$	$\sum=6-1=5$
6	$F_5<0$	$+\Delta y$	$F_6=F_5+2\times3+1=0, x_6=3, y_6=3+1=4$	$\sum=5-1=4$
7	$F_6=0$	$-\Delta x$	$F_7=F_6-2\times3+1=-5, x_7=3-1=2, y_7=4$	$\sum=4-1=3$
8	$F_7<0$	$+\Delta y$	$F_8=F_7+2\times4+1=4, x_8=2, y_8=4+1=5$	$\sum=3-1=2$
9	$F_8>0$	$-\Delta x$	$F_9=F_8-2\times2+1=1, x_9=2-1=1, y_9=5$	$\sum=2-1=1$
10	$F_9>0$	$-\Delta x$	$F_{10}=F_9-2\times1+1=0, x_{10}=1-1=0, y_{10}=5$	$\sum=1-1=0$

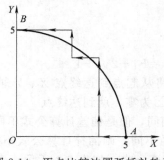

图 2-14　逐点比较法圆弧插补轨迹

（2）数字积分法

数字积分法又称数字微分分析器（简称 DDA）法，采用 DDA 法进行插补，具有运算速度快、逻辑能力强、脉冲分配均匀等特点，可以实现一次、二次甚至高次曲线的插补，适合于多坐标联动控制。只要输入很少的数据，就能加工出直线、圆弧等比较复杂的曲线轨迹，进度也能满足要求。一般 CNC 系统常用这种插补方法，因此 DDA 算法在数控系统中获得相当广泛的应用。

① 数字积分法的基本原理　如图 2-15 所示，从微分的

几何概念来看，$t=0$ 时刻到 t，求函数曲线 $x=f(t)$ 所包围的面积 S 时，可用积分公式为：

$$S=\int_0^t f(t)\mathrm{d}t \tag{2-26}$$

若将 $0\sim t$ 的时间划分成时间间隔为 Δt 的有限区间，当 Δt 足够小时，可得近似公式：

$$S=\int_0^t f(t)\mathrm{d}t=\sum_{i=1}^n x_{i-1}\Delta t \tag{2-27}$$

式中　x_i——$t=t_i$ 时的 $f(t)$ 值。

式（2-27）说明，求积分的过程就是用数的累加来近似代替，其几何意义就是用一系列微小的矩形面积之和近似表示函数 $f(t)$ 以下的面积。在数学运算时，若 Δt 一般取最小的单位"1"，式（2-27）则称为矩形公式，可简化为：

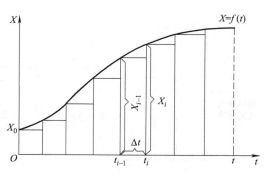

图 2-15　数字积分原理

$$S=\int_0^t f(t)\mathrm{d}t=\sum_{i=1}^n x_{i-1}\Delta t=\sum_{i=1}^n x_{i-1} \tag{2-28}$$

如果将 Δt 取得足够小，就能满足精度要求。

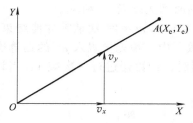

图 2-16　数字积分法直线插补原理

② DDA 法直线插补　对于平面直线进行插补，如图 2-16所示的直线 OA，起点在原点，终点坐标为 $(x_e,\ y_e)$，令 v 表示动点移动速度，v_x，v_y 分别表示动点在 X 轴和 Y 轴方向的分速度，根据积分公式，在 XY 轴上的微小位移量 Δx，Δy 应为：

$$\Delta x=v_x\Delta t \tag{2-29}$$

$$\Delta y=v_y\Delta t \tag{2-30}$$

$$L=\sqrt{x_e^2+y_e^2} \tag{2-31}$$

$$\frac{v_x}{v}=\frac{x_e}{L} \tag{2-32}$$

$$\frac{v_y}{v}=\frac{y_e}{L} \tag{2-33}$$

因而有：

$$v_x=Kx_e \tag{2-34}$$

$$v_y=Ky_e \tag{2-35}$$

$$K=\frac{v}{L} \tag{2-36}$$

坐标轴的位移增量为：

$$\Delta x=Kx_e\Delta t \tag{2-37}$$

$$\Delta y=Ky_e\Delta t \tag{2-38}$$

各坐标轴的位移量为：

$$X=\int_0^t Kx_e\mathrm{d}t=K\sum_{i=1}^n x_e\Delta t=K\sum_{i=1}^n x_e \tag{2-39}$$

$$Y=\int_0^t Ky_e\mathrm{d}t=K\sum_{i=1}^n y_e\Delta t=K\sum_{i=1}^n y_e \tag{2-40}$$

式（2-39）、式（2-40）中，取 $\Delta t=1$，由此可作直线插补器，如图 2-17 所示。直线插补器由两个数字积分器组成，其被积函数寄存器中存放终点坐标值 x_e 和 y_e，Δt 相当于插补控

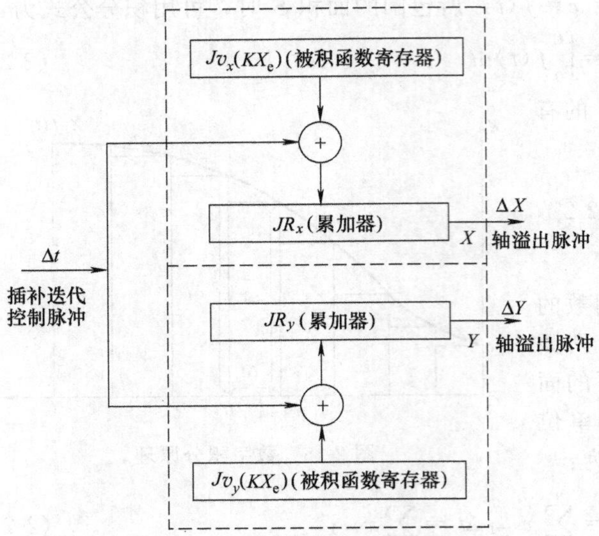

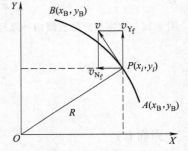

图 2-17 直线插补数字积分器

制源发出的控制信号。每发出一个插补脉冲 Δt，控制被积函数 x_e 和 y_e 向各自的积分累加器相加一次。设累加器为 n 位，容量为 2^n（最大存为 2^n-1），取 $K=\dfrac{1}{2^n}$，当 x、y 计数满 2^n 时，必然发生溢出。如果将 x_e 累加 m 次以后，X 的积分值应为：

$$X=\sum_{i=1}^{m}\frac{x_e}{2^n}=\frac{mx_e}{2^n} \qquad (2\text{-}41)$$

该数的整数部分表示溢出的脉冲数，余数部分存放在累加器中。这种关系还可以表示为：

$$积分值＝溢出脉冲数＋余数$$

当两个坐标方向 X、Y 同时插补时，用溢出脉冲控制机床进给就可以加工出所需要的直线。当插补迭代次数 $m=2^n$ 时，两个坐标 x、y 同时到达终点 x_e 和 y_e。

DDA 直线插补时，不论坐标值 x_e 和 y_e 多大，都必须累加求和 $m=2^n$ 次插补才能结束。终点判别通常采用累加次数的减法计数。插补前，在 n 位计数器中，预先设置入 2^n 的运算次数，插补时，每经过一个 Δt 时间，累加器累加运算一次，同时，计数器进行一次减 1，当计数器减到 0 时，表示插补结束，进给达到加工直线的终点。

③ DDA 法圆弧插补 对于如图 2-18 所示的第一象限圆弧 AB，圆心在原点，半径为 R，圆弧端点为 $A(x_A,y_A)$、$B(x_B,y_B)$，加工动点 $P(x_i,y_i)$，若逆时针进给，则有：

$$\frac{v}{R}=\frac{v_x}{y_i}=\frac{v_y}{x_i}=K \qquad (2\text{-}42)$$

则：

$$v_x=Ky_i \qquad (2\text{-}43)$$
$$v_y=Kx_i \qquad (2\text{-}44)$$
$$\Delta x=v_x\Delta t=Ky_i\Delta t \qquad (2\text{-}45)$$
$$\Delta y=v_y\Delta t=Kx_i\Delta t \qquad (2\text{-}46)$$

图 2-18 数字积分圆弧插补原理

设 $\Delta t=1$，$K=\dfrac{1}{2^n}$ 则有：

$$X=\frac{1}{2^n}\sum_{i=1}^{m}y_i \qquad (2\text{-}47)$$

$$Y=\frac{1}{2^n}\sum_{i=1}^{m}x_i \qquad (2\text{-}48)$$

用 DDA 算法进行圆弧插补时，是对加工动点的坐标 x_i，y_i 的值分别进行累加，若积分累加器有溢出，则相应坐标轴进一步，由此可以构成圆弧积分插补器，如图 2-19 所示。

DDA 算法圆弧插补的终点判别不像直线插补那样，根据插补的次数来判别。一般采用分别判断每个坐标轴方向进给步数的方法，即 $N_x=|x_A-x_B|$，$N_y=|y_A-y_B|$。

2.2.6.4 **数字增量插补**（时间标量插补）

这类插补算法的特点如下。

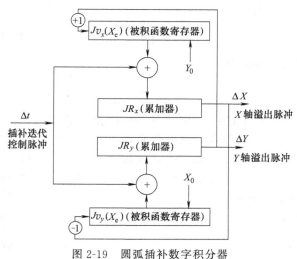

图 2-19　圆弧插补数字积分器

① 插补程序以一定的时间间隔（插补周期）定时运行，在每个周期内根据进给速度计算出各坐标轴在下一插补周期内的位移增量（数字量）。其基本思想是：用直线段（内接弦线、内接均差弦线、切线等）来逼近曲线（包括直线）。

② 插补速度与进给速度无严格的关系。因而采用这种插补算法时，可以达到较高的进给速度。

③ 数字增量插补的实现算法较脉冲增量插补复杂，它对计算机的运行速度有一定的要求，不过现在的计算机均能满足其一般要求。

这类插补方法有扩展数字积分法、二阶近似插补法、双 DDA 插补法、角度逼近法、时间分割法等。其中，以时间分割法最为常见。下面就以时间分割法为例来介绍数字增量插补法。

这类插补算法主要用于以交、直流伺服电动机为驱动系统的闭环、半闭环数控系统，也可以用于以步进电动机为伺服驱动系统的开环数控系统，而且，目前所使用的 CNC 系统中，大多数都采用这种方法。

(1) 插补周期与速度、精度的关系

在直线插补时，这类插补算法是用小直线段逼近直线，它不会产生逼近误差。在曲线插补（如圆弧）中（图 2-20），当用内接弦线逼近曲线时，其逼近误差为 e_k，插补周期为 T，进给速度为 F，该曲线在该处的曲率半径 R 的关系为：

$$e_k = \frac{\Delta L}{2} \tan \frac{\delta}{4} \tag{2-49}$$

$$\delta = \frac{\Delta L}{R} \tag{2-50}$$

由于 δ 很小，则：

$$\tan \frac{\delta}{4} \approx \frac{\delta}{4} \tag{2-51}$$

$$\Delta L = FT \tag{2-52}$$

$$\delta = \frac{\Delta L}{2} \tan \frac{\delta}{4} \approx \frac{\Delta L}{2} \times \frac{\delta}{4} = \frac{\Delta L^2}{8R} = \frac{(FT)^2}{8R} \tag{2-53}$$

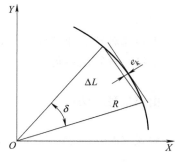

图 2-20　用内接弦线逼进圆弧

由此可知，插补周期 T 与进给速度 F、逼近误差 e_k 以及曲率半径 R 有关。当 F、R 一定时，T 越小，e_k 也越小；当 R、e_k 一定时，T 越小，容许的进给速度越大。从这个意义上讲，T 越小越好，但是 T 的选择将受到插补运算时间、位置控制周期以及系统 CPU 等的限制。在实际 CNC 系统中，T 是固定的，而 F、R 是用户给定的，所以编程时要根据最大容许误差 e_k 以及圆弧半径 R 来选择进给速度 F。

(2) 直线插补算法

在设计直线插补程序时，为了简化程序的设计，通常将插补计算坐标系的原点选在被插补直线的起点，如图 2-21 所示。设有一直线 OP，$O(0, 0)$ 为起点，$P(x_e, y_e)$ 为终点，要求以速度 F（mm/min），沿着 OP 进给，设系统插补周期为 T（ms），则在 T 内的合成进给值

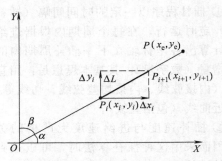

图 2-21 时间分割法直线插补

ΔL （μm）为：

$$\Delta L = \frac{FT}{60} \tag{2-54}$$

若 $T = 8\text{ms}$ 则：

$$\Delta L = \frac{2F}{15}$$

设为 P_i （x_i，y_i）某一插补点，P_{i+1} （x_{i+1}，y_{i+1}）为下一插补点，则由图可知：

$$\Delta x_i = \Delta L \cos\alpha \tag{2-55}$$
$$x_{i+1} = x_i + \Delta x_i \tag{2-56}$$
$$y_{i+1} = x_{i+1} \tan\alpha \tag{2-57}$$
$$\Delta y_i = y_{i+1} - y_i \tag{2-58}$$
$$\tan\alpha = \frac{y_e}{x_e} \tag{2-59}$$
$$\cos\alpha = \frac{x_e}{\sqrt{x_e^2 + y_e^2}} \tag{2-60}$$

式 （2-55）～式 （2-60）算法是先求 Δx_i，后计算 Δy_i，同样，还可以先计算 Δy_i 后，计算 Δx_i，即：

$$\Delta y_i = \Delta L \cos\beta \tag{2-61}$$
$$y_{i+1} = y_i + \Delta y_i \tag{2-62}$$
$$x_{i+1} = y_{i+1} \tan\beta \tag{2-63}$$
$$\Delta x_i = x_{i-1} - x_i \tag{2-64}$$
$$\tan\beta = \frac{x_e}{y_e} \tag{2-65}$$
$$\cos\beta = \frac{y_e}{\sqrt{x_e^2 + y_e^2}} \tag{2-66}$$

上述哪种算法比较好？可对它们进行如下分析。

由第一种算法可得：

$$\Delta y_i = (x_i + \Delta x_i) \tan\alpha - y_i \tag{2-67}$$

由第二种算法可得：

$$\Delta x_i = (y_i + \Delta y_i) \tan\beta - x_i \tag{2-68}$$

对式 （2-67）、式 （2-68）分别求微分，并取绝对值得：

$$|d(\Delta y_i)| = |\tan\alpha| \, |d(\Delta x_i)| = \left|\frac{y_e}{x_e}\right| |d(\Delta x_i)| \tag{2-69}$$

$$|d(\Delta x_i)| = |\tan\beta| \, |d(\Delta y_i)| = \left|\frac{x_e}{y_e}\right| |d(\Delta y_i)| \tag{2-70}$$

由此可知，当 $|x_e| > |y_e|$ 时：

对式 （2-69）有：$\qquad |d(\Delta y_i)| < |d(\Delta x_i)| \qquad$ 该算法对误差有收敛作用；

对式 （2-70）有：$\qquad |d(\Delta x_i)| > |d(\Delta y_i)| \qquad$ 该算法对误差有放大作用。

通过上面的分析，可得出如下结论。

当 $|x_e| \geqslant |y_e|$ 时，采用先算 Δx 的方法。

当 $|x_e| < |y_e|$ 时，采用先算 Δy 的方法。

该结论的实质是：在插补计算时，总是先算大的坐标增量，后算小的坐标增量。若再考虑不同的象限，则插补公式将有 8 组。为了程序设计的方便，可引入引导坐标的概念，即在采样周期内，将进给增量值较大的坐标定义为引导坐标 G，进给增量值较小的坐标定义为非引导坐标 N。由于引入引导坐标的概念，便将插补计算公式归纳为一组。

$$\Delta G_i = \Delta L \cos\beta \tag{2-71}$$
$$G_{i+1} = G_i + \Delta G_i \tag{2-72}$$
$$N_{i+1} = G_{i+1} \tan\beta \tag{2-73}$$
$$\Delta N_i = N_{i-1} - N_i \tag{2-74}$$
$$\tan\alpha = \frac{N_e}{G_e} \tag{2-75}$$
$$\cos\alpha = \frac{G_e}{\sqrt{G_e^2 + N_e^2}} \tag{2-76}$$

在程序设计时，将式（2-71）～式（2-76）设计成子程序，并在其输入输出部分进行引导坐标与实际坐标的相互转换，这样可大大简化程序的设计。

（3）圆弧插补算法

采用时间分割法进行圆弧插补的基本方法是用内接弦线逼近圆弧。只要在插补过程中根据半径合理选用进给速度 F，就可以使逼近精度满足要求。

同直线插补一样，在设计圆弧插补程序时，为了简化程序设计，通常将插补计算坐标系的原点选在被插补圆弧的圆心上，如图 2-22 所示，以第一象限顺圆插补（G02）为例讨论圆弧插补原理。图中 $P_i(x_i, y_i)$ 为圆上某一插补点 A，$P_{i+1}(x_{i+1}, y_{i+1})$ 为下一插补点 C，直线段 $AC(AC=\Delta L)$ 为本次的合成进给量，D 为 AC 的中点，δ 为本次插补的逼近误差。由图的几何关系可得：

$$\Delta ABC \propto \Delta ODy_m$$

那么有：
$$\gamma_i = \alpha_i + \frac{\Delta\alpha_i}{2} \tag{2-77}$$

则有：
$$\cos\gamma_i = \cos\left(\alpha_i + \frac{\Delta\alpha_i}{2}\right) = \frac{y_m}{(R-\delta)} = \frac{\left(Y - \frac{\Delta y_i}{2}\right)}{(R-\delta)} \tag{2-78}$$

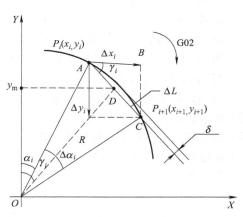

图 2-22 时间分割法圆弧插补

由于 Δy_i、δ 都为未知数，故对式（2-78）进行如下近似处理：

由于 ΔL 很小，可用 Δy_{i-1} 代替 Δy_i；

由于 $R \gg \delta$，可用 R 代 $R-\delta$。

由此有：$\cos\gamma_i \approx (y_i - \Delta y_{i-1}/2)/R$ （2-79）

式中 Δy_{i-1}——由上一次插补运算中自动生成的。

但是，在开始时是没有 Δy_0，可采用如下算法求取该值。

$$\Delta x_0 = \Delta L y_0/R \tag{2-80}$$
$$\Delta y_0 = \Delta L x_0/R \tag{2-81}$$

式中 x_0，y_0——插补圆弧的起点。

则：
$$\Delta x_i = \Delta L \cos\gamma_i = \Delta L(y_i - \Delta y_{i-1}/2)/R \tag{2-82}$$
$$\Delta y_i = y_i - \sqrt{R^2 - (x_i + \Delta x_i)^2} \tag{2-83}$$

整理得：

$$\Delta x_i = \Delta L(y_i - \Delta y_{i-1}/2)/R \tag{2-84}$$

$$x_{i+1} = x_i + \Delta x_i \tag{2-85}$$

$$y_{i+1} = \sqrt{R^2 - x_{i+1}^2} \tag{2-86}$$

$$\Delta y_i = y_i - y_{i+1} \tag{2-87}$$

同直线插补一样，除上述算法外，还可以用下面的算法，即：

$$\Delta y_i = \Delta L(x_i + \Delta x_{i-1}/2)/R \tag{2-88}$$

$$y_{i+1} = y_i - \Delta y_i \tag{2-89}$$

$$x_{i+1} = \sqrt{R^2 - y_{i+1}^2} \tag{2-90}$$

$$\Delta x_i = x_{i+1} - x_i \tag{2-91}$$

由式（2-84）～式（2-87）、式（2-88）～式（2-91）中第一个增量求得第二个增量的算法是：

$$\Delta y_i = y_i - \sqrt{R^2 - (x_i + \Delta x_i)^2} \tag{2-92}$$

$$\Delta x_i = \sqrt{R^2 - (y_i - \Delta y_i)^2} - x_i \tag{2-93}$$

分别对式（2-92）、式（2-93）两边微分得：

$$\left| d\Delta y_i \right| = \left| \frac{x_i + \Delta x_i}{\sqrt{R^2 - (x_i + \Delta x_i)^2}} \right| \left| d\Delta x_i \right| = \left| x_{i+1}/y_{i+1} \right| \left| d\Delta x_i \right| \tag{2-94}$$

$$\left| d\Delta x_i \right| = \left| \frac{y_i - \Delta y_i}{\sqrt{R^2 - (y_i - \Delta y_i)^2}} \right| \left| d\Delta y_i \right| = \left| y_{i+1}/x_{i+1} \right| \left| d\Delta y_i \right| \tag{2-95}$$

由此可得，当 $|x_{i+1}| > |y_{i+1}|$ 时：

对式（2-94）有：　　　$\left| d(\Delta y_i) \right| < \left| d(\Delta x_i) \right|$　　　该算法对误差有收敛作用；

对式（2-95）有：　　　$\left| d(\Delta x_i) \right| > \left| d(\Delta y_i) \right|$　　　该算法对误差有放大作用。

通过上面的分析，可得出如下结论：

当 $|x_i| \geqslant |y_i|$ 时，采用先算 Δx 的方法；

当 $|x_i| < |y_i|$ 时，采用先算 Δy 的方法。

该结论的实质是：在插补计算时，总是先算大的坐标增量，后算小的坐标增量。若再考虑不同的象限、不同插补方向（G02/G03），则插补公式将有16组。为了程序设计的方便，可引入引导坐标的概念，即在采样周期内，将进给增量值较大的坐标定义为引导坐标 G，进给增量值较小的坐标定义为非引导坐标 N。由于引入引导坐标的概念，便将插补计算公式归纳为2组。

第一组（A）：

$$\Delta G_i = \Delta L(N_i - \Delta N_{i-1}/2)/R$$

$$G_{i+1} = G_i + \Delta G_i$$

$$N_{i+1} = \sqrt{R^2 - G_{i+1}^2}$$

$$\Delta N_i = N_i - N_{i+1}$$

第二组（B）：

$$\Delta G_i = \Delta L(N_i + \Delta N_{i-1}/2)/R$$

$$G_{i+1} = G_i - \Delta G_i$$

$$N_{i+1} = \sqrt{R^2 - G_{i+1}^2}$$

$$\Delta N_i = N_{i+1} - N_i$$

顺圆插补（G02）和逆圆插补（G03）在各象限采用公式的情况如图2-23所示。

在程序设计中，将A、B两组公式设计成子程序，并在其输入输出部分进行引导坐标与实际坐标的相互转换（包括进给方向）处理，这样可大大简化程序的设计。

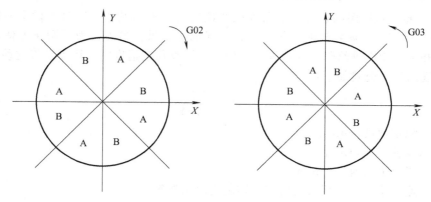

图 2-23　圆弧插补各象限采用公式情况

在圆弧插补公式推导中，采用了近似计算，$\cos\gamma_i$ 值必然产生偏差，这样求得的插补值也会有误差，但是由于在算法中采用了公式 $y_{i+1} = \sqrt{R^2 - x_{i+1}^2}$，则所求的插补点的坐标 (x_{i+1}, y_{i+1}) 总可保持在圆上，因此对算法的稳定性和轨迹精度没有影响。

2.2.7　加减速控制原理

在 CNC 装置中，为了保证机床在启动或停止时不产生冲击、失步、超程或震荡，必须对送到进给电动机的进给脉冲频率或电压进行加减速控制。即在机床加速启动时，保证加在伺服电动机上的进给脉冲频率或电压逐渐增大；而当机床减速停止时，保证加在伺服电动机上的进给脉冲频率或电压逐渐减小。

在 CNC 装置中，加减速控制多数都采用软件来实现，这样给系统带来了较大的灵活性。这种用软件实现的加减速控制可以放在插补前进行，也可以放在插补后进行。放在插补前的加减速控制称为前加减速控制，放在插补后的加减速控制称为后加减速控制，如图 2-24 所示。

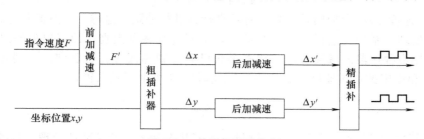

图 2-24　前后加减速控制

前加减速控制的优点是仅对合成速度——编程指令速度 F 进行控制，所以它不会影响实际插补输出的位置精度。前加减速控制的缺点是需要预测减速点，这个减速点要根据实际刀具位置与程序段终点之间的距离来确定，因此这种预测工作需要完成的计算量较大。

后加减速控制与前加减速控制相反，它是对各运动轴分别进行加减速控制，这种加减速控制不需专门预测减速点，而是在插补输出为零时开始减速，并通过一定的时间延迟逐渐靠近程序段终点。后加减速的缺点是：由于它对各运动坐标轴分别进行控制，所以在加减速控制以后，实际的各坐标轴的合成位置就可能不准确。但是，这种影响仅在加速或减速过程中才会有，当系统进入匀速状态，这种影响就不存在了。

2.2.7.1　前加减速控制

(1) 稳定速度和瞬时速度

所谓稳定速度，就是系统处于稳定状态时，每次插补一次（一个插补周期）的进给量。在

CNC 装置中，零件程序段的速度指令命令或快速进给（手动或自动）时所设定的快速指令进给速度 F（mm/min），需要转换成每个插补周期的进给量。另外，为了调速方便，设置了快速进给倍率开关、切削进给倍率开关等。这样，在计算稳定速度时，还需要将这些因素考虑在内。稳定速度的计算公式如下：

$$f_s = \frac{TKF}{60 \times 1000} \tag{2-96}$$

式中　f_s——稳定速度，mm；

T——插补周期，ms；

F——指令进给速度，mm/min；

K——速度系数，包括快速倍率、切削进给倍率等。

除此之外，稳定速度的计算完成以后，进行速度限制的检查，如果稳定速度超过由参数设定的最大速度，则取限制的最大速度为稳定速度。

所谓瞬时速度，即系统在每个插补周期的进给量。当系统处于稳定状态时，瞬时速度 f_i 等于稳定速度 f_s，当系统处于加速（或减速）状态时，$f_i < f_s$。

(2) 线性加减速处理

当机床启动、停止或在切削加工过程中改变进给速度时，系统自动进行线性加/减速处理。加/减速速率分别为进给和切削进给两种，它们必须作为机床的参数预先设置好。设指令进给速度为 F（mm/min），加速到 F 所需的时间为 t（ms），则加/减速度 a [$\mu m/(ms)^2$] 可按下式计算：

$$a = 1.67 \times 10^{-2} \frac{F}{t} \tag{2-97}$$

① 加速处理　系统每插补一次都要进行稳定速度、瞬时速度和加/减速处理。当计算的瞬时速度 f_i' 小于原来的稳定速度 f_s 时，则要加速。每加速一次，瞬时速度为：

$$f_{i+1} = f_i + at \tag{2-98}$$

新的瞬时速度 f_{i+1} 参加插补计算，对各坐标轴进行分配。这样，一直到稳定速度为止。

② 减速处理　系统每进行一次插补运算，都要进行终点判别，计算出离开终点的瞬时距离 S_i，并根据本程序段的减速标志，检查是否已到达减速区域，若已到达，则开始减速。当稳定速度 f_s 和设定的加减速度 a 确定后，减速区域 S 可由下式求得：

$$S = \frac{f_s^2}{2a} \tag{2-99}$$

若本段程序段要减速，且 $S_i \leqslant S$，则设置减速状态标志，开始减速处理。每减速一次，瞬时速度为：

$$f_{i+1} = f_i - at \tag{2-100}$$

新的瞬时速度 f_{i+1} 参加插补运算，对各坐标轴进行分配，一直到新的瞬时速度减到零。若要提前一段距离开始减速，则可根据需要，将提前量 ΔS 作为参数预先设定好，由下式计算：

$$S = \frac{f_s^2}{2a} + \Delta S \tag{2-101}$$

(3) 终点判别处理

在每次插补运算结束后，系统都要根据求出的各轴的插补进给量，来计算刀具中心离开本程序段终点的距离，然后进行终点判别。在即将到达终点时，设置相应的标志。若本段程序要减速，则还需要检查是否已达到减速区域并开始减速。

终点判别处理可分为直线和圆弧两种情况。

① 直线插补时 S_i 的计算　在图 2-25 中，设刀具沿着 OP 作直线运动，P 为程序段终点，A 为某一瞬时点。在插补计算中，已求得 X 和 Y 的插补进给量 Δx 和 Δy。因此，A 点的瞬时坐标值可求得：

$$\begin{cases} x_i = x_{i-1} + \Delta x \\ y_i = y_{i-1} + \Delta y \end{cases}$$

设 X 为长轴，其增量值为已知，则刀具在 X 方向上离终点的距离为 $|x - x_i|$。因为长轴与刀具移动方向的夹角是定值，且 $\cos\alpha$ 的值已计算好。因此，瞬时点 A 离终点 P 的距离为：

$$S_i = |x - x_i| \frac{1}{\cos\alpha} \qquad (2\text{-}102)$$

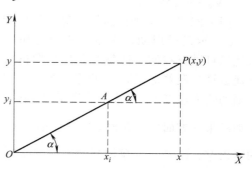

图 2-25　直线插补终点判别

② 圆弧插补时 S_i 的计算

a. 当圆弧所对应的圆心角大于 π 时，瞬时点离圆弧终点的直线距离越来越小，如图 2-26（a）所示。$A(x_i, y_i)$ 为顺圆插补时圆弧上的某一瞬时点，$P(x, y)$ 为圆弧的终点，AM 为 A 点在 X 方向离终点的距离，$|AM| = |x - x_i|$；MP 为 P 点在 Y 方向离终点的距离，$|MP| = |y - y_i|$；$AP = S_i$。以 MP 为基准，则 A 点离终点的距离为：

$$S_i = |MP| \frac{1}{\cos\alpha} = |y - y_i| \frac{1}{\cos\alpha} \qquad (2\text{-}103)$$

b. 当圆弧弧长的对应圆心角大于 π 时，设 A 点为圆弧 AP 的起点的弧长所对应的圆心角等于 π 时的分界点，C 点为插补到终点的弧长所对应的圆心角小于 π 的某一瞬时点，如图 2-26（b）所示。显然，此时瞬时点离圆弧终点的距离 S_i 的变化规律是，当从圆弧起点 A 开始插补到 B 点时，S_i 越来越大，直到 S_i 等于直径；当插补越过分界点 B 后，S_i 越来越小，与图 2-26（a）相同。对于该种情况，计算 S_i 时首先要判断 S_i 的变化趋势。S_i 若是变大，则不进行终点判别处理，直到越过分界点；若 S_i 变小，再进行终点判别处理，如图 2-26 所示。

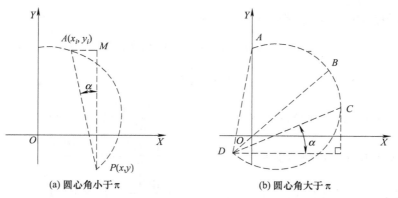

(a) 圆心角小于 π　　　　　　　(b) 圆心角大于 π

图 2-26　圆弧插补终点判别

2.2.7.2　后加减速控制

(1) 指数加减速控制算法

进行指数加减速控制的目的是将启动或停止时的速度随着时间按指数规律上升或下降，如图 2-27 所示。

指数加减速控制速度与时间的关系如下。

加速时：　$V(t)=V_\mathrm{c}(1-\mathrm{e}^{-\frac{1}{T}})$ 　　　(2-104)

匀速时：　　　$V(t)=V_\mathrm{c}$ 　　　　　(2-105)

减速时：　　　$V(t)=V_\mathrm{c}\mathrm{e}^{-\frac{1}{T}}$ 　　　　(2-106)

式中　　T——时间常数；

　　　　V_c——稳定速度。

图 2-28 是指数加减速控制算法的原理，在图中 Δt 表示采样周期，它在算法中的作用是对加减速运算进行控制，即每个采样周期进行一次加减速运算。误差寄存器 E 的作用是：对每个采样周期的输入速度 V_c 与输出速度 V 之差进行累加，

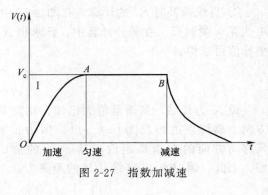

图 2-27　指数加减速

累加结果一方面保存在误差寄存器中，另一方面与 $\frac{1}{T}$ 相乘，乘积作为当前采样周期加减速控制的输出 V。同时 V 又反馈到输入端，准备下一个采样周期，重复以上过程。

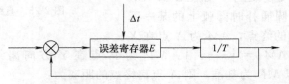

图 2-28　指数加减速控制原理图

上述过程可以用迭代公式来实现。

$$E_i=\sum_{k=0}^{i=1}(V_\mathrm{c}-V_\mathrm{k})\,\Delta t \tag{2-107}$$

$$V_i=E_i\frac{1}{T} \tag{2-108}$$

式中　E_i，V_i——第 i 个采样周期误差寄存器 E 中的值和输出速度值，且迭代初值 V_0，E_0 为零。

只要 Δt 取得足够小，则上述公式可近似为：

$$E(t)=\int_0^t[V-V(t)]\mathrm{d}t \tag{2-109}$$

$$V(t)=\frac{1}{T}E(t) \tag{2-110}$$

对式（2-109）中 $E(t)$ 两端求导得：　　　　$\dfrac{\mathrm{d}E(t)}{\mathrm{d}t}=V_\mathrm{c}-V(t)$ 　　　(2-111)

对式（2-110）中 $V(t)$ 两端求导得：　　　$\dfrac{\mathrm{d}V(t)}{\mathrm{d}t}=\dfrac{1}{T}\times\dfrac{\mathrm{d}E(t)}{\mathrm{d}t}$ 　　　(2-112)

再将式（2-111）、式（2-112）合并得：　　$T\dfrac{\mathrm{d}V(t)}{\mathrm{d}t}=V_\mathrm{c}-V(t)$ 　　　(2-113)

$$\frac{\mathrm{d}V(t)}{V_\mathrm{c}-V(t)}=\frac{\mathrm{d}t}{T} \tag{2-114}$$

两端积分后得：　　　　　$\dfrac{V_\mathrm{c}-V(t)}{V_\mathrm{c}-V(0)}=\mathrm{e}^{-\frac{1}{T}}$ 　　　(2-115)

加速时：　　　　　　　　$V(0)=0$ 　　　　　　　(2-116)

故：　　　　　　　　　$V(t)=V_\mathrm{c}(1-\mathrm{e}^{-\frac{1}{T}})$ 　　　　(2-117)

匀速时，$t \to \infty$，得：

$$V(t) = V_c \tag{2-118}$$

减速时输入为零，$V(0) = V_c$，则得：

$$\frac{\mathrm{d}E(t)}{\mathrm{d}t} = -V(t) \tag{2-119}$$

代入上面微分式中可得：

$$\frac{\mathrm{d}V(t)}{V(t)} = -\frac{\mathrm{d}t}{T} \tag{2-120}$$

两端积分后可得：

$$V(t) = V_0 \mathrm{e}^{-\frac{1}{T}} = V_c \mathrm{e}^{-\frac{1}{T}} \tag{2-121}$$

令

$$\begin{cases} \Delta S_i = V_i \Delta t \\ \Delta S_c = V_c \Delta t \end{cases}$$

则 ΔS_c 实际上为每个采样周期加减速的输入位置增量值，即每个周期粗插补运算输出的坐标值数字增量值。而 ΔS_i 则为第 i 个插补周期加减速输出的位置增量值。

将 ΔS_i 和 ΔS_c 代入前面的 E_i 和 V_i 公式可得（取 $\Delta t = 1$）：

$$\begin{cases} E_i = \sum_{k=0}^{i=1} (\Delta S_c - \Delta S_i) = E_{i+1} + (\Delta S_c - \Delta S_{i-1}) \\ \Delta S_i = E_i \dfrac{1}{T} \end{cases} \tag{2-122}$$

式（2-122）就是实用的数字增量值指数加减速迭代公式。

（2）直线加减速控制算法

直线加减速控制使机床启动时，速度沿一定斜率的直线上升。而停止时，速度沿一定斜率的直线下降。如图 2-29 所示，速度变化曲线是 $OABC$。

直线加减速控制分以下 5 个过程。

① 加速过程 如果输入速度 V_c 与输出速度 V_{i-1} 之差大于一个常值 KL，即 $V_c - V_{i-1} > KL$，则使输出速度增加 KL 值，即：

$$V_i = V_{i-1} + KL \tag{2-123}$$

式中 KL——加减速的速度阶跃因子。

显然，在加速过程中，输出速度沿斜率 $K' = \dfrac{KL}{\Delta t}$ 直线上升，这里 Δt 为采样周期。

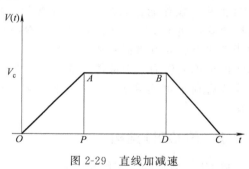

图 2-29 直线加减速

② 加速过渡过程 如果输入速度 V_c 大于输出速度 V_{i-1}，但其差值小于 KL，即：

$$0 < V_c - V_{i-1} < KL$$

改变输出速度，使其与输入相等，即 $V_i = V_c$。

经过这个过程后，系统进入稳定状态。

③ 匀速过程 在这个过程中，保持输出速度不变，即：

$$V_i = V_{i-1}$$

但此时的输出速度 V_i 不一定等于输入速度 V_c。

④ 减速过渡过程 如果输入速度 V_c 小于输出速度 V_{i-1}，但其差值不足 KL 时，即：

$$0 < V_{i-1} - V_c < KL$$

改变输出速度，使其减小到与输入速度相等，即 $V_i = V_c$。

⑤ 减速过程 如果输入速度 V_c 小于输出速度 V_{i-1}，其差值大于 KL，即：

$$V_{i-1} - V_c > KL$$

改变输出速度，使其减小 KL 值，即：

$$V_i = V_{i-1} - KL$$

显然，在减速过程中，输出速度沿斜率 $K' = -\dfrac{KL}{\Delta t}$ 直线下降。

无论是直线加减速控制算法还是指数加减速控制算法，都必须保证系统不产生失步和超程，即在系统的整个加速和减速过程中，输入到加减速控制器的总位移之和必须等于该加减速控制器实际输出的位移之和，这是设计后加减速控制算法的关键。要做到这一点，对于指数加减速来说，必须使图 2-29 中区域 OPA 的面积等于区域 DBC 的面积；对直线加减速而言，同样应需使图中区域 OPA 的面积也等于 DBC 的面积。

为了保证这两部分面积相等，以上的两种加减速度算法都采用位置误差累加器来解决。在加速过程中，用位置误差累加器记住由于加速延迟失去的位置增量之和；在减速过程中，又将位置误差累加器的位置值按一定的规律（指数或直线）逐渐放出，以保证在加减速过程全部结束时，机床到达指定的位置。

2.3 计算机数控系统硬件结构

2.3.1 概述

作为现代数控系统核心的 CNC 装置实际是一台专门用于数控加工的计算机系统。数控系统的主要功能和主要性能指标都取决于 CNC 装置的硬件结构和软件系统。其硬件结构从 CNC 系统的总体安装结构看，有整体式结构和分体式结构两种。所谓整体式结构，是把 CRT 和 MDI 面板、操作面板以及功能模块板组成的电路板等安装在同一机箱内。这种方式的优点是结构紧凑，便于安装。分体式结构通常把 CRT 和 MDI 面板、操作面板等做成一个部件，而把功能模块组成的电路板安装在一个机箱内，两者之间用导线或光纤连接。许多 CNC 机床把操作面板也单独作为一个部件，这是由于所控制机床的要求不同，操作面板相应地要改变，做成分体式有利于更换和安装。按 CNC 装置中 CPU 的个数，可分为单处理器结构和多处理器结构。

2.3.2 单 CPU 结构

单 CPU 数控的系统结构：用一个 CPU 完成控制软件的运行及各控制程序间的调度，如图 2-30 所示。

2.3.3 多 CPU 结构

多 CPU 结构：是指在 CNC 系统中有两个或两个以上的 CPU 能控制系统总线或主存储器进行工作的系统结构，如图 2-31 所示。

现代的 CNC 系统大多采用多 CPU 结构。在这种结构中，每个 CPU 完成系统中规定的一部分功能，独立执行程序，它与单 CPU 结构相比，提高了计算机的处理速度。多 CPU 结构的 CNC 系统采用模块化设计，将软件和硬件模块形成一定的功能模块。模块间有明确的符合工业标准的接口，彼此间可以进行信息交换。这样可以形成模块化结构，缩短了设计制造周期，并且具有良好的适应性和扩展性，结构紧凑。多 CPU 的 CNC 系统由于每个 CPU 分管各自的任务，形成若干个模块，如果某个模块出了故障，其他模块仍然照常工作。并且插件模块更换方便，可以使故障对系统的影响减少到最小限度，提高了可靠性。性能价格比高，适合于多轴控制、高进给速度、高精度的数控机床。

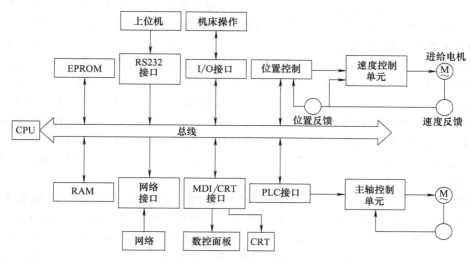

图 2-30　单 CPU 系统结构

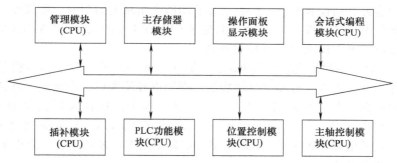

图 2-31　共享总线多 CPU 结构

多 CPU 系统的各种功能模块如下。

① 管理模块　该模块是管理和组织整个 CNC 系统工作的模块，主要功能包括：初始化、中断管理、总线裁决、系统出错识别和处理、系统硬件与软件故障诊断等功能。

② 插补模块　该模块是进行零件程序的译码、刀具补偿、坐标位移量计算、进给速度处理等计算，然后进行插补计算，并给定各坐标轴的位置值。

③ 位置控制模块　对坐标位置给定值与由位置检测装置测到的实际位置值进行比较并获得差值、进行自动加减速、回基准点、对伺服系统滞后量的监视和漂移补偿，最后得到速度控制的模拟电压（或速度的数字量），去驱动进给电动机。

④ PLC 模块　零件程序的开关量（S、M、T）和机床面板来的信号在这个模块中进行逻辑处理，实现机床电气设备的启停、刀具交换、转台分度、工件数量和运转时间的计数等。

⑤ 命令与数据输入输出模块　指零件程序、参数和数据、各种操作指令的输入输出，以及显示所需要的各种接口电路。

⑥ 存储器模块　是程序和数据的主存储器，或是功能模块数据传送用的共享存储器。

2.3.4　微机基本系统

通常微机基本系统是由 CPU、存储器（EPROM、RAM）、定时器、中断控制器等几个主要部分组成。

① CPU　CPU 是整个数控系统的核心，常见的中低档数控系统基本上采用 8 位或 16 位 CPU，如 8088/8086、8031 等。随着 CPU 系统向高精度方向发展，要求其最小设定单位越来越小，同时又要求 CPU 系统能满足大型机床的需要，当最小设定单位是 $1\mu m$ 时，16 位二进制数所表示的最大坐标为 $-32.767\sim32.767mm$，这显然是不够的，而采用 32 位二进制数时，最大坐标范围为 $-2000\sim2000m$，因此数控系统一般采用 24 位二进制数，其坐标范围为 $-8388.607\sim8388.607mm$。因此选用 8 位 CPU 就需要三个或四个字节运算，这就严重影响了运算速度，当最小设定单位为 $0.1\mu m$ 时，这个问题将更加严重。因此现代数控系统大多采用 16 位或 32 位的 CPU，以满足其性能指标，如采用 8 位 CPU，则为多 CPU 结构。例如 FANUC15、SIEMENS 840、FAGOR8050 等系统均为 32 位 CPU，而 FAGOR8025 系统则采用 8 位多 CPU 结构。

② EPROM　EPROM 用于固化系统控制软件，数控系统的所有功能都是固化在 EPROM 中的程序控制下完成的。在数控系统中，硬软件有密切的关系，由于软件的执行速度较硬件慢，当 CPU 功能较弱时，则需要专用硬件解决问题或采用多 CPU 结构。现代数控系统常采用标准化与通用化总线结构，因此不同的机床数控系统可以采用基本相同的硬件结构，并且系统的改进与扩展十分方便。

在硬件相对不变的情况下，软件仍有相当大的灵活性。扩充软件就可以扩展 CNC 的功能，而且软件的这种灵活性有时会对数控系统的功能产生极大的影响。在国外，软件的成本甚至超过硬件。例如 FANUC3T 与 3M 的差别仅在 EPROM 中的软件，FANUC3M 二轴半联动变为三轴联动也仅需要更换 EPROM 中的软件。

③ RAM　RAM 中存放可能改写的信息，在图 2-32（a）中，除中断堆栈存放区和控制软件数据暂存区外，均有后备电池掉电保护功能，即当电源消失后，由电池来维持 RAM 芯片电压，以保持其中信息，其原理示意图如图 2-32（b）所示。现在大量使用的 CMOS 半导体 RAM 芯片如 62648（8K）、62256（32K）、628128（128K），其维持功耗很低。如日立 HM628128 芯片，其电源电压大于 2V 即可维持信息不丢失，并且维持电流小于 $1\mu A$，这就大大延长了电池的使用寿命。

④ 定时器与中断控制器　定时器与中断控制器用于计算机系统的定时控制与多级中断管理。

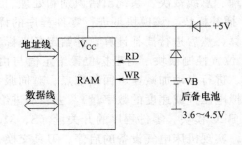

CPU中断向量存放区
系统控制软件数据暂存区
刀具参数表
G53～G59参数表
丝杠间隙值
螺距误差表
系统参数表
零件加工程序目录
零件加工程序存放区

(a) 数控系统RAM区分配示意图　　(b) RAM芯片掉电保护示意图

图 2-32　RAM 芯片

2.3.5　接口

(1) 人机界面接口

数控系统的人机界面包括以下四部分：键盘（MDI），用于加工程序的编制以及参数的输入等；显示器（CRT），用于显示程序、数据以及加工信息等；操作面板（OPERATOR PANEL），用于对机床的操作。手摇脉冲发生器（MPG），用于手动控制机床坐标轴的运动，类似普通机床的摇手柄。

① 键盘在数控系统中亦称 MDI（Manual Data Input）面板或数控面板，它由英文字母键、功能键、数字键等组成，用于编制加工程序、修改参数等。键盘的接口比较简单，大多仍采用扫描矩阵原理，这与通常的计算机是一样的。

② 数控系统处于不同的操作功能时，显示器所显示的内容是不同的。在编程时，其显示的是被编辑的加工程序，而加工时，则显示当前各坐标轴的坐标位置和机床的状态信息。有些数控系统还具有图形模拟功能，这时显示器则显示模拟加工过程的刀具走刀路径，可以检查加工程序的正确与否。现代数控系统已大量采用高分辨率彩色显示器或液晶显示器，显示的图形也由二维平面图形变为三维动态图形。

③ 操作面板又称机床操作面板，不同的数控机床由于其所需的动作不同，所配操作面板也是不同的。操作面板主要用于手动方式下对机床的操作以及自动方式下对运动的操作或干涉。

（2）通信接口

通常数控系统均具有标准的 RS232 串行通信接口，因此与外设以及上一级计算机的连接很方便。高档数控系统还具有 RS485、MAP 以及其他各种网络接口，从而能够实现柔性生产线 FMS 以及计算机集成制造系统 CIMS。

（3）进给轴的位置控制接口

实现进给轴的位置控制包括三个方面的内容：一是进给速度的控制；二是插补运算；三是位置闭环控制。插补方法有基准脉冲法与采样数据法。基准脉冲法就是 CNC 系统每次插补以脉冲的形式提供给位置控制单元，这种插补方法的进给速度与控制精度较低，主要用于开环数控系统。而采样数据法计算出给定时间间隔内各坐标轴的位置增量，同时接收机床的实际位置反馈，根据插补所得到的命令位置与反馈位置的差来控制机床运动，因此采样数据法可以根据进给速度的大小来计算一个时间间隔内的位置增量。只要 CPU 的运算速度较快，给定时间间隔选择得较小，就可以实现高速、高精度的位置控制。

进给轴位置控制接口包括模拟量输出接口和位置反馈计数接口。模拟量输出接口采用数/模转换器 DAC（一般为十二位至十六位），输出模拟电压的范围为 $-10\sim10V$，用以控制速度伺服单元。模拟电压的正负和大小分别决定了电动机的转动方向和转速。位置反馈计数接口能检测并记录位置反馈元件（如光电编码器）所发回的信号，从而得到进给轴的实际位置。此接口还具有失线检测功能，任意一根反馈信号的线断了都会引起失线报警。在进行位置控制的同时，数控系统还通过软件进行自动升降速处理，即当机床启动、停止或在加工过程中改变进给速度时，数控系统自动进行线性规律或指数规律的速度升降处理。对于一般机床，可采用较为简单的直线线性升降速处理；对于重型机床，则需使用指数升降速处理，以便使速度变化平滑。

（4）主轴控制接口

主轴 S 功能可分为无级变速、有级变速和分段无级变速三大类。当数控机床配有主轴驱动装置时，可利用系统的主轴控制接口输出模拟量进行无级变速，否则需要 S、M、T 接口实现有级变速。为提高低速输出转矩，现代数控机床多采用分段无级变速，这可以利用辅助功能和主轴模拟量控制配合完成。

主轴的位置反馈主要用于螺纹切削功能、主轴准停功能以及主轴转速监控等。

（5）MST 控制接口

数控系统的 MST 功能是通过开关量输入/输出接口完成。数控系统所要执行的 MST 功能，通过开关量输出接口送至强电箱，而机床与强电箱的信号则通过开关量输入接口送至数控系统。MST 功能的开关量控制逻辑关系复杂，在数控机床中，一般采用可编程控制器（PLC）

来实现 MST 功能。

2.4 计算机数控系统软件结构

2.4.1 计算机数控系统软件结构特点

CNC 装置是一个机床计算机控制系统，其数控系统软件必须完成管理和控制两种不同性质的任务。数控系统的基本任务是进行机床的自动加工控制，其核心控制模块是预处理模块、插补模块、位置控制模块和 PLC 控制模块等。数控系统是实现 CNC 系统协调工作的主体，它管理着数控加工程序从输入、预处理到插补计算、位置控制和输入/输出控制的全过程，并管理着系统参数的设置，刀具参数的设置，数控加工程序的编辑，数据的输入/输出，以及故障诊断、通信等功能的管理。CNC 装置的系统软件具有多任务性和实时性两大特点。CNC 装置是典型的实时控制系统。CNC 装置的系统软件可以看成是一个专用的实时操作系统。

2.4.2 多任务性与并行处理

2.4.2.1 CNC 装置的多任务性

CNC 中的任务就是可并行执行的程序在一个数据集合上运行的过程。CNC 的任务通常可以分为两类：管理任务和控制任务。管理任务主要承担系统资源的合理安排和系统各个子任务间的调度，负责系统的管理、显示、诊断。而控制任务完成 CNC 的基本功能译码、刀具补偿、速度预处理、插补运算、位置控制等任务。CNC 装置在工作中，这些任务不是按顺序执行的，而往往需要多任务并行处理。例如：当机床正在执行加工任务时（执行控制任务），CRT 要实时显示加工状态（管理任务），这是控制任务与管理任务的并行；在管理任务中也是如此，当用户将程序输入系统时，CRT 便实时显示输入的内容；在控制任务中更是如此，为了保证加工的连续性，刀具补偿、速度处理、插补运算以及位置控制必须不间断地执行。

2.4.2.2 基于并行处理的多任务调度技术

并行处理是指软件系统在同一时刻或同一个时间间隔内完成两个或多个任务的处理方法。采用并行处理技术的目的就是为了提高 CNC 装置资源的利用率和系统的处理速度。并行处理的实现方式与 CNC 系统的硬件结构密切相关（当然随着全软件型的开放式数控系统出现，CNC 装置对硬件系统的依赖性正在逐渐降低）。在 CNC 系统中常采用以下方法。

(1) 资源分时共享

对于单 CNC 装置，采用"分时"来实现多任务的并行处理。在一定的时间间隔（通常称为时间片），根据系统中各任务实时性要求程度，规定它们占用 CPU 的时间，使它们按照规定的顺序和规则来分时共享系统的资源。因此，在采用"资源分时共享"并行处理技术 CNC 装置中，需要解决两个问题：一是各任务何时占用 CPU，也就是各个任务优先级的分配问题；二是各个任务占用 CPU 时间的长度，也就是时间片的分配问题。

一般来说，在单 CPU 的 CNC 装置中，通常采用循环调度和优先抢占调度结合的方法来解决以上问题。图 2-33、图 2-34 是一个典型 CNC 装置多任务分时共享 CPU 的时间分配图。

为了简单，我们假设 CNC 装置软件的功能只有三个任务：位置控制模块、插补运算模块以及背景程序模块，如图 2-33 所示。这三个程序优先级逐渐降低，位置控制模块优先级别最高，其次是插补运算模块，最后是背景程序（主要包括一些实时性要求不高的子任务）。系统规定：位置控制任务每 4ms 执行一次，插补运算 8ms 执行一次，两个任务都是由定时中断激活。当位置控制与插补运算都不执行时，便执行背景程序，正因为如此，才称其为"背景"程序。系统的运作是：在完成初始化后，自动进入背景程序，背景程序采用循环调度方式，轮流

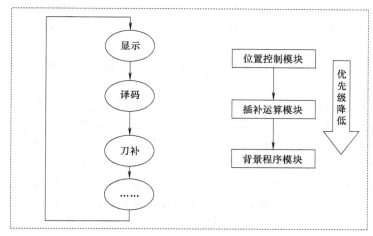

图 2-33 各个任务模块之间的关系

反复执行各个子任务，在背景程序的运行过程中，不断地被位置控制模块和插补运算模块等优先级别高的任务所中断，中断后保存现场，等到优先级别高的模块运行完之后，恢复现场，接着执行背景循环程序。同样，位置控制也可中断插补运算的运行，因为位置控制的优先级高于插补运算。

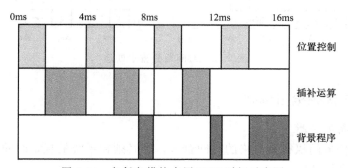

图 2-34 各任务模块占用 CPU 时间示意图

可以看出：在任何时刻，只有一个任务占用 CPU；从一个时间片（8ms 或 16ms）来看，CPU 并行执行了三个任务。即资源分时共享的并行处理是宏观意义上的，微观上还是各个任务顺序执行的。

（2）并发处理和流水处理

在多 CPU 结构的 CNC 装置中，根据各任务间的关联程度，可采用以下两种策略来提高系统处理速度。其一，如果任务之间的关联程度不高，则将各任务分别安排一个 CPU，使其同时执行，即所谓的"并发处理"；其二，如果各任务之间的关联程度较高，即一个任务的输出是另一任务的输入，则可采用流水处理的方法来实现并行处理。流水处理的技术是利用重复的资源（CPU），将一个大任务分成若干个彼此关联的子任务（任务的分法与资源重复的多少有关），然后按一定顺序安排每个资源执行一个任务。这个处理过程与生产线上分不同工序加工零件的流水作业一样。例如：CPU1 执行译码、CPU2 执行刀补处理、CPU3 执行速度预处理，t_1 时间 CPU1 执行第一个程序段的译码；t_2 时间 CPU2 执行第一个程序段的刀补处理，同时 CPU1 执行第二个程序段的译码；t_3 时间 CPU3 执行第一个程序段的速度预处理并输出第一个程序段插补预处理后的数据，同时，CPU2 执行第二个程序段的刀补处理，CPU1 执行第三个程序段的译码，t_4 时间 CPU3 执行第二个程序段的速度预处理并输出第二个程序段插补预处理后的数据，同时，CPU2 执行第三个程序段的刀补处理，CPU1 执行第四个程序段的译码……可以大大缩短两个程序段之间输出的间隔时间。可以看出，在任何时刻均有两个或两个以上的任务在并发执行。

流水处理的关键是时间重叠，以资源重复为代价换取时间上的重叠，以空间复杂性换取时间上的快速性。

当 CNC 装置在自动加工工作方式时，其数据的转换过程将由零件程序输入、插补准备、插补、位置控制四个子过程组成。如果每个子过程的处理时间分别为 Δt_1、Δt_2、Δt_3、Δt_4，那么一个零件程序段的数据转换时间将是 $t = \Delta t_1 + \Delta t_2 + \Delta t_3 + \Delta t_4$。如果以顺序方式处理每个零件的程序段，则第一个零件程序段处理完以后再处理第二个程序段，依次类推。图 2-35 表示了这种顺序处理时的时间与空间的关系。从图中可以看出，两个程序段的输出之间将有一个时间为 t 的间隔。这种时间间隔反映在电动机上就是电动机的时停时转，反映在刀具上就是刀具的时走时停，这种情况在加工工艺上是不允许的。

消除这种间隔的方法是用时间重叠流水处理技术。采用流水处理后的时间与空间关系如图 2-35 所示。

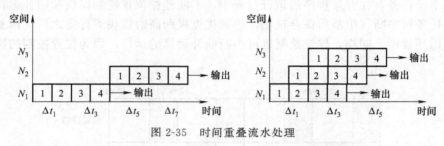

图 2-35　时间重叠流水处理

2.4.3　实时性与优先抢占机制

（1）实时性任务的分类

实时性是指某任务的执行有严格的时间要求，即必须在系统的规定时间内完成，否则将导致执行结果错误和系统故障。

如前所述，CNC 装置是一个专用的实时计算机系统。该系统的各任务或强或弱都具有实时性要求。从各任务对实时性要求的角度看，基本上可分为强实时性任务和弱实时性任务，强实时性任务又分为实时突发性任务和实时周期性任务。

① 实时突发性任务　这类任务的特点是任务的发生具有随机性和突发性，是一种异步中断事件，往往具有很强的实时性要求。主要包括故障中断（急停、机械限位、硬件故障）、机床 PLC 中断等。

② 实时周期性任务　这类任务是精确地按一定的事件间隔发生的。主要包括加工过程中的插补运算、位置处理等任务。为保证加工精度和加工过程的连续性，这类任务的实时性是关键。这类任务，除系统故障外，不允许被其他任务中断。

③ 弱实时性任务　任务的实时性相对较弱，只需要保证在某一段时间内得以运行即可。在系统设计时，或被安排在背景程序中或根据重要性设置为级别较低的优先级由调度程序进行合理的调度。如显示、加工程序编辑、插补预处理、加工轨迹的动静态仿真以及加工过程的动态显示等。

（2）优先抢占调度机制

为了满足 CNC 装置实时任务的要求，系统的调度机制必须具有能根据外界的实时信息以足够快的速度（在系统规定的时间内）进行任务调度的能力。优先抢占调度机制是使系统具有这一能力的调度技术。它是基于实时中断技术的任务调度机制。中断技术是计算机响应外部事件的一种处理技术，其特点是能按任务的重要程度和轻重缓急对其进行响应，而 CPU 也不必为其开销过多的时间。

优先抢占调度机制有两个功能：其一是优先调度，在 CPU 空闲时，若同时有多个任务请求执行，优先级别高的任务将优先执行，例如，若位置控制与插补运算同时请求执行，则位置控制的要求将首先得到满足。其二是抢占方式，在 CPU 正在执行某任务时，若另一优先级更高的任务请求执行，CPU 将立即终止正在执行的任务，转而响应优先级别更高的任务的请求，例如，当 CPU 正在执行插补运算时，此时位置控制任务请求执行，CPU 首先将正在执行的任务现场保护起来（断点保护），然后转入位置控制任务的执行，执行完毕后，再恢复到中断前的断点处，继续执行插补任务。

优先抢占调度机制是由硬件和软件共同实现的，硬件主要产生中断请求信号，由提供中断功能的芯片和电路组成。如中断管理芯片（8259 或功能相同的芯片）、定时计数器（8263、8254 等）等。软件主要完成对硬件芯片的初始化、任务优先级定义方式、任务切换处理（断点的保护与恢复、中断向量的保持与恢复）等。

需要说明的是：CNC 系统中任务的调度机制除优先抢占调度外，往往还同时采用时间片轮换调度和非抢占优先调度。

2.4.4 典型的数控系统软件结构模式

2.4.4.1 CNC 软件结构概述

CNC 系统的软件是为完成 CNC 系统的各项功能而专门设计和编制的，是数控加工系统的一种专用软件，又称为系统软件（系统程序）。

在 CNC 系统中，软件和硬件在逻辑上是等价的，即由硬件完成的工作原则上也可以由软件来完成。但是它们各有特点：硬件处理速度快，造价相对较高，适应性差；软件设计灵活、适应性强，但是处理速度慢。因此，CNC 系统中软、硬件的分配比例是由性能价格比决定的。

CNC 系统中实时性要求最高的任务就是插补和位置控制，即在一个采样周期内必须完成控制策略的计算，而且还要留有一定的时间去做其他的事情。CNC 系统的插补器既可以面向软件也可以面向硬件。归纳起来，主要有以下三种类型：一是不用软件插补器，插补完全由硬件完成的 CNC 系统。二是由软件插补器完成粗插补，由硬件插补器完成精插补的 CNC 系统。三是带有完全用软件实施的插补器的 CNC 系统。

上述第一种 CNC 系统常用单 CPU 结构实现，它通常不存在实时速度的问题。由于插补方法受到硬件的限制，所以其柔性很低。

第二种 CNC 系统通常没有计算瓶颈，因为精确插补由硬件完成。刀具轨迹所需要的插补，由程序准备并且使之参数化。程序的输出是描述曲线的参数，诸如起点、终点、速度、插补频率等，这些参数都是由硬件精确插补器输入。

第三种 CNC 系统需要快速计算出刀具轨迹。具有多轴（坐标）控制的机床，需要装备专用的 CPU 的多微处理器机构来完成算术运算。位片式处理器的 I/O 处理器用加减速控制任务完成。

实际上，现代 CNC 系统中，软件和硬件的界面关系是不固定的。早期的 CNC 系统中，数控系统的全部功能由硬件来实现，随着计算机技术的发展，特别是硬件成本的下降，计算机参与了数控系统的工作，构成了今天的计算机数控系统。但是这种参与的程度在不同的年代和产品是不一样的。图 2-36 说明了三种典型的数控装置软硬件界面关系。

2.4.4.2 典型的 CNC 软件结构

CNC 系统的软件结构取决于系统采用的中断结构。在常规的 CNC 系统中，已有的结构模

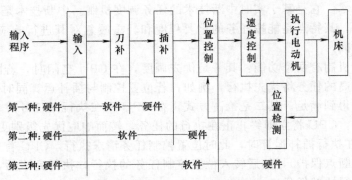

图 2-36　CNC 三种典型的软硬件功能界面

式有前后台型结构和中断型结构两种。

(1) 前后台型结构模式

该结构模式的 CNC 系统的软件分为前台程序和后台程序。前台程序是指实时中断服务程序，实现插补、伺服、机床监控等实时功能。这些功能与机床的动作直接相关。后台程序是一个循环运行程序，完成管理功能和输入、译码、数据处理等非实时性任务，也叫背景程序，管理软件和插补准备在这里完成。后台程序运行中，实时中断程序不断插入，与后台程序相配合，共同完成零件加工任务。在图 2-37 所示的前后台软件结构中，实时中断程序与后台程序的关系图被清楚地表达。这种前后台型的软件结构一般适合单处理器集中式控制，对 CPU 的性能要求较高。程序启动后，先进行初始化，再进入后台程序，同时开放实时中断程序，每隔一定的时间，中断发生一次，执行一次中断服务程序，此时后台程序停止运行，实时中断程序执行后，再返回后台程序。

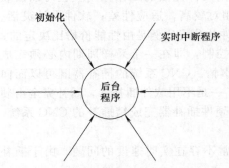

图 2-37　前后台型的软件结构

(2) 中断型结构模式

CNC 的中断类型如下。

① 外部中断　主要有纸带光电阅读机中断、外部监控中断（如紧急停、量仪到位等）和键盘操作面板输入中断。前两种中断的实时性要求很高，将它们放在较高的优先级上，而键盘和操作面板的输入中断则放在较低的中断优先级上。在有些系统中，甚至用查询的方式来处理它。

② 内部定时中断　主要有插补周期定时中断和位置采样定时中断。在有些系统中将两种定时中断合二为一。但是在处理时，总是先处理位置控制，然后处理插补运算。

③ 硬件故障中断　它是各种硬件故障检测装置发出的中断。如存储器出错、定时器出错、插补运算超时等。

④ 程序性中断　它是程序中出现异常情况的报警中断，如各种溢出、除零等。

中断型软件结构的特点是：除了初始化程序之外，整个系统软件的各种功能模块分别安排在不同级别的中断服务程序中，整个软件就是一个大的中断系统。其管理的功能主要通过各级中断服务程序之间的相互通信来解决。

一般在中断型结构模式的 CNC 软件体系中，控制 CRT 显示的模块为低级中断（0 级中断），只要系统中没有其他中断级别请求，总是执行 0 级中断，即系统进行 CRT 显示。其他程序模块，如译码处理、刀具中心轨迹计算、键盘控制、I/O 信号处理、插补运算、终点判别、伺服系统位置控制等处理，分别具有不同的中断优先级别。开机后，系统程序首先进入初始化程序，进行初始化状态的设置、ROM 检查等工作。初始化后，系统转入 0 级中断 CRT 显示处理。此后系统就进入各种中断的处理，整个系统的管理是通过每个中断服务程序之间的通信方式来实现的。

FSNUC7 系统的软件结构是典型中断型结构模式，下面我们以 FANUC7 系统为例，简要地介绍一下其软件结构，FSNUC7 系统包括 7T 和 7M 两个系列，我们以 FSNUC7M 软件结构为例介绍。7M 系统共有 8 级（0～7 级）中断，并且允许多重中断，第 0 级中断为最低级中断；最高级中断为第 7 级中断，表 2-5 列出了各级的中断功能。7M 系统的中断来源有两种：一是由时钟或是其他各级外部设备产生的中断请求，称为硬件中断；另一种是由程序产生的中断信号，我们称为软件中断，这是由 4ms 时钟分频得出的。

控制程序中，还包括一个近 200 个子程序所组成的庞大子程序库。为了使得子程序能够实现正常嵌套和正常返回，设置了堆栈。此外，开机时为了做一些必要的准备，设置了初始化程序，初始化程序过后，便进入各级中断的工作状态。

表 2-5 为 FANUC-BESK CM7 CNC 系统的各种中断功能。

表 2-5　FANUC-BESK CM7 CNC 系统的各种中断功能

中断级别	主要功能	中断源
0	控制 CRT 显示	硬件
1	译码、刀具中心轨迹计算、显示器控制	软件，16ms 定时
2	键盘控制、I/O 信号处理、穿孔机设置	软件，16ms 定时
3	操作面板和电传机处理	硬件
4	插补运算、终点判别和转段处理	软件，8ms 定时
5	纸带阅读机读纸带处理	硬件
6	伺服系统位置控制处理	4ms 实时钟
7	系统测试	硬件

第 3 章 ▶▶▶

数控机床伺服系统

3.1 概述

数控机床的进给伺服系统是以数控机床的各坐标为控制对象，以机床移动部件的位置和速度为控制量的自动控制系统，又称位置随动系统、进给伺服机构或进给伺服单元。这类系统控制电动机的转矩、转速和转角，将电能转换为机械能，实现运动机械的运动要求。在数控机床中，进给伺服系统是数控装置和机床本体的联系环节，它接收数控系统发出的位移、速度指令，经变换、放大后，由电动机经机械传动机构驱动机床的工作台或溜板沿某一坐标轴运动，通过轴的联动使刀具相对工件产生各种复杂的机械运动，从而加工出用户所要求的复杂形状的工件。

作为数控机床的执行机构，进给伺服系统将电力电子器件、控制、驱动及保护等集为一体，并随着数字脉宽调制技术、特种电动机材料技术、微电子技术及现代控制技术的进步，经历了步进、直流、交流的发展历程。在一定意义上，进给伺服系统的静、动态性能，决定了数控机床的精度、稳定性、可靠性和加工效率。因此，研究与开发高性能的进给伺服系统一直是现代数控机床的关键技术之一。

3.1.1 数控机床对进给伺服系统的基本要求

数控系统所发出的控制指令，是通过进给伺服系统驱动机械执行部件，最终实现确定的进给运动。进给伺服系统实际上是一种高精度的位置跟踪与定位系统，它的性能决定了数控机床的许多性能，如最高移动速度、轮廓跟随精度、定位精度等。通常对进给伺服系统有如下要求。

(1) 精度高

为了保证加工出高精度零件，伺服系统必须具有足够高的精度。常用的精度指标是定位精度和零件的综合加工精度：定位精度是指工作台或刀架由某点移到另一点时，指令值与实际移动距离的最大差值；综合加工精度是指最后加工出来的工件尺寸与所要求尺寸的误差。伺服系统要具有较好的静态特性和较高的伺服刚度，才能达到较高的定位精度，以保证机床具有较小的定位误差与重复定位误差（目前进给伺服系统的分辨率可达 $1\mu m$ 或 $0.1\mu m$，甚至 $0.01\mu m$）。同时伺服系统还要具有较好的动态性能，以保证机床具有较高的轮廓跟随精度。影响伺服系统工作精度的参数有很多，关系也很复杂，因数控装置的精度完全能满足机床的精度要求，故机床本身精度，尤其是伺服传动机构和伺服执行机构的精度是影响数控机床工作精度的主要因素。

（2）快速响应特性好，无超调

为了提高生产率和保证加工质量，在启、制动时，要求加、减速时加速度足够大，以缩短伺服系统的过渡过程时间（一般电动机的速度从零变到最高转速，或从最高转速降至零的时间小于 200 ms），减小轮廓过渡误差。一般来说，系统增益大，时间常数小，响应快，但是加大系统增益将增大超调量，延长调节时间，使过渡过程性能指数下降，甚至造成系统不稳定；若减小系统增益，又会增加稳态误差。这就要求伺服系统要能快速响应，但又不能超调，否则将形成过切，影响加工质量。所以应当适当选择系统增益，以便获得合理的响应速度。同时，当负载突变时，要求速度的恢复时间也要短，且不能有振荡，这样才能得到光滑的加工表面。

（3）调速范围宽

调速范围是指生产机械要求电动机能提供的最高转速和最低转速之比，即：

$$R_N = \frac{N_{max}}{N_{min}} \tag{3-1}$$

式中　　R_N——调速范围；

N_{max}，N_{min}——生产机械要求电动机能提供的最高转速和最低转速，一般都指额定负载时的转速（对于少数负载很轻的机械，也可以是实际负载时的转速）。

在数控机床中，往往加工刀具、被加工工件材质以及零件加工要求不同，为保证在任何情况下都能得到最佳切削条件，就要求进给驱动必须具有足够宽的调速范围。目前对一般的数控机床而言，伺服系统在承担全部工作负载的情况下，工作进给速度范围可达 0～6m/min（调速范围 1：2000）；为了保证精确定位，伺服系统的低速趋近速度为 0.1mm/min；为了缩短辅助时间，快速移动速度可高达 15m/min（例如 XHK760 型立式加工中心的工作进给速度范围为 2mm/min～4m/min，快速进给速度为 10m/min），如此宽的调速范围是伺服系统设计的一个难题。因多坐标联动的数控机床合成进给速度保持常数，是保证表面粗糙度的重要条件，故为保证较高的轮廓精度，机床各坐标方向的运动速度也要配合适当，这是对数控系统和伺服系统提出的共同要求。

（4）低速大扭矩

根据机床的加工特点，经常在低速进行重切削，即在低速时进给驱动要有大的转矩输出，这就要求动力源尽量靠近机床的执行机构，从而可缩短进给驱动的传动链，使传动装置的机械部分结构简化，系统刚性增加，从而也使传动装置的动态质量和中间传动的运动精度得到提高。

（5）稳定性好

稳定性是伺服系统能否正常工作的前提，特别要求数控机床在低速进给情况下不产生爬行现象，并要求负载变化而不产生共振。稳定性与系统的惯性、刚性、阻尼及增益等有关，应适当选择上述各项参数，以达到最佳工作性能。对数控机床伺服系统，影响机床加工过程的伺服特性是稳态特性，而影响稳态特性的两个重要参数是系统增益和伺服刚度。

3.1.2　进给伺服系统的基本组成

数控进给伺服系统按有无反馈检测元件分为开环、闭环和半闭环三种类型，这三种类型的伺服系统的基本组成不完全相同，但不管是哪种类型，执行元件及其驱动控制单元都必不可少。驱动控制单元的作用是将进给指令转化为执行元件所需要的信号形式，执行元件则将该信号转化为相应的机械位移。

开环伺服系统由驱动控制单元、执行元件和传动装置组成。通常，执行元件选用步进电动机。由于系统不对输出进行检测，因此执行元件对系统的特性具有重要影响。

闭环和半闭环伺服系统的基本组成如图 3-1 所示，由比较环节、驱动控制单元、执行元件、传动装置和反馈检测元件组成。反馈检测元件分为速度反馈和位置反馈两类，闭环伺服系统采用位置反馈元件对工作台的实际位置检测后反馈给比较环节（半闭环伺服系统检测反馈伺服电动机或滚珠丝杠上的转角位移，间接保证工作台的位移），比较环节将指令信号和反馈信号进行比较，以两者的差值作为伺服系统的跟随误差，经驱动控制单元驱动控制执行元件带动工作台运动。

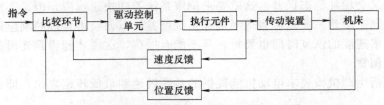

图 3-1　闭环和半闭环伺服系统的基本组成

3.1.3　进给伺服系统的分类

3.1.3.1　按控制方式和有无检测反馈环节分类

按控制方式和有无检测反馈环节可以将伺服系统分为开环、半闭环和闭环伺服系统三类。

(1) 开环控制系统

采用步进电动机驱动的开环伺服系统如图 3-2 所示。开环控制系统是指不带位置反馈装置的控制方式，由功率型步进电动机作为驱动元件的控制系统是典型的开环控制系统。数控装置根据所要求的运动速度和位移量，向环形分配器和功率放大电路输出一定频率和数量的脉冲，不断改变步进电动机各相绕组的供电状态，使相应坐标轴的步进电动机转过相应的角位移，再经过机械传动链，实现运动部件的直线移动或转动。运动部件的速度与位移量是由输入脉冲的频率和脉冲数所决定。开环控制系统具有结构简单、调试维修方便和价格低廉等优点；缺点是精度较低，通常输出扭矩值的大小受到了限制，而且当输入较高的脉冲频率时，容易产生失步，难以实现运动部件的快速控制。一般开环控制系统适用于中、小型经济型数控机床，以及普通机床的数控化改造。近年来，随着高精度步进电动机特别是混合式步进电动机的应用，以及 PWM 技术及微步驱动、超微步驱动技术的发展，步进伺服系统的高频出力与低频振荡得到极大的改善，开环控制数控机床的精度和性能也大为提高。

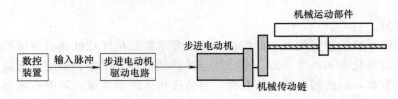

图 3-2　采用步进电动机驱动的开环伺服系统的示意图

(2) 闭环、半闭环控制系统

闭环伺服系统的结构如图 3-3 所示，它带有直线位置检测装置，可直接对工作台（或溜板）的实际位移量进行检测，加工过程中，将速度反馈信号送到速度控制电路，将工作台（或溜板）实际位移量反馈给位置比较电路，与数控装置发出的位移指令值进行比较，用比较后的误差信号作为控制量去控制工作台（或溜板）的运动，直到误差等于零为止。常用的伺服驱动元件为直流或交流伺服电动机。闭环控制可以消除包括工作台（或溜板）传动链在内的传动误差，因而定位精度高、调节速度快。但由于机床工作台（或溜板）惯量大，对系统的稳定性会带来不利影响，使系统的调试、维修困难，且控制系统复杂成本高，故一般应用在高精度数控机床上。

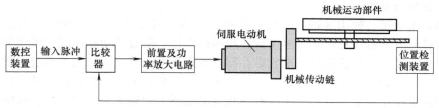

图 3-3 闭环伺服系统的示意图

半闭环伺服系统的结构如图 3-4 所示，它与闭环控制系统的区别在于检测反馈信号不是来自安装在工作台（或溜板）上的直线位移测量元件，而是来自安装在电动机轴端或丝杠上的角位移测量元件。半闭环伺服系统通过测量电动机转角或丝杆转角推算出工作台的位移量，并将此值与指令值进行比较，用差值来进行控制。从图 3-4 中可以看出，由于工作台未包括在控制回路中，因而称半闭环控制。这种控制方式排除了惯量很大的机床工作台部分，使整个系统的稳定性得以保证，目前已普遍将角位移检测元件与伺服电动机做成一个部件，使系统结构简单、调试和维护也易于掌握。半闭环控制数控机床的性能介于开环和闭环控制数控机床之间，即精度比开环高，比闭环低，调试比闭环方便，因而得到广泛的应用。

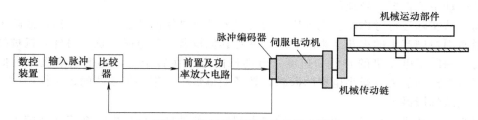

图 3-4 半闭环伺服系统的示意图

按反馈比较控制方式的不同，闭环、半闭环伺服系统又可分为以下几种。

① 数字脉冲比较伺服系统　数字脉冲比较伺服系统是将数控装置发出的数字（或脉冲）指令信号与检测装置测得的以数字（或脉冲）形式表示的反馈信号直接进行比较，获得位置误差，实现控制。数字脉冲比较伺服系统结构简单，容易实现，工作稳定，在一般数控伺服系统中应用十分普遍。

② 鉴相式伺服系统　在鉴相式伺服系统中，位置检测装置采用相位工作方式，指令信号与反馈信号都变成某个载波的相位，然后通过两者相位的比较，获得实际位置与指令位置的偏差，实现闭环、半闭环控制。鉴相式伺服系统适用于感应式检测元件（如旋转变压器、感应同步器）的工作状态，可得到满意的精度。此外，由于载波频率高，响应快，抗干扰性强，更适用于连续控制的伺服系统。

③ 鉴幅式伺服系统　鉴幅式伺服系统是以位置检测信号的幅值大小来反映机械位移的数值，并以此信号作为位置反馈信号，一般还要将此幅值信号转换成数字信号才与指令数字信号进行比较，从而获得位置偏差信号构成闭环、半闭环控制系统。

④ CNC 数字伺服系统　CNC 数字伺服系统是用于高精度 CNC 机床上的伺服系统，它与前面介绍的伺服系统相比，具有精度高、稳定性好等优点。由于计算机的引入，用软件代替了大量的硬件，使得硬件线路与其他伺服系统相比要简单些。此外，还可用计算机对伺服系统进行最优控制、自适应控制、前瞻控制等，可将整个系统的性能和效益显著提高。

3.1.3.2　按执行元件的类别分类

按执行元件的类别可以将进给伺服系统分为步进伺服系统、直流伺服系统、交流伺服系统和直线伺服系统。

(1) 步进伺服系统

步进伺服系统是一种用脉冲信号进行控制，并将脉冲信号转换成相应的角位移的控制系统，其角位移与脉冲数成正比，转速与脉冲频率成正比，通过改变脉冲频率可调节电动机的转速；如果停机后某些绕组仍保持通电状态，则系统还具有自锁能力；此外步进电动机每转一周都有固定的步数，如 500 步、1000 步、50000 步等，从理论上讲，其步距误差不会累计。

步进伺服系统结构简单，符合系统数字化发展需要，但精度差、能耗高、速度低，且其功率越大移动速度越低，特别是步进伺服系统易于失步，故主要用于速度与精度要求不高的经济型数控机床及旧设备改造中。但近年发展起来的 PWM 驱动、微步驱动、超微步驱动和混合伺服技术，使得步进电动机的高、低频特性得到了很大的提高，特别是随着智能超微步驱动技术的发展，步进伺服系统的性能将提高到一个新的水平。

(2) 直流伺服系统

直流伺服系统的工作原理是建立在电磁力定律基础上的，与电磁转矩相关的是互相独立的两个变量主磁通与电枢电流，它们分别控制励磁电流与电枢电流，可方便地进行转矩与转速控制。另一方面，从控制角度看，直流伺服系统的控制是一个单输入单输出的单变量控制系统，经典控制理论完全适用于这种系统，因此，直流伺服系统控制简单，调速性能优异，在数控机床的进给驱动中曾占据主导地位。

然而，从实际运行考虑，直流伺服电动机引入了机械换向装置，其成本高，故障多，维护困难，经常因炭刷产生的火花而影响生产，并对其他设备产生电磁干扰。另外，机械换向器的换向能力，限制了电动机的容量和速度；电动机的电枢在转子上，使得电动机效率低，散热差；为了改善换向能力，减小电枢的漏感，转子变得短粗，影响了系统的动态性能。

(3) 交流伺服系统

针对直流电动机的缺陷，如果将其做"里翻外"的处理，即把电枢绕组装在定子上，转子为永磁部分，由转子轴上的编码器测出磁极位置，就构成了永磁无刷电动机，同时随着矢量控制方法的实用化，使交流伺服系统具有良好的伺服特性，其宽调速范围、高稳速精度、快速动态响应及四象限运行等良好的技术性能，使其动、静态特性可完全与直流伺服系统相媲美，同时可实现弱磁高速控制，拓宽了系统的调速范围，适应了高性能伺服驱动的要求。

目前，数控机床进给伺服系统主要采用永磁同步交流伺服系统，有以下三种类型：模拟形式、数字形式和软件形式。模拟伺服用途单一，只接收模拟信号；数字伺服可实现一机多用，如做速度、力矩、位置控制，可接收模拟指令和脉冲指令，各种参数均以数字方式设定，稳定性好，具有较丰富的自诊断、报警功能；软件伺服是基于微处理器的全数字伺服系统，它将各种控制方式和不同规格、功率的伺服电动机的监控程序以软件实现，使用时可由用户设定代码与相关的数据自动进入工作状态，配有数字接口，改变工作方式、更换电动机规格时，只需重设代码即可，故也称为万能伺服。

交流伺服系统已占据了机床进给伺服系统的主导地位，并随着新技术的发展而不断完善，具体体现在以下三个方面：一是系统功率驱动装置中的电力电子器件不断向高频化方向发展，智能化功率模块得到普及与应用；二是基于微处理器嵌入式平台技术的成熟，将促进先进控制算法的应用；三是网络化制造模式的推广及现场总线技术的成熟，将使基于网络的伺服控制成为可能。

(4) 直线伺服系统

直线伺服系统采用的是一种直接驱动方式（Direct Drive），是高速高精数控机床的理想驱动模式，与传统的旋转传动方式相比，最大特点是取消了电动机到工作台间的一切机械中间传动环节，即把机床进给传动链的长度缩短为零。这种"零传动"方式，带来了旋转驱动方式无法达到的性能指标，如加速度可达 3g 以上，为传统驱动装置的 10～20 倍，进给速度是传统的 4～5 倍，因此直线伺服受到机床厂家的重视，技术发展迅速。在 2001 年欧洲机床展上，有几十家公司展出直线电动机驱动的高速机床，其中尤以德国 DMG 公司与日本 MAZAK 公司最具代表性。2000 年 DMG 公司已有 28 种机型采用直线电动机驱动，年产 1500 多台，约占总产量的 1/3。而 MAZAK 公司也推出基于直线伺服系统的超音速加工中心，主轴最高转速 80000r/min，快速移动速度 500m/min，加速度 6g。所有这些，都预示着以直线电动机驱动为代表的第二代高速机床，将取代以高速滚珠丝杠驱动为代表的第一代高速机床，并在使用中逐步占据主导地位。

从电动机的工作原理来讲，直线电动机有直流、交流、步进、永磁、电磁、同步和异步等多种方式；而从结构来讲，又有动圈式、动铁式、平板型和圆筒型等形式。目前应用到数控机床上的主要有高精度、高频率响应、小行程直线电动机和高精度、大推力、长行程直线电动机两类。

此外，按驱动方式分类，可将伺服系统分为液压伺服驱动系统、电气伺服驱动系统和气压伺服驱动系统；按控制信号分类，可将伺服系统分为数字伺服系统、模拟伺服系统和数字模拟混合伺服系统等。

进给伺服系统作为数控机床的重要功能部件，其特性一直是影响系统加工性能的重要指标，围绕进给伺服系统动、静态特性的提高，近年来发展了多种伺服驱动技术。伺服驱动元件（伺服电动机）为数控伺服系统的重要组成部分，是速度和轨迹控制的执行元件，伺服系统的设计、调试与选用的电动机及其特性有密切关系，直接影响伺服系统的静、动态品质。在数控机床中常用的驱动元件有直流伺服电动机、交流伺服电动机、步进电动机和直线电动机等。直流伺服电动机具有良好的调速性能，在 20 世纪 70～80 年代的数控系统中得到了广泛的应用；交流伺服电动机由于结构和控制原理的发展，性能大大提高，从 20 世纪 80 年代末开始逐渐取代直流伺服电动机，是目前主要使用的电动机；步进电动机应用在轻载、负荷变动不大以及经济型数控系统中；直线电动机是一种很有发展前途的特种电动机，主要应用在高速、高精度的进给伺服系统中，可以预见随着超高速切削、超精密加工、网络制造等先进制造技术的发展，具有网络接口的全数字伺服系统、直线电动机等将成为数控机床行业的关注的热点，并成为进给伺服系统的发展方向。

3.2　步进式伺服驱动系统

步进电动机是一种将电脉冲信号转换成机械角位移的电磁机械装置，由于所用电源是脉冲电源，所以也称为脉冲马达。步进电动机是一种特殊的电动机，一般电动机通电后连续旋转，而步进电动机则跟随输入脉冲按节拍一步一步地转动。每施加一个电脉冲信号，步进电动机就旋转一个固定的角度，称为一步，每一步所转过的角度叫做步距角。步进电动机的角位移量和输入脉冲的个数成正比，在时间上与输入脉冲同步，因此，只需控制输入脉冲的数量、频率及电动机绕组通电相序，便可获得所需的转角、转速及旋转方向。无脉冲输入时，在绕组电源激励下，气隙磁场能使转子保持原有位置而处于定位状态。

3.2.1　步进电动机的基本工作原理

下面以图 3-5 所示的反应式三相步进电动机为例，来说明步进电动机的工作原理。定子上有 6 个磁极，分成 A、B、C 三相，每个磁极上绕有励磁绕组，按串联（或并联）方式联接，使电流产生的磁场方向一致，转子无绕组，它是由带齿的铁芯做成的，步进电动机的工作原理与电磁铁相似：当定子绕组按顺序轮流通电时，A、B、C 三对磁极就依次产生磁场，每次对

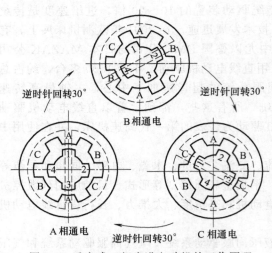

图 3-5 反应式三相步进电动机的工作原理

转子的某一对齿产生电磁转矩，使它一步步转动。每当转子某一对齿的中心线与定子磁极中心线对齐时，磁阻最小，转矩为零，每次就在此时按一定方向切换定子绕组各相电流，使转子按一定方向一步步转动。

当 A 相通电时，B 相和 C 相都不通电，由于磁通总是沿着磁阻最小的路径通过，使转子的 1、3 齿与定子 A 相的两个磁极齿对齐，此时，因转子只受到径向力而无切向力，故转矩为零，转子被锁定在该位置上；随后 A 相断电，B 相通电，转子受电磁力的作用，逆时针旋转 30°，使 2、4 齿与 B 相磁极齿对齐；若使 B 相断电，C 相通电，转子再转 30°，使 1、3 齿与 C 转子再转 30°，使 1、3 齿与 C 相磁极齿对齐；当 C 相断电，A 相再次通电时，2、4 齿

与 A 相磁极齿对齐，转子又转过 30°。依此类推，形成步进式旋转。

3.2.2 步进电动机的分类、结构及特点

(1) 步进电动机的分类

步进电动机的种类繁多，有旋转运动的、直线运动的和平面运动的。按作用原理分，步进电动机有反应式（磁阻式）、感应子式、永磁式和混合式四大类。按输出功率和使用场合分类，分为功率步进电动机和控制步进电动机。按定子数目可分为单段定子式（径向式）与多段定子式（轴向式）。按相数可分为两相、三相、四相、五相、六相等。

(2) 步进电动机的结构及特点

各种步进电动机都有定子和转子，但因类型不同，结构也不完全一样。

反应式步进电动机的结构如图 3-6 所示，它由定子 1、定子绕组 2 和转子 3 组成。图 3-6 (a) 所示为三相单定子径向分相式反应式步进电动机的结构，定子上有 6 个均布的磁极，在直径相对的两个极上的线圈串联，构成了一相控制绕组；每个定子极上均布一定数目的齿，齿槽距相等，转子上无绕组，只有均布一定数目的齿，齿槽等宽。图 3-6 (b) 所示为五相多定子轴向分相式反应式步进电动机的结构，它的定子轴向排列，定子和转子铁芯都成五段，每段一相，依次错开排列，每相是独立的，这就是五相反应式步进电动机。

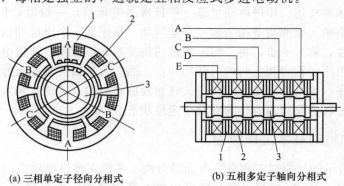

(a) 三相单定子径向分相式   (b) 五相多定子轴向分相式

图 3-6 反应式步进电动机的结构

1—定子；2—定子绕组；3—转子

　　感应式步进电动机分为励磁式和永磁式两种。感应式步进电动机的结构与反应式步进电动机的结构相似，其定子转子铁芯的磁场和齿槽均一样，两者的差别是感应式步进电动机存在轴向恒定磁场。励磁感应式步进电动机是靠转子上的励磁绕组产生轴向磁场；永磁感应式步进电动机的转子由一段环形磁钢（在转子中部）和二段铁芯（在环形磁钢的两端）组成，轴向充磁，建立轴向磁场。轴向磁场可以改善步进电动机的动态特性，发展趋势将取代反应式步进电动机。

　　永磁式步进电动机的转子为永久磁铁，定子为软磁材料，其上有励磁绕组。该种电动机有多种结构形式，常用形式有爪极式和隐极式。爪极式步进电动机结构一般采用二相或四相绕组；隐极式步进电动机结构与反应式步进电动机一样，有二、三、四、五相等多种绕组。

　　混合式步进电动机的结构和工作原理兼有反应式和永磁式两种电动机的特点，由于转子上有磁钢，因此产生同样大小的转矩，需要的励磁电流大大减小；同时它还具有步距角小，启动和运行频率高，不通电时有定位转矩等优点，在小型、经济型数控机床中被广泛应用。

　　步进电动机用作执行元件具有以下优点：角位移输出与输入的脉冲数相对应，每转一周都有固定步数，在不丢步的情况下运行，步距误差不会长期积累，同时在负载能力范围内，转速仅与脉冲频率高低有关，不受电源电压波动或负载变化的影响，也不受环境条件如温度、气压、冲击和振动等影响，因而可组成结构简单而精度高的开环控制系统。有的步进电动机在停机后某相绕组保持通电状态，即具有自锁能力，停止迅速，不需外加机械制动装置。此外，步距角能在很大的范围内变化、例如从几分到几十度，适合不同传动装置的要求，且在小步距角的情况下，可以不经减速器而获得低速运行，当采用了速度和位置检测装置后，也可用于闭环、半闭环伺服系统中。

3.2.3　步进电动机的参数

3.2.3.1　步进电动机的主要参数及特性

　　步进电动机主要评价参数有步距角、最大静态转矩与输出转矩、启动转矩与频率、最高运行频率等。

（1）步距角

　　步进电动机的步距角 α 是步进电动机绕组的通电状态每改变一次，转子转过的角度，它反映了步进电动机的分辨能力，决定步进式伺服系统脉冲当量的重要参数。步距角 α 一般由定子相数、转子齿数和通电方式决定，即：

$$\alpha = \frac{360°}{mzk} \tag{3-2}$$

式中　m——步进电动机定子相数；

　　　z——步进电动机转子齿数；

　　　k——通电方式，相邻两次通电的相数一样，则 $k=1$；反之单双相轮流通电，$k=2$。

　　步距角 α 一般有 0.375°、0.5°、0.75°、0.9°、1°、1°15′、1.5°、1.8°、2°15′、3°等数十种，其中 0.75°、1.5°、1.8°用得较多。

　　步距精度是指实测的步距角与理论的步距角之差，也称为步距误差。目前国产控制步进电动机的步距精度为 ±10′~±30′，精度较高的可达 ±2′~±5′，功率步进电动机的步距精度为 ±20′~±25′。

（2）启动频率 f_q

　　空载时，步进电动机由静止状态突然启动，并进入不丢步的正常运行的最高频率，称为启动频率 f_q 或突调频率。加到步进电动机的指令脉冲频率如果大于启动频率，就不能正常工作。步进电动机在带负载（尤其是惯性负载）下的启动频率比空载要低，而且随着负载加大，启动频率会进一步降低。

（3）连续运行频率 f_{max}

步进电动机启动以后，其运行速度能跟踪指令脉冲频率连续上升而不丢步的最高工作频率称为连续运行频率 f_{max}。连续运行频率远大于启动频率，且随着电动机所带负载的性质、大小而异，也与驱动电源有较大关系。

（4）静态矩角特性

当步进电动机不改变通电状态时，转子处在不动状态，如果在电动机轴上加一个负载转矩 T（静态转矩），定子与转子就产生一个角位移 θ（失调角），描述静态时静态转矩 T 与失调角 θ 的关系称为矩角特性，如图 3-7（a）所示。该特性上电磁转矩的最大值称为最大静转矩。在静态稳定区内，当外加转矩除去时，转子在电磁转矩作用下仍能回到稳定平衡点位置。

（5）矩频特性与动态转矩

步进电动机的矩频特性描述的是步进电动机连续稳定运行时输出转矩与频率的关系，如图 3-7（b）所示。该特性曲线上每一个频率对应的转矩称为动态转矩，一般情况下，随着运行频率的增高，输出力矩下降，到某一频率后，步进电动机的输出力矩已变得很小，带不动负载或受到一个很小的干扰，步进电动机就会产生振荡、失步或停转。因此，动态转矩的大小直接影响步进电动机的动态性能及带负载的能力。

（6）加减速特性

步进电动机的加减速特性是描述步进电动机由静止到工作频率和由工作频率到静止的加减速过程中，定于绕组通电状态的变化频率与时间的关系，如图 3-7（c）所示。当要求步进电动机启动到大于突跳频率的工作频率时，变化速度必须逐渐上升；同样从最高工作频率或高于突跳频率的工作频率到停止时，变化速度必须逐渐下降。逐渐上升和逐渐下降的加、减速时间不能过小，否则会产生失步或起步。

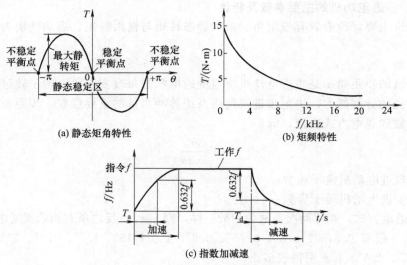

(a) 静态矩角特性 (b) 矩频特性

(c) 指数加减速

图 3-7　步进电动机的工作特性曲线

3.2.3.2　步进电动机的选用

合理地选用步进电动机是相当重要的，通常希望步进电动机的输出转矩大，启动频率和运行频率高，步距误差小，性能价格比高。但是增大转矩与快速运行存在一定矛盾，高性能与低成本存在矛盾，因此实际选用时，必须全面考虑。

首先，应考虑系统的精度和速度的要求。为了提高精度，希望脉冲当量小，但是脉冲当量越小，系统的运行速度越低，故应兼顾精度与速度的要求来选定系统的脉冲当量，在脉冲当量确定以后，就可以此为依据来选择步进电动机的步距角和传动机构的传动比。

步进电动机的步距角从理论上说是固定的，但实际上还是有误差的；另外，负载转矩也将引起步进电动机的定位误差。我们应将步进电动机的步距误差、负载引起的定位误差和传动机构的误差全部考虑在内，使总的误差小于数控机床允许的定位误差。

步进电动机有两条重要的特性曲线，即反映启动频率与负载转矩之间关系的曲线和反映转矩与连续运行频率之间关系的曲线。若已知步进电动机的连续运行频率 f，就可以从工作矩频特性曲线中查出转矩 M_d，这也是转矩的极限值，有时称其为失步转矩，也就是说，若步进电动机以频率 f 运行，它所拖动的负载转矩必须小于 M_d，否则就会导致失步。

数控机床的运行可分为两种情况：快速进给和切削进给。这两种情况对转矩和进给速度有不同的要求，我们选用步进电动机时，应注意使其在两种情况下都能满足要求。

3.2.4 步进式伺服驱动控制原理

3.2.4.1 步进电动机的工作方式

从一相通电换接到另一相通电称为一拍，每拍转子转过一个步距角。按 A—B—C—A 的顺序通电时，电动机的转子便会按此顺序一步一步地旋转；反之，若按 A—C—B—A 的顺序通电，则电动机就会反向转动，这种三相依次单相通电的方式，称为三相单三拍式运行，这里的"单"是指每次只有一相绕组通电，"三拍"是指一个循环内换接了三次，即 A、B、C 三拍。单三拍通电方式每次只有一相控制绕组通电吸引转子，容易使转子在平衡位置附近产生振荡，运行稳定性较差；另外，在切换时一相控制绕组断电而另一相控制绕组开始通电，容易造成失步，因而实际上很少采用这种通电方式。

三相反应式步进电动机也可以按三相双三拍方式运行，即通电方式为 AB—BC—CA—AB 的顺序，每次有两相绕组同时通电。这种通电方式转子受到的感应力矩大，静态误差小，定位精度高；另外，通电状态转换时始终有一相控制绕组通电，电动机工作稳定，不易失步。

三相六拍通电方式，即通电顺序为 A—AB—B—BC—C—CA—A，这种通电方式是单、双相轮流通电，具有双二拍的特点，且通电状态增加一倍，使步距角减小一半。

表 3-1 给出了反应式步进电动机的工作方式。

表 3-1 反应式步进电动机的工作方式

相数	循环拍数	通 电 规 律
三相	单三拍	A→B→C→A
	双三拍	AB→BC→CA→AB
	六拍	A→AB→B→BC→C→CA→A
四相	单四拍	A→B→C→D→A
	双四拍	AB→BC→CD→DA→AB
	八拍	A→AB→B→BC→C→CD→D→DA→A
		AB→ABC→BC→BCD→CD→CDA→DA→DAB→AB
五相	单五拍	A→B→C→D→E→A
	双五拍	AB→BC→CD→DE→EA→AB
	十拍	A→AB→B→BC→C→CD→D→DE→E→EA→A
		AB→ABC→BC→BCD→CD→CDE→DE→DEA→EA→EAB→AB
六相	单六拍	A→B→C→D→E→F→A
	双六拍	AB→BC→CD→DE→EF→FA→AB
	三六拍	ABC→BCD→CDE→DEF→EFA→FAB→ABC
	十二拍	AB→ABC→BC→BCD→CD→CDE→DE→DEF→EF→EFA→FA→FAB→AB

3.2.4.2 步进电动机的控制系统

步进电动机由于采用脉冲方式工作，且各相需按一定规律分配脉冲，因此，在步进电动机控制系统中，需要脉冲分配逻辑和脉冲产生逻辑；步进电动机要求控制驱动系统必须有足够的驱动功率，所以还要求有功率驱动部分；为了保证步进电动机不失步地启停，要求控制系统具有升降速控制环节。因此一个较完善的步进电动机驱动控制系统由脉冲混合电路、加减脉冲分配电路、加减速电路、环形分配器和功率放大器组成，如图3-8所示。其中脉冲混合电路、加减脉冲分配电路、加减速电路和环形分配器可用硬件线路来实现，也可用软件来实现。

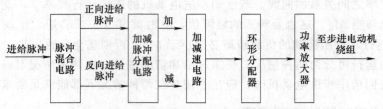

图 3-8　步进电动机驱动控制系统框图

（1）脉冲混合电路

无论是来自于数控系统的插补信号，还是各种类型的误差补偿信号、手动进给信号及手动回原点信号等，其目的是使工作台正向进给或反向进给。首先必须将这些信号混合为使工作台正向进给的"正向进给"信号或使工作台反向进给的"反向进给"信号，由脉冲混合电路来实现此功能。

（2）加减脉冲分配电路

当机床在进给脉冲的控制下正在沿某一方向进给时，由于各种补偿脉冲的存在，可能还会出现极个别的反向进给脉冲，这些与正在进给方向相反的个别脉冲指令的出现，意味着执行元件即步进电动机正在沿着一个方向旋转时，再向相反的方向旋转极个别几个步距角。一般采用的方法是：从正在进给方向的进给脉冲指令中抵消相同数量的反向补偿脉冲，这也正是加减脉冲分配电路的功能。

（3）加减速电路

加减速电路又称自动升降速电路。根据步进电动机加减速特性，进入步进电动机定子绕组的电平信号的频率变化要平滑，而且应有一定的时间常数。但由于来自加减脉冲分配电路的进给脉冲频率是有跃变的，因此，为了保证步进电动机能够正常、可靠地工作，此跃变频率必须首先进行缓冲，使之变成符合步进电动机加减速特性的脉冲频率，然后再送入步进电动机的定子绕组，加减速电路就是为此而设置的。

加减速电路的结构原理如图3-9所示，它由同步器、可逆计数器、数模转换电路和 R_c 变频振荡器四部分组成。同步器的作用是使进给脉冲 f_a 和由 R_c 变频振荡器来的脉冲 f_b 不会在同一时刻出现，以防止 f_a 和 f_b 同时进入可逆计数器，使可逆计数器在同一时刻既作加法又作减法，产生计数错误。R_c 变频振荡器的作用是将数模转换器输出的电压信号转换成脉冲信号，脉冲的频率与电压值的大小成正比。数模转换线路的作用是将数字量转换为模拟量。

图 3-9　加减速电路的原理框图

（4）环形分配器

环形分配器的作用是：把来自于加减速电路的一系列进给脉冲指令转换成控制步进电动机定子绕组通、断电的电平信号，电平信号状态的改变次数及顺序与进给脉冲的数量及方向相对应，如对于三相三拍步进电动机，若"1"表示通电，"0"表示断电，A、B、C是其三相定子绕组，则经环形分配器后，每来一个进给脉冲指令，A、B、C应按（100）—（010）—（001）—（100）……的顺序改变一次。

环形分配器有硬件环形分配器和软件环形分配器两种形式。硬件环形分配器是由触发器和门电路构成的硬件逻辑线路。现在市场上已经有集成度高、抗干扰性强的 PMOS 和 CMOS 环形分配器芯片供选用，也有可以用计算机软件实现脉冲序列分配的软件环形分配器。

（5）功率放大器

功率放大器又称功率驱动器或功率放大电路。从环形分配器来的进给控制信号的电流只有几毫安，而步进电动机的定子绕组需要几安培电流，因此，需要功率放大器将来自环形分配器的脉冲电流放大到足以驱动步进电动机旋转。由于步进电动机绕组是感性负载，因此，步进电动机的功率放大器又有其特殊性，如较大的电感影响快速性、感应电动势带来的功率管保护等问题。

步进电动机所使用的功率放大器有电流型和电压型。电流型有恒流驱动型、斩波驱动型等；电压型有单电压型和双电压型（高低压型）。

下面介绍两种电压型功率放大器：单电压供电功放器和双电压供电功放器。

① 单电压供电功放器 一种典型的单电压供电功放电路如图 3-10 所示，步进电动机的每一相绕组都有一套这样的电路。电路由两级射极跟随器和一级功率反相器组成。第一级射极跟随器 VT_1 主要起隔离作用，使功率放大器对环形分配器的影响减小，第二级射极跟随器 VT_2 管处于放大区，用以改善功放器的动态特性。另外射极跟随器的输出阻抗较低，可使加到功率管 VT_3 的脉冲前沿较好。

当环形分配器的输出端 A 为高电平时，VT_3 饱和导通，步进电动机 A 相绕组 L_A 中的电流从零开始按指数规律上升到稳态值。当 A 端为低电平时，VT_1、VT_2 处于小电流放大状态，VT_2 的射极电位，也就是 VT_3 的基极电位不可能使 VT_3 导通，绕组 L_A 断电。此时，由于绕组的电感存在，将在绕组两端产生很大的感应电动势，它和电源电压一起加到 VT_3 管上，将造成过压击穿。因此，绕组 L_A 并联有续流二极管 VD_1，VT_3 的集电极与发射极之间并联 RC 吸收回路以保护功率管 VT_3 不被损坏。在绕组 L_A 上串联电阻 R_0 用以限流和减

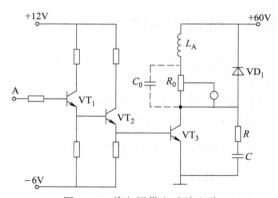

图 3-10 单电压供电功放电路

小供电回路的时间常数，并联加速电容 C_0 用以提高绕组的瞬间过压，这样可使绕组 L_A 中的电流上升速度提高，从而提高启动频率。但是串入电阻 R_0 后，无功功耗增大。为保持稳态电流，相应的驱动电压较无串接电阻时也要大为提高，对晶体管的耐压要求更高，为了克服上述缺点，出现了双电压供电电路。

② 双电压供电功放器 双电压供电功率放大器又称高低电压供电功放器，高低压供电定时切换电路的工作原理如图 3-11 所示。该电路包括功率放大级（由功率管 V_g、V_d 组成）、前置放大器和单稳延时电路。二极管 VD_d 用来隔离高低压，VD_g 和 R_g 是高压放电回路。高压导通时间由单稳延时电路整定，通常为 $100\sim600\mu s$，对功率步进电动机可达几千微秒。

当环形分配器输出高电平时，两只功率放大管 V_g、V_d 同时导通，电动机绕组以 +80V 电压供电，绕组电流以 $L/(R_d+r)$ 的时间常数向电流稳定值 $u_g/(R_d+r)$ 上升，当达到单稳延时时间时，V_g 管截止，改由 +12V 供电，维持绕组额定电流。若高低压之比为 u_g/u_d，则电

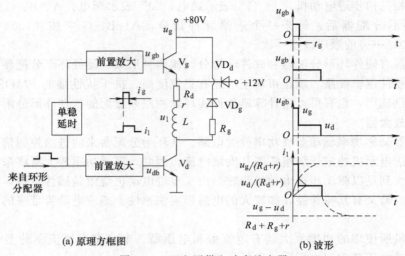

(a) 原理方框图   (b) 波形

图 3-11　双电压供电功率放大器

流上升率也提高 u_g/u_d 倍,上升时间明显减小。当低压断开时,电感 L 中储能通过 R_g、VD_g 及 u_g 和 u_d 构成的回路放电,放电电流的稳态值为 $(u_g-u_d)/(R_g+R_d+r)$,因此也加快了放电过程。这种供电电路由于加快了绕组电流的上升和下降过程,故有利于提高步进电动机的启动频率和最高连续工作频率。由于额定电流是由低压维持的,只需较小的限流电阻,所以功耗大为减小。

3.3　直流伺服驱动系统

直流伺服电动机是用直流电信号控制的执行元件,它的功能是将输入的电压控制信号,快速转换为轴上的角位移或角速度输出。直流伺服电动机具有线性调速范围宽、信号响应迅速、无控制电压立即停转、堵转转矩大等特点,作为驱动元件被广泛应用于数控闭环(或半闭环)进给系统中。以直流伺服电动机作为驱动元件的伺服系统称为直流伺服系统。

3.3.1　直流电动机基本工作原理

(1) 工作原理

直流电动机的工作原理是建立在电磁力定律基础上的,电磁力的大小与电动机中的气隙磁场成正比。直流电动机的工作原理如图 3-12 所示,位于磁场中的线圈 abcd 的 a 端和 d 端分别连接于各自的换向片上,换向片又分别通过静止的电刷 A 和 B 与直流电源的两极相连。当电流通过线圈时,产生电磁力和电磁转矩,使线圈旋转,线圈转动的同时,abcd 的两个相连的换向片的位置产生变化,从而改变了所接触的电源极性,维持线圈沿固定方向连续旋转。

就原理而言,一台普通的直流电动机也可认为就是一台直流伺服电动机,因为当一台直流电动机加以恒定励磁,若电枢(多相线圈)不加电压,电动机不会旋转;当外加某一电枢电压时,电动机将以某一转速旋转,改变电枢两端的电压,即可改变电动机转速,这种控制叫电枢控制。当电枢加以恒定电流,改变励磁电压时,同样可达到上述

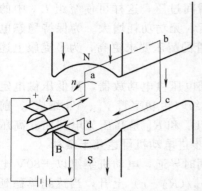

图 3-12　直流电动机的工作原理

控制目的，这种方法叫磁场控制。直流伺服电动机一般都采用电枢控制。

直流电动机的种类很多，但它们的工作原理都是一样的，但是由于功用不同，在结构和工作性能上也有所区别。

（2）直流伺服电动机的分类

直流电动机按其励磁方式分为永磁式、励磁式（他励、并励、串励、复励）、混合式（励磁和永磁合成）三种；按电枢结构分为有槽、无槽、印制绕组、空心杯形等；按输出量分为位置、速度、转矩（或力）三种控制系统；按运动模式分为增量式和连续式；按性能特点及用途不同又有不同品种。

3.3.2 直流伺服电动机的特点

永磁电动机和他励电动机适合于数控机床，而这类电动机在实际应用中，习惯上按其性能特点又有小惯量直流伺服电动机和宽调速直流伺服电动机之分。

（1）小惯量直流伺服电动机

顾名思义，小惯量直流伺服电动机以电枢惯量小而得名，这类电动机一般为永磁式，它的电枢结构多为无槽、印制绕组或空心杯形三种。

无槽电枢的电枢铁芯上没有槽，为一光滑的由硅钢片叠成的圆柱体，电枢绕组为成型的线圈元件组成，用环氧树脂和玻璃布带直接固定在铁芯表面上。

印制绕组电枢为多层薄片圆盘，以环氧树脂布胶板为基板，两侧胶合铜箔，用印制电路法制成双面电枢绕组，电刷直接作用在印制绕组上。

空心杯形电枢是用漆包线编制成杯形，用环氧树脂将其固化成一整体，且无铁芯以减小电枢直径，并增强其刚性。

小惯量电动机最大限度地减少了电枢的转动惯量，所以能获得最好的快速性，它的主要特点有以下几点。

① 转动惯量小，约为普通直流电动机的 1/10。

② 有良好的换向性能，电动机时间常数小，只有几毫秒。

③ 电气机械均衡性好，在低速时运转稳定而均匀，如转速低达 10r/min 仍无爬行现象。

④ 过载能力强，最大扭矩可达额定值的 10 倍（1s 以内）。

（2）宽调速直流伺服电动机

小惯量电动机是以减小电动机电枢转动惯量来改善其工作特性的，但由于电动机的转动惯量小，机床惯量大，须经过齿轮传动，而且电刷易磨损，使用效果并不十分理想。而宽调速电动机则是通过提高转矩来改善其性能，且具有过载能力强、调速范围宽、可与机床进给丝杠直接连接等优点，故在闭环伺服系统中得到较为广泛的应用。

宽调速电动机按励磁方法不同可分为励磁式和永磁式两种。励磁式的特点是励磁大小易于调整，便于设置补偿绕组和换向器，所以电动机换向性能好，成本低，能在较宽的速度范围内得到恒转矩特性，但温升高。永磁式一般无换向极和补偿绕组，换向性能受到一定限制，但因不需要励磁功率，因而效率高且低速时输出转矩大，温升低，尺寸小。两者相比，后者在数控机床中的应用较多，所以，一般来讲，永磁直流伺服电动机亦指永磁式宽调速直流伺服电动机。宽调速直流伺服电动机主要特点如下。

① 转矩大，低速性能好，转动惯量也大。可以和机床进给丝杠直接连接，省去了齿轮传动机构，从而避免了由于齿轮间隙所产生的噪声、振动及齿隙误差，提高工作精度。

② 动态响应好，过载能力强。由于转子热容量大，因而热时间常数大，耐热性能好，又采用了耐高压的绝缘材料，所以允许过载转矩达 5～10 倍，显著地提高了电动机瞬时加速力矩，改善了动态响应；同时由于无励磁绕组及励磁损耗，使电动机温升下降。

③ 调速范围宽，运转平稳。

④ 宽调速电动机还可以同时配装高精度的测速发电机和旋转变压器及制动器，以满足各类机床伺服工作的需要。

永磁直流伺服电动机与小惯量直流伺服电动机相比，其优、缺点如下。

优点：能承受的峰值电流和过载倍数高；低速时输出力矩大；转动惯量大，可与进给丝杠直连；启动力矩大；调速范围宽；具有高精度的检测元件。

缺点：由于转子温升高，会影响机床的精度；而且转子惯量大，又要快速性好，需增大电源的容量，增强机械传动链的刚度。

3.3.3 直流伺服电动机的速度控制

(1) 直流伺服电动机的调速

电枢回路的电压平衡方程式为：

$$U_a = I_a R_a + E_a \tag{3-3}$$

式中　U_a——电枢上的外加电压；

　　　R_a——电枢电阻；

　　　E_a——电枢反电势；

　　　I_a——电枢电流。

电枢反电势与转速之间有以下关系：

$$E_a = K_e \Phi \omega \tag{3-4}$$

式中　K_e——电势常数；

　　　ω——电动机转速（角速度）；

　　　Φ——磁场磁通。

根据以上各式可以得：

$$\omega = \frac{U_a - I_a R_a}{K_e \Phi} \tag{3-5}$$

由方程可知，对于已经给定的直流电动机，要改变它的转速有三种方法：一是改变电枢回路电阻，这可通过调节 R_a 来实现；二是改变气隙磁通量 Φ；三是改变外加电压。但前两种调速方法不能满足数控机床的要求，第三种调速方法是广泛应用的调速方法，因为它具有恒转速的调速特性、机械特性好、经济性能好等优点，他励直流电动机大都采用这种方法。直流伺服电动机速度控制的作用是将转速指令信号（多为电压值）变为相应的电枢电压值，并用晶闸管调速控制或晶体管脉宽调速控制方式来实现。

(2) 晶闸管调速控制方式

晶闸管（Thyristor，原称可控硅，即 SCR）直流调速的结构原理如图 3-13 所示，由晶闸管组成的主电路在交流电源电压不变的情况下，通过控制电阻可方便地改变直流输出电压的大小，该电压作为直流伺服电动机的电枢电压 U_d，即可达到直流伺服电动机调速的目的。

下面以图 3-14（a）所示的晶闸管单相全桥整流电路为例，说明晶闸管主电路的工作过程。在 ωt_1 时刻，VT_1、VT_4 承受电源 u_2 正压，同时 VT_1、VT_4 门极加触发脉冲，VT_1、VT_4 导通，此时把晶闸管从承受正压起到导通之间的电角度称为控制角 α，电源 u_2 加在负载上，形成直流伺服电动机的电枢电压 U_d 及电枢电流 i_d。当电源 u_2 由零变为负值时，由于电枢绕组

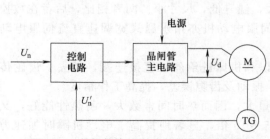

图 3-13　晶闸管直流调速的结构原理框图

上电感反动势的作用，通过 VT_1、VT_4 的维持电流继续流通，把晶闸管在一个周期内导通的电角度称为导通角 θ，则 VT_1、VT_4 流通的导通角为 θ。直至下半周期同一控制角 α 所对应的时刻为 ωt_2 时，触发 VT_2、VT_3 导通，VT_1、VT_4 因承受反向电压而不再导通，电枢电流 i_d 改由 VT_2、VT_3 供给，工作时此过程周而复始。工作过程中的电源 u_2、控制电路的输出电压 U_g、电枢电压 u_d 以及电枢电流 i_d 的变化如图 3-14（b）所示。

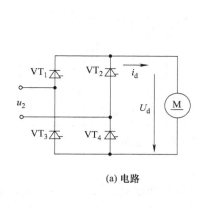

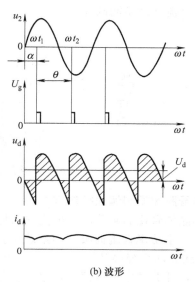

图 3-14 晶闸管单相全桥整流电路及电压、电流波形

在不同控制角 α 作用下的电枢电压、电流波形有所不同，如图 3-15 所示。控制角 α 在 $0° \sim 90°$ 内，随着控制角 α 的增大，电枢电压 U_d 的平均值下降，电流 i_d 持续存在；当控制角 $\alpha = 90°$ 时，电枢电压 U_d 的平均值为零，电流 i_d 接近断续；当控制角 $\alpha > 90°$ 时，电枢电压 $U_d = 0$，电流 i_d 很小并断续。所以该整流回路触发脉冲的移相范围为 $0° \sim 90°$ 每个晶闸管轮流导通 $180°$。

可见晶闸管直流调速的实质是通过改变控制角 α 的大小来改变电枢电压 U_d，从而实现直流伺服电动机的电枢调压调速。

在大功率以及要求不是很高的直流伺服电动机调速控制中，晶闸管调速控制方式仍占主流。晶闸管直流调速系统的主电路有多种结构形式，在数控机床的进给伺服系统中，多采用三相桥式反并联无环流可逆调速系统，如图 3-16 所示。晶闸管分两组，每组按三相桥式连接，两组反并联，SCR 1、3、5 及 SCR 2、4、6 为正向整流组，实现电动机正转；SCR 7、9、11 及 SCR 8、10、12 为反向整流组，实现电动机的反转。每组晶闸管都有两种工作状态：整流状态和逆变状态，一组处于整流工作时，另一组处于待逆变状态，电动机降速时，逆变组工作。

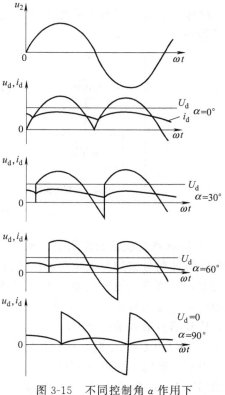

图 3-15 不同控制角 α 作用下的电枢电压、电流波形

这种系统是一种逻辑无环流调速系统，利用专门的检测单元，如零电流（电流断续）检测单元，检测出主电路电流确实为零后，逻辑单元发出信号，封锁整流工作组的触发脉冲，再由延时环节经过一段必要的延迟后，发出信号使逆变组工作，反向组的逆变电压正好和反电动机电势相等，它有两个关键环节，是电压调节器和比较单元。电压调节器可以控制由于触发角错位产生的死区，抑制动态环流，改善电流断续时整流装置的控制特性，提高系统的抗干扰能力；同时它还具有电流断续检测的作用。

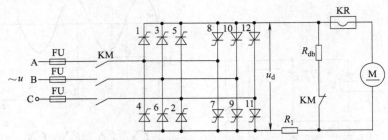

图 3-16　晶闸管直流调速系统的主电路

（3）晶体管脉宽调制调速控制方式

由于功率晶体管比晶闸管具有更优良的特性，目前功率晶体管的功率、耐压等都已大大提高，所以在中、小功率直流伺服驱动系统中，晶体管脉宽调制（Pulse Width Modulation，简称 PWM）方式驱动系统得到了广泛应用。所谓脉宽调制，就是使功率放大器中的晶体管工作在开关状态下，开关频率保持恒定，用调整开关周期内晶体管导通时间的方法来改变输出，以使电动机电枢两端获得宽度随时间变化的电压脉冲，脉宽的连续变化，使电枢电压的平均值也连续变化，从而达到调节电动机转速的目的。

晶体管脉宽调制调速系统主要由电压 - 脉宽变换器和开关功率放大器两部分组成，如图 3-17 所示。

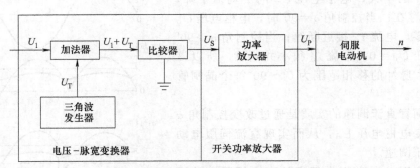

图 3-17　晶体管脉宽调制调速的原理框图

电压-脉宽变换器的作用是：根据控制指令信号对脉冲宽度进行调制，以便用宽度随指令变化的脉冲信号去控制大功率晶体管的导通时间，实现对直流伺服电动机的电枢绕组两端电压的控制，它由三角波发生器、加法器和比较器组成。指令信号 U_1 和一定频率的三角波 U_T，经加法器产生信号 U_1+U_T，然后送入比较器（一个工作在开环状态下的运算器）。一般情况下，比较器负输入端接地，U_1+U_T 从正端输入。当 $U_1+U_T>0$ 时，比较器输出满幅度的正电平；当 $U_1+U_T<0$ 时，比较器输出满幅度的负电平。

电压 - 脉宽变换器对信号波形的调制过程如图 3-18 所示。可见，由于比较器的限幅特性，输出信号 U_S 的幅度不变，但是脉冲宽度随 U_1 的变化而变化；U_S 的频率由三角波的频率决定。

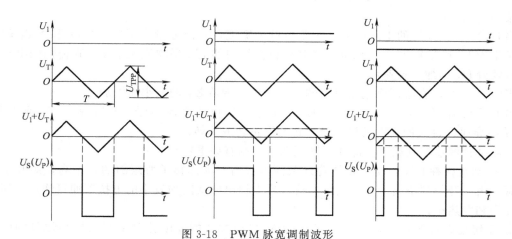

图 3-18 PWM 脉宽调制波形

当指令信号 $U_1=0$ 时，输出信号 U_S 为正负脉冲宽度相等的矩形脉冲；当指令信号 $U_1>0$ 时，输出信号 U_S 的正脉冲宽度大于负脉冲宽度；当指令信号 $U_1<0$ 时，输出信号 U_S 的正脉冲宽度小于负脉冲宽度。

当指令信号 $U_1 \geqslant U_{TPP}/2$（U_{TPP} 是三角波的峰 - 峰值）时，输出信号 U_S 是一个正直流信号；当指令信号 $U_1 \leqslant U_{TPP}/2$ 时，输出信号 U_S 是一个负直流信号。

目前集成化的电压-脉宽变换器芯片有 LM3524 等，此外，80C522、8098 等单片机本身也具有 PWM 的输出功能，其输出脉冲宽度和频率可由编程决定，应用方便。

开关功率放大器的作用是对电压 - 脉宽变换器输出的信号 U_S 进行放大，输出具有足够功率的信号 U_P，以驱动直流伺服电动机。

开关功率放大器通常由大功率晶体管构成，有两种结构形式，一种是 H 形（也称桥式），另一种是 T 形。根据各晶体管基极所加的控制电压波形，每种结构形式又可分为单极性输出、双极性输出和有限单极性输出三种工作方式。图 3-19 所示为双极性输出的 H 型桥式 PWM 晶体管功率放大器的电路原理。通常开关放大器输出电压的频率比每个晶体管开关频率高一倍，从而弥补了大功率晶体管开关频率不能做得很高的缺陷，改善了电枢电流的连续性，这也是这种电路被广泛采用的原因之一。

图 3-19 中，大功率管 $VT_1 \sim VT_4$ 组成 H 型桥式结构的开关功放电路，续流二极管 $VD_1 \sim VD_4$ 构成在晶体管关断时直流伺服电动机绕组中能量的释放回路。U_S 来自电压-脉宽变换器的输出，$-U_S$ 可通过对 U_S 反相获得。当 $U_S>0$ 时，VT_1 和 VT_4 导通；当 $U_S<0$ 时，VT_2 和 VT_3 导通。根据控制指令 U_1 的不同情况，该功放电路及其所控制的直流伺服电动机有以下四种工作状态。

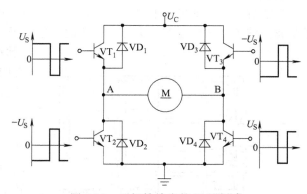

图 3-19 双极性输出的 H 型桥式
PWM 晶体管功率放大器的电路原理

当 $U_1=0$ 时，U_S 的正、负脉冲宽度相等，直流分量为零，VT_1 和 VT_4 的导通时间与 VT_2 和 VT_3 的导通时间相等，流过电枢绕组中的电流平均值等于零，直流伺服电动机不转动。但是在交流分量作用下，直流伺服电动机在原位置处微振，这种微振有动力润滑作用，可消除直流伺服电动机启动时的静摩擦，减小启动电压。

当 $U_1 > 0$ 时，U_S 的正脉冲宽度大于负脉冲宽度，直流分量大于零，VT_1 和 VT_4 的导通时间长于 VT_2 和 VT_3 的导通时间，流过电枢绕组中的电流平均值大于零，直流伺服电动机正转，且随着 U_1 增加，转速增加。

当 $U_1 < 0$ 时，直流伺服电动机反转，反转转速随着 U_1 的减小而增加。

当 $U_1 \geqslant U_{TPP}/2$ 或 $U_1 \leqslant U_{TPP}/2$ 时，U_S 为正或负的直流信号，VT_1 和 VT_4 或 VT_2 和 VT_3 始终导通，直流伺服电动机在最高转速下正转或反转。

与晶闸管调速控制相比，晶体管脉宽调速控制有如下特点。

① 电动机损耗和噪声小。晶体管开关频率很高，远比转子所跟随的频率高，避开了机械的共振。由于开关频率高，使得电枢电流仅靠电枢电感或附加较小的电抗器便可连续，所以电动机耗损和发热小。

② 系统动态特性好，响应频带宽。PWM 控制方式的速度控制单元与较小惯量的电动机相匹配时，可以充分发挥系统的性能，从而获得很宽的频带，频带越宽，伺服系统校正瞬态负载扰动的能力就越高。

③ 低速时电流脉动和转速脉动都很小，稳速精度高。

④ 功率晶体管工作在开关状态，其耗损小，且控制方便。

⑤ 响应很快。PWM 控制方式具有四象限的运行能力，即电动机既能驱动负载，也能制动负载，所以响应很快。

⑥ 功率晶体管承受高峰值电流的能力差。

3.4 交流伺服驱动控制

3.4.1 永磁交流同步伺服电动机

(1) 结构

永磁交流同步伺服电动机的结构如图 3-20 所示，由定子、转子和检测元件三部分组成。电枢在定子上，定子具有齿槽，内有三相交流绕组，形状与普通交流感应电动机的定子相同。但采取了许多改进措施，如非整数节距的绕组、奇数的齿槽等，这种结构优点是气隙磁密度较高，极数较多。电动机外形呈多边形，且无外壳。转子由多块永磁铁和冲片组成，磁场波形为正弦波。转子结构中还有一类是有极靴的星形转子，采用矩形磁铁或整体星形磁铁。检测元件（脉冲编码器或旋转变压器）安装在电动机上，它的作用是检测出转子磁场相对于定子绕组的位置。

(2) 工作原理

永磁交流同步伺服电动机的工作原理很简单，与励磁式交流同步电动机类似，即转子磁场与定子磁场相互作用的原理。所不同的是，转子磁场不是由转子中励磁绕组产生，而是由转子永久磁铁产生。当定子三相绕相通上交流电后，就产生一个旋转磁场，该旋转磁场以同步转速 n_s 旋转，根据磁极的同性相斥、异性相吸的原理，定子旋转磁极就要与转子的永久磁铁磁极互相吸引，并带着转子一起旋转。因

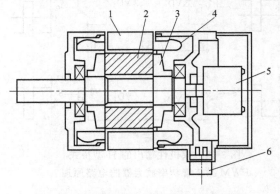

图 3-20　永磁交流同步伺服电动机结构

1—定子；2—转子；3—转子永久磁铁；
4—定子绕组；5—检测元件；6—接线盒

此，转子也将以同步转数 n_s 与定子旋转磁场一起旋转。当转子轴上加有负载转矩之后，将造成定子磁场轴线与转子磁极轴线不一致（不重合），相差一个 θ 角，负载转矩变化，θ 角也变化，如图 3-21 所示。只要不超过一定界限，转子仍然跟着定子以同步转数旋转。

设转子转速为 n（r/min），则：

$$n = n_s = 60f/p \tag{3-6}$$

式中　f——电源交流电频率，Hz；

　　　p——转子磁极对数。

永磁交流同步电动机有一个问题是启动困难，这是由于转子本身的惯量以及定、转子磁场之间转速相差太大，使得启动时转子受到的平均转矩为零，因此不能自启动。解决这个问题不用加启动绕组的办法，而是在设计中设法减小转子惯量，以及在速度控制单元中采取先低速后高速的控制方法等来解决自启动问题。

（3）性能

永磁交流同步伺服电动机的性能同直流伺服电动机一样，也用特性曲线和数据表来表示。当然最主要的是转矩-速度特性曲线，如图 3-22 所示。

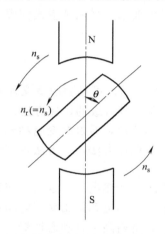

图 3-21　永磁交流同步伺服电动机工作原理　　图 3-22　永磁交流同步伺服电动机的特性曲线

在连续工作区，速度和转矩的任何组合，都可连续工作。但连续工作区的划分受到一定条件的限制，连续工作区划定的条件有两个：一是供给电动机的电流是理想的正弦波；二是电动机工作在某一特定温度下。断续工作区的范围更大，尤其在高速区，这有利于提高电动机的加、减速能力。

3.4.2　交流伺服电动机的特点和分类

（1）交流伺服电动机的特点

直流伺服电动机具有优良的调速性能，但存在一些固有的缺点，如它的电刷和换向器易磨损，需要经常维护；由于换向器换向时会产生火花，使电动机的最高转速受到限制，也使应用环境受到限制；而且直流电动机的结构复杂，制造困难，所用钢铁材料消耗大，制造成本高。而交流伺服电动机没有上述缺点，且转子惯量较直流电动机小，使得动态响应好。一般来说，在同样体积下，交流伺服电动机的输出功率可比直流伺服电动机提高 10%～70%。另外，交流伺服电动机的容量可比直流伺服电动机制造得大，可达到更高的电压和转速。20 世纪 80 年代以来，交流调速技术及应用发展很快，打破了"直流传动调速，交流传动不调速"的传统分工格局。交流伺服电动机广泛用在数控机床上，并正在逐步取代直流伺服电动机。

（2）交流伺服电动机的分类

交流伺服电动机通常有交流同步伺服电动机和交流异步伺服电动机两类。

交流同步伺服电动机有励磁式、永磁式、磁阻式和磁滞式四种。前两种输出功率范围较宽，后两种输出功率较小。各种交流同步伺服电动机的结构类似，都由定子和转子两个主要部分组成。但四种电动机的转子差别较大，励磁式同步伺服电动机转子结构较复杂，其他三种同步伺服电动机转子结构十分简单，磁阻式和磁滞式同步伺服电动机效率低，功率因数差。数控机床的进给驱动系统中多采用永磁交流伺服电动机，因为永磁式交流同步伺服电动机结构简单、运行可靠、效率高，而且同步电动机的转速与所接电源的频率之间存在着一种严格关系，即在电源电压和频率固定不变时，它的转速是稳定不变的。若采用变频电源给同步电动机供电，可方便地获得与频率成正比的可变速度，同时可得到非常硬的机械特性及宽的调速范围。

交流异步伺服电动机也称交流感应伺服电动机，它的结构简单，与同容量的直流电动机相比，质量轻 1/2，价格仅为直流电动机的 1/3。数控机床主轴伺服驱动系统中的交流主轴电动机，大都属于感应式。这是因为受永磁体的限制，当容量做得很大时，永磁交流伺服电动机的成本太高，使得数控机床无法采用；更重要的原因是，数控机床主轴驱动系统重视功率，除特殊情况外，对位置精度和速度调节没有像进给伺服系统那样高的要求，采用感应式伺服电动机进行矢量控制就完全能满足使用要求。

3.4.3　交流伺服电动机的速度控制

由前面所述可知，交流同步伺服电动机的转速为 $n=n_s=60f/p$。可见要改变交流同步伺服电动机的转速可采用两种方法：其一是改变磁极对数 p，这是一种有级的调速方法，它是通过对定子绕组接线的切换以改变磁极对数来实现的；其二是变频调速，通过改变电动机电源频率来改变电动机的转速，这是交流同步电动机的一种较为理想的调速方法，该方法可实现无级调速，其效率和功率因数都很高。

变频调速的关键是变频器。早先采用的变频方法是利用机组式变频电源，这需要交流原动机、直流发电动机、直流电动机和同步发电动机产生不同频率的三相电源供给交流电动机作为变频调速用；这种方法装机容量大，效率低，占地大，噪声大，价格高，且动态性能差，无法在数控机床上使用。随着大功率晶闸管、晶体管等新型、高性能半导体元器件的应用，出现了由这些元器件构成的静止变频器，它们的技术经济性能都比机组变频优越。静止变频器主要有间接变频器和直接变频器两种类型。间接变频是将工频（电网电源频率）交流电源整流为直流，再经过逆变器将直流变为可控频率的交流，所以间接变频器又称交-直-交变频器。而直接变频器也称交-交变频器，它是一种没有中间环节，直接将电网的工频交流电源转换成频率、电压可调的交流电源。在数控机床伺服系统中广泛采用交-直-交变频技术。

（1）SPWM 变频器简介

SPWM 变频器，即正弦波 PWM 变频器，属于交-直-交静止变频装置。它先将 50Hz 的工频电源经整流变压器变到所需的电压，经二极管整流和电容滤波，形成恒定直流电压，再送入由大功率晶体管构成的逆变器主电路，输出三相频率和电压均可调整的等效于正弦波的脉宽调制波（SPWM 波），去驱动交流伺服电动机运转。由于 PWM 型变频器采用脉宽调制原理，具有输入功率因数高和输出波形好的优点，因而在调速系统中得到了广泛应用。SPWM 调制的基本特点是等距、等幅，而不等宽，它的规律总是中间脉冲宽而两边脉冲窄，其各个脉冲面积和与正弦波下面积成比例。所以脉宽基本上按正弦分布，它是一种最基本也是应用最广泛的调制方法。

（2）SPWM 变频调速系统

SPWM 变频调速系统结构原理如图 3-23 所示，速度（频率）给定器给定信号，用以控制频率、电压及正反转；平稳启动回路使启动加、减速时间可随机械负载情况设定，以达到软启动的目的；函数发生器是为了在输出低频信号时，保持电动机气隙磁通一定，补偿定子电压降的影响；电压频率变换器将电压转换成为频率，经分频器、环形计数器产生方波，并将此方波和经三角波发生器产生的三角波一并送入调制回路；电压调节器和电压检测器构成闭环控制，电压调节器产生频率与幅度可调的控制正弦波，送入调制回路；在调制回路中进行 PWM 变换，产生三相的脉冲宽度调制信号；在基极回路中输出信号至功率晶体管基极，对 SPWM 的主回路进行控制，实现对永磁交流伺服电动机的变频调速；并用电流检测器进行过载保护。

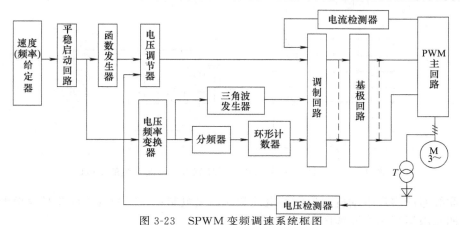

图 3-23　SPWM 变频调速系统框图

为了加快运算速度，减少硬件，一般采用多 CPU 控制方式，例如用两个 CPU 分别控制 PWM 信号的产生和电动机变频系统的工作，称为微机控制 PWM 技术。目前国内外 PWM 变频器的产品大都采用微机控制 PWM 技术。

3.4.4　永磁交流同步伺服电动机的发展

（1）新永磁材料的应用

第三代稀土材料钕铁硼的矫顽力可达 $636×10^3 A/m$。磁性能的提高，可使磁路尺寸比例发生很大变化，从而缩小电动机体积。

（2）永久磁铁的结构改革

永磁交流同步伺服电动机的永磁铁通常装在转子表面，称为外装永磁电动机，还可将磁铁嵌在转子里面，称为内装永磁电动机。内装永磁交流同步伺服电动机具有很多特点：电动机结构更牢固，允许在更高转速下运行；有效气隙小，电枢反应容易控制，因此能实现恒转矩区和弱磁恒功率区的控制；可采用凸极转子结构（纵轴感抗大于横轴感抗），使转矩靠磁场和磁阻效应两方面产生。

（3）与机床部件一体化的电动机

如空心轴永磁交流同步伺服电动机，可使丝杠穿过空心轴，有利于机电一体化设计。

3.5　主轴伺服驱动系统

3.5.1　直流主轴速度控制

在数控机床的主轴驱动中，直流主轴电动机通常采用晶闸管调速。

（1）主电路及其工作原理

数控机床主轴要求正、反转，且切削功率尽可能大，并希望停止和改变转向迅速，故主轴直流电动机驱动装置往往采用三相桥式反并联逻辑无环流可逆调速系统，其主电路如图 3-24 所示，其中 VT_1 为正组晶闸管，VT_2 为反组晶闸管。

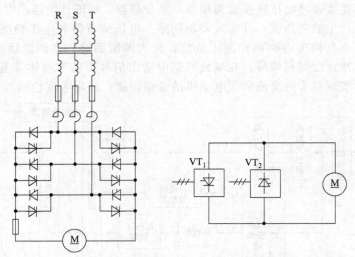

图 3-24 三相桥式反并联逻辑无环流可逆调速系统的主电路

反并联线路能实现电动机正反向的电动和回馈发电制动，三相桥式反并联逻辑无环流可逆调速系统四象限运行示意图如图 3-25 所示。

电动机正向电动时，正组晶闸管工作在整流状态，提供正向直流电流；电动机反向电动时，则由反组晶闸管工作在整流状态，提供反向直流电流；即可控制电动机在第一、三象限的启动、升降速。

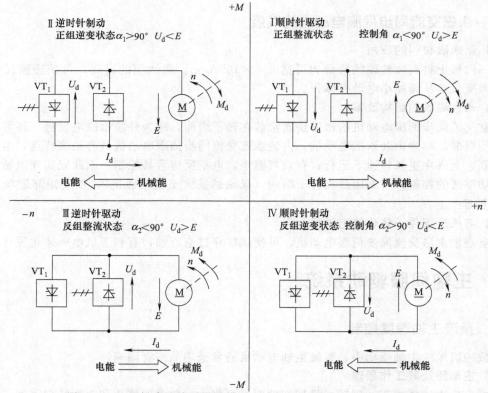

图 3-25 三相桥式反并联逻辑无环流可逆调速系统四象限运行示意图

　　当电动机需要从正向电动状态转到反向电动状态时，速度指令由正变负，正组晶闸管进入逆变状态，电动机电枢回路中的电感储能维持电流方向不变，电动机仍处于电动状态，但电枢电流逐渐减小。当电枢电流到零后，必须使正反组晶闸管都处于封锁状态，避免控制失误造成短路，此时电动机在惯性作用下自由转动。经过安全延时后，反组晶闸管进入有源逆变状态，电动机工作在回馈发电制动状态，将机械能送回电网，转速迅速下降，转速到零后，反组晶闸管进入整流状态，电动机反向启动，完成了从正转到反转的转换过程，就是完成了从第一象限到第三象限的工作转换。

　　电动机从反转到正转的转换只不过是 VT_1 和 VT_2 的控制相反而已。

　　该电路的回馈发电制动也能实现电动机的停车控制。

　　因此反并联线路除了能缩短制动和正反向转换的时间外，还能将主轴旋转的机械能转换成电能送回电网，提高工作效率。

（2）主电路控制要求

　　为了保证两组晶闸管不同时工作，避免造成短路，可采用逻辑无环流可逆控制系统。它是利用逻辑电路，检测电枢电路的电流是否到达零值，并判断旋转方向，提供正组或反组的允许开通信号，使一组晶闸管在工作时，另一组晶闸管的触发脉冲被封锁，从而切断正、反两组晶闸管之间可能的电流通路。

　　因此逻辑电路必须满足下述条件。①每个时刻只允许向一组晶闸管提供触发脉冲。②只有当工作的那一组晶闸管电流为零后，才能撤消其触发脉冲，以防止当晶闸管逆变时，电流还不到零时就撤消触发脉冲，可能出现逆变颠覆现象，造成故障。③只有当工作的那一组晶闸管完全关断后，才能再向另一组晶闸管提供触发脉冲，以防止出现大的环流。④任何一组晶闸管导通时，要防止其输出电压与电动机电动势方向一致，导致电流过大。

（3）励磁控制回路

　　图 3-26 为 FANUC 直流主轴电动机驱动控制示意图。直流电动机的励磁绕组控制回路由励磁电流设定回路、电枢电压反馈回路及励磁电流反馈回路组成。

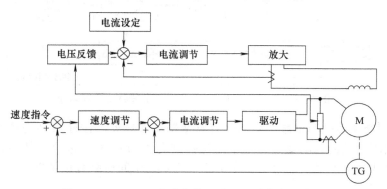

图 3-26　FANUC 直流主轴电动机驱动控制示意图

　　当电枢电压低于 210V 时，磁场控制回路中的电枢电压反馈环节不起作用，只有励磁电流反馈作用，维持励磁电流不变，实现额定转速以下的恒转矩调压调速；当电枢电压高于 210V 后，此时励磁电流反馈不起作用，而引入电枢反馈电压。随着电枢电压的提高，磁场电流减小，使转速上升，实现额定转速以上的恒功率弱磁调速。

（4）每组晶闸管的控制系统

　　电枢绕组的每一组晶闸管控制均采用双闭环调速系统，其中内环是电流环，外环是速度环。

　　根据速度指令的模拟电压信号与实际转速反馈电压的差值，经速度调节器输出，作为电流调节器的给定信号，控制电动机的电流和转矩。速度差值大时，电动机转矩大，系统加速度大，电动机能较快达到转速给定值；当转速比较接近给定值时，电动机转矩自动减小，又可以避免过大的超调，避免稳定时间过长。

电流环的作用是：当系统受到外来干扰时，能迅速地做出抑制响应，保证系统具有最佳的加速和制动时间特性。另外，双闭环调速系统中速度调节器的输出限幅，也就限定了电流环中的电流。在电动机启动或制动过程中，电动机转矩和电枢电流急剧增加，达到限定值，使电动机以最大转矩加速，转速直线上升。当电动机的转速达到甚至超过给定值时，速度反馈电压大于速度给定电压，速度调节器的输出低于限幅值时，电流调节器使电枢电流下降，转矩也随之下降，电动机减速。当电动机的转矩小于负载转矩时，电动机又会加速，直到重新回到速度给定值，因此双闭环直流调速系统对主轴的快速启停、保持稳定运行等起到了相当重要的作用。另外，直流主轴驱动装置一般还具有速度到达、零速检测等辅助信号输出，并具有速度反馈消失、速度偏差过大、过载及失磁等多项报警保护措施，以确保系统安全可靠工作。

3.5.2 交流主轴速度控制

随着交流调速技术的发展，数控主轴驱动大多采用变频器控制交流主轴电动机。变频器的控制方式从最初的电压矢量控制到磁通矢量控制，已发展为直接转矩控制；变流器件由逆变器到脉宽调制（PWM）技术，脉宽调制（PWM）技术又从正弦 PWM 发展优化 PWM 技术和随机 PWM 技术，电流谐波畸变小，电压利用率、效率更高，转矩脉动及噪声强度大幅度削弱；功率器件由 GTO、GTR、IGBT 发展到智能模块 IPM，开关速度快、驱动电流小、控制驱动简单、故障率降低，干扰也得到了有效控制，保护功能进一步完善。

3.5.2.1 6SC650 系列交流主轴驱动装置

图 3-27 为西门子 6SC650 系列交流主轴驱动装置原理。

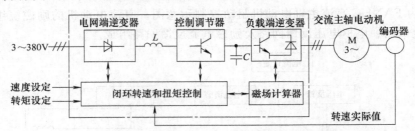

图 3-27 西门子 6SC650 系列交流主轴驱动装置原理

6SC650 系列交流主轴驱动装置由晶体管脉宽调制变频器、IPH 系列交流主轴电动机、编码器组成。可实现主轴的自动变速、主轴定位控制和主轴 C 轴的进给。其中，电网端逆变器采用三相全控桥式变流电路，既可工作在整流方式，向中间电路直接供电，也可工作于逆变方式，实现能量回馈。

控制调节器可将整流电压从 535V 提高到（575V±575V×2%），提供足够的恒定磁通变频电压源；并在变频器能量回馈工作方式时，实现能量回馈的控制。负载端逆变器是由带反并联续流二极管的六只功率晶体管组成。通过磁场计算机的控制，负载端逆变器输出三相正弦脉宽调制（SPWM）电压，使电动机获得所需的转矩电流和励磁电流。输出的三相 SPWM 电压幅值控制范围为 0～430V，频率控制范围为 0～300Hz。在回馈制动时，电动机能量通过变流器的六只续流二极管向电容器 C 充电，当电容器 C 上的电压超过 600V 时，控制调节器和电网端逆变器将电容器 C 上的电能回馈给电网。六只功率晶体管有六个互相独立的驱动级，通过对各功率晶体管的监控，可以防止电动机超载，并对电动机绕组匝间短路进行保护。

电动机的实际转速是通过电动机轴上的编码器测量的。闭环转速、扭矩控制以及磁场计算是由两片 16 位处理器（80186）组成的控制电路完成的。

6SC650 系列交流主轴驱动系统结构组成如图 3-28 所示。

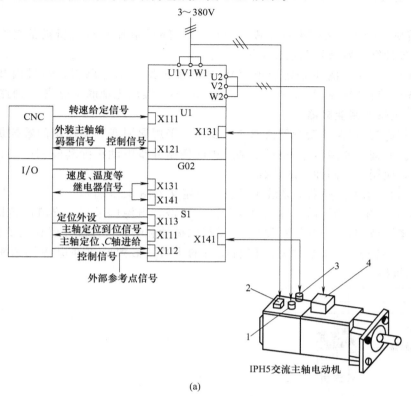

(a)

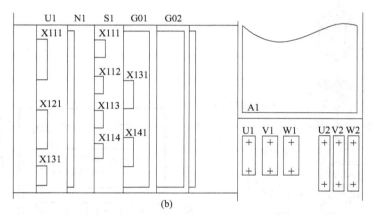

(b)

图 3-28　6SC650 系列交流主轴驱动系统结构组成

1—编码器（1024P/转）及电动机温度传感器插座；2—主轴电动机冷却风扇接线盒；

3—用于主轴定位及 C 轴进给的编码器；4—主轴电动机三相电源接线盒

6SC650 系列交流主轴驱动变频器主要组件基本相同，只是功率部件的安装方式有所区别。较小功率的 6SC6502/3 变频器（输出电流 20/30A），其功率部件是安装在印制线路板 A1 上的，如图 3-28（b）所示；大功率的 6SC6504～6SC6520 变频器（输出电流 40/200A），其功率部件是安装在散热器上的。

6SC650 系列交流主轴驱动变频器主要组件介绍如下。

① 控制模块（N1）　主要是两片 80186 及扩展电路，完成矢量变换计算、电网端逆变器触

发脉冲控制以及变频器的 PWM 调制。

② I/O 模块（U1）　主要是由 U/F 变换器、A/D、D/A 电路组成，为 N1 组件处理各种 I/O 信号。

③ 电源模块（G01）和中央控制模块（G02）　除供给控制电路所需的各种电源外，在 G02 上还输出各种继电器信号至数控系统。

④ 选件（S1）　选配的主轴定位电路板或 C 轴进给控制电路板，通过内装轴端编码器（18000p/r）或外装轴端编码器（1024p/r 或 9000p/r），实现主轴的定位或 C 轴控制。

3.5.2.2　主轴通用变频器

随着数字控制的 SPWM 变频调速系统的发展，采用通用变频器控制的数控机床主轴驱动装置越来越多。所谓"通用"，一是可以和通用的笼型异步电动机配套应用；二是具有多种可供选择的功能，应用于不同性质的负载。

三菱 FR-A500 系列变频器的系统组成及接口定义如图 3-29 所示。

在图 3-29（a）中，为了减小输入电流的高次谐波，电源侧采用了交流电抗器，直流电抗器则是用于功率因数校正。有时为了减小电动机的振动和噪声，在变频器和电动机之间还可加入降噪电抗器。为防止变频器对周围控制设备的干扰，必要时可在电源侧选用无线电干扰（RE1）抑制电抗器。

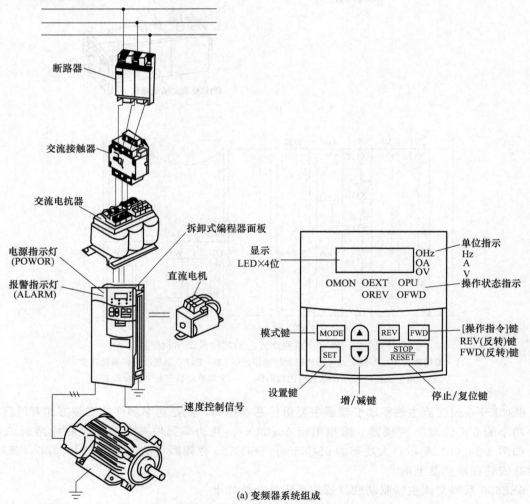

(a) 变频器系统组成

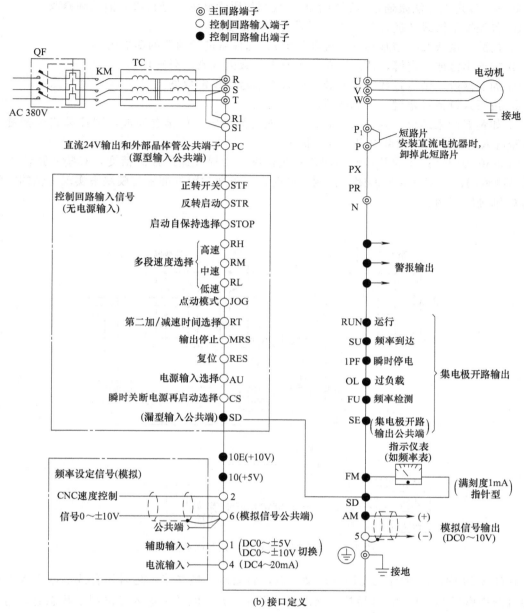

◎ 主回路端子
○ 控制回路输入端子
● 控制回路输出端子

(b) 接口定义

图 3-29 三菱 FR-A500 系列变频器系统组成及接口定义

该变频器所控制的速度是通过 2、6 端 CNC 系统输入的模拟速度控制信号，以及 RH、RM 和 R1 端由拨码开关编码输入的开关量或 CNC 系统输入的数字信号来设定的。它可实现电动机从最低速到最高速的三级变速控制。

应用变频器应注意安全，并掌握其参数设置。

（1）变频器的电源显示

变频器的电源显示也称充电显示，它除了表明是否已经接上电源外，还显示了直流高压滤波电容器上的充、放电状况。因为在切断电源后，高压滤波电容器的放电速度较慢，由于电压较高，对人体有危险。每次关机后，必须等电源显示完全熄灭后，方可进行调试和维修。

（2）变频器的参数设置

变频器和主轴电动机配用时，根据主轴加工的特性和要求，必须先进行参数设置，如加减速时间等。设定的方法是通过编程器上的键盘和数码管显示，进行参数输入和修改。

① 首先按下模式转换开关，使变频器进入编程模式。

② 按数字键或数字增减键（△键和∨键），选择需进行预置的功能码。

③ 按读出键或设定键，读出该功能的原设定数据（或数据码）。

④ 如需修改，则通过数字键或数字增减键来修改设定数据。

⑤ 按写入键或设定键，将修改后的数据写入。

⑥ 如预置尚未结束，则转入②，进行其他功能设定。如预置完成，则按模式选择键，使变频器进入运行模式，就可以启动电动机了。

图 3-30 为数字控制的开环变频调速系统框图。为提高速度控制精度，有些变频器可通过速度检测编码器，实现速度的闭环控制。同时，还可通过附加的定位模块来实现主轴的定位控制或 C 轴进给控制。

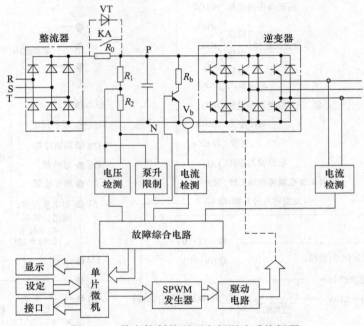

图 3-30 数字控制的开环变频调速系统框图

在图 3-30 中，R_0 的作用是限制启动电流，启动后，触点 KA 延时闭合或晶闸管 VT 延时导通（图中虚线部分），R_0 被短接，减少运行损耗。异步电动机进入发电制动状态时，通过逆变器的续流二极管向电容充电，当电容上电压（通称泵升电压）升高到一定限值时，通过泵升限制电路使开关器件 V_b 导通，将电动机释放的动能消耗在制动电阻 R_b 上。为便于散热，制动电阻器 R_b 常作为附件，单独装在变频器外。定子电流和直流回路电流的检测是为了对定子电压进行补偿控制。

3.5.3 主轴的定向准停控制

主轴准停功能又称为主轴定向功能（Spindle specified position stop），即当主轴停止时能控制其停于固定位置，这是自动换刀及精镗孔等加工时所必需的功能。主轴准停控制方式有机械准停控制、磁传感器主轴准停控制、编码器主轴准停控制和数控系统准停控制。

机械准停控制。图 3-31 为典型的 V 形槽轮定位盘准停结构。带有 V 形槽的定位盘与主轴端面保持一定的位置关系，以确定定位位置。当指令为准停控制 M19 时，首先使主轴减速至可以设定的低速转动，当检测到无触点开关有效信号后，立即使主轴电动机停转，此时主轴电动机与主轴传动件依惯性继续空转，同时准停液压缸定位销伸出，并压向定位盘。当定位盘V形槽与定位销正对时，由于液压缸的压力，定位销插入V形槽中。LS2准停到位信号有效，表明准停动作完成，这里LS1为准停释放信号。采用这种准停方式，必须有一定的逻辑互锁，即当LS2有效时，才能进行换刀等动作。而只有当LS1有效时，才能启动主轴电动机正常运转。上述准停功能通常由数控系统的可编程控制器完成。机械准停还有其他方式，如端面螺旋凸轮准停等，但它们的基本原理是一样的。

磁传感器主轴准停控制。磁传感器主轴准停控制由主轴驱动装置本身完成。当执行M19时，数控系统只需发出主轴准停启动命令ORT即可。主轴驱动完成准停后，会向数控装置输出完成信号ORE，然后数控系统再进行下面的工作。其基本结构如图3-32所示，基本标准规格如表3-2所示。采用磁传感器准停的步骤如下：当主轴转动或停止时，接收到数控装置发来的准停开关信号量ORT，主轴立即加速或减速至某一准停速度（可在主轴驱动装置中设定）。主轴到达准停速度且到达准停位置时（即磁发体与磁传感器对准），主轴立即减速至某一爬行速度（可在主轴驱动装置中设定）。当磁传感器信号出现时，主轴驱动立即进入磁传感器的作为反馈元件的位置闭环控制，目标位置为准停位置。准停完成后，主轴驱动装置输出准停完成信号ORE给数控装置，从而可进行自动换刀（ATC）或其他动作。磁发体与磁传感器在主轴上的位置如图3-33所示，准停控制的时序如图3-34所示。由于采用了传感器，故应避免产生磁场的元件（如电磁线圈、电磁阀等）与磁发体和磁传感器安装在一起。另外，磁发体（通常安装在主轴旋转部件上）与磁传感器（固定不动）的安装有严格的要求，应按说明书要求的精度安装。

表 3-2　磁传感器准停的基本规格（安川）

位置检测方式	使用磁发体和磁场传感器测量主轴位置
准停位置	磁发体与磁传感器中心正对的位置
误差修正转矩	额定转矩/±0.1°误差
选件板	JPAC-C345
磁发体型号	MG-137BS
磁传感器型号	FS-1378C

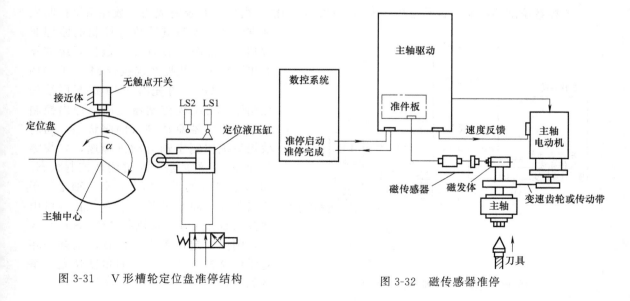

图 3-31　V形槽轮定位盘准停结构　　　　　图 3-32　磁传感器准停

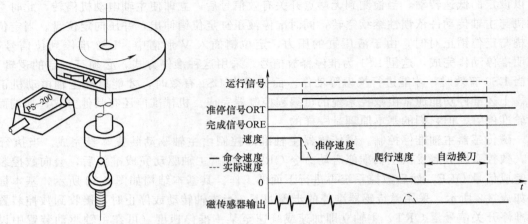

图 3-33 磁发体与磁传感器在主轴上的位置   图 3-34 磁传感器准停的时序图

编码器主轴准停控制。编码器主轴准停功能也是由主轴驱动完成的，CNC 只需发出 ORT 信号即可。主轴驱动完成准停后输出准停完成信号 ORE。编码器型准停的基本规格如表 3-3 所示。图 3-35 为编码器主轴准停控制的结构。这种准停方式可采用主轴电动机内部安装的编码器信号（来自于主轴驱动装置），也可以在主轴上直接安装其他编码器。采用前一种方式要注意传动链对主轴准停精度的影响。主轴驱动装置内部可自动转换状态，使主轴驱动处于速度控制或位置控制状态。准停角度可由外部开关量信号（12 位）设定，这一点与磁传感器准停不同。磁传感器准停的角度无法随意设定，要调整准停位置，只有调整磁发体与磁传感器的相对位置。编码器准停控制的时序如图 3-36 所示，其步骤与传感器类似。

表 3-3 YASKAWA 编码器准停规格

位置检测方式	使用编码器 A、B、C 信号
准停位置	基本准停位置为编码器零位 C 脉冲到达处,准停位置偏移可在主轴驱动内部或外部指定
重复准停精度	小于±0.2°
误差修正力矩	额定力矩/±0.1°误差
选件板	JPAC-C346
编码器型号	PC-1024ZLH

数控系统准停控制。这种准停控制方式的准停功能是由数控系统完成的，数控系统控制主轴准停的原理与进给位置控制的原理非常相似，如图 3-37 所示。数控系统准停的步骤如下：数控系统执行 M19 或 M19 S×××× 时，首先将 M19 送至可编程控制器。可编程控制器经译码送出控制信号，使主轴驱动进入伺服状态，同时数控系统控制主轴电动机降速，寻找零位脉冲 C，然后进入位置闭环控制状态。如执行 M19 而无 S 指令，则主轴定位于相对零位脉冲 C 的某一缺省位置（可由数控系统设定）。如执行 M19 S×××× ，则主轴定位于指令位置，也就是相对零位脉冲 S×××× 的角度位置。举例如下：

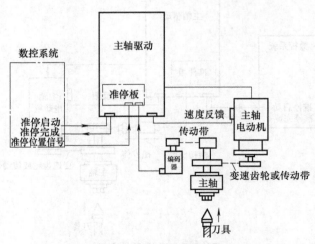

图 3-35 编码器主轴准停控制结构

M03 S1000	主轴以 1000r/min 正转
M19	主轴准停与缺省位置
M19 S100	主轴准停转至 100°处
S1000	主轴再次以 1000r/min 正转
M19 S200	主轴准停至 200°处

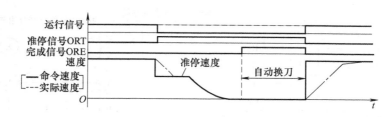

图 3-36　编码器型准停的时序图

主轴旋转与坐标轴进给的同步控制：在车削中心上，为了使之具有螺纹车削功能，要求主轴旋转与坐标进给驱动实行同步控制，即主轴具有旋转进给轴（C 轴）的控制功能。在螺纹加工循环中，主轴转速与坐标轴的进给量必须保持一定的关系，即主轴每转一圈，沿工件的轴向坐标

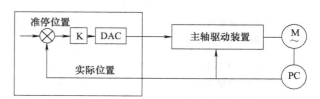

图 3-37　数控系统控制主轴准停

必须按节矩进给相应的脉冲量。通常是将光电脉冲编码器装在主轴上，作为主轴的脉冲发生器，主轴旋转时发出脉冲，作为坐标轴进给的脉冲源。经 CPU 对节矩计算后，控制坐标轴位置伺服系统，使进给量与主轴转速保持同步。常用的主轴脉冲发生器，每转的脉冲数为 1024，与坐标轴进给位置编码器一样，输出相位差为 90°的两相信号。这两相信号经 4 倍频后，每转变成 4096 个脉冲送给 CNC 装置。编码器还设有标志脉冲孔道，每转产生 1 个可作为参考零位的标志信号。

3.5.4　典型的主轴驱动控制系统

数控装置对主轴驱动装置的控制，包括主轴速度的控制与其他开关量动作的控制两部分。图 3-38 为安川 YASKAWA VS-626 MT 外部连线图，图 3-39 为其内部原理，由此可以更深入地看出其内部信号的处理过程。

（1）主轴转速指定信号及连接

CNC 对其转速指定的控制方案有四种。

① 模拟电压指定　数控装置通过其主轴模拟电压输出接口，输出 0～±10V 模拟电压至 NCOM 端和 0V 端（即 3、4 端），电压正负控制电动机转向，电压大小控制电动机转速。如果数控装置输出的电压为单极性 0～+10V，则可以通过 FORWARD RUN（8 号端）与 REVERS RUN（9 号端）开关量分别指定正、反转。

② 12 位二进制指定　数控装置通过输出 12 位二进制代码（共 12 根信号）至主轴驱动（D1～D12 端）控制主轴转速，开关量全部有效时对应主轴最高转速。

③ 2 位 BCD 码指定　数控装置通过输出 00～99 二位 BCD 码（共 8 根信号）至主轴驱动（D5～D12 端）控制主轴转速，BCD 码 99 对应主轴电动机最高转速。

④ 3 位 BCD 码指定　数控装置通过输出 000～999 三位 BCD 码（共 12 根信号）至主轴驱动（D1～D12 端）控制主轴转速，BCD 码 999 对应主轴电动机最高转速。

(2) 其他开关量控制信号及连接

① 准备好信号 RDY　RDY 触点闭合时，主轴驱动即进入工作准备状态。

② 急停信号 EMG　当 EMG 常闭触点打开时，电动机立即制动至停转。

③ 正反转信号 FOR、REV　用于制定主轴正反转，与速度指定模拟电压极性关系如表 3-4 所示。

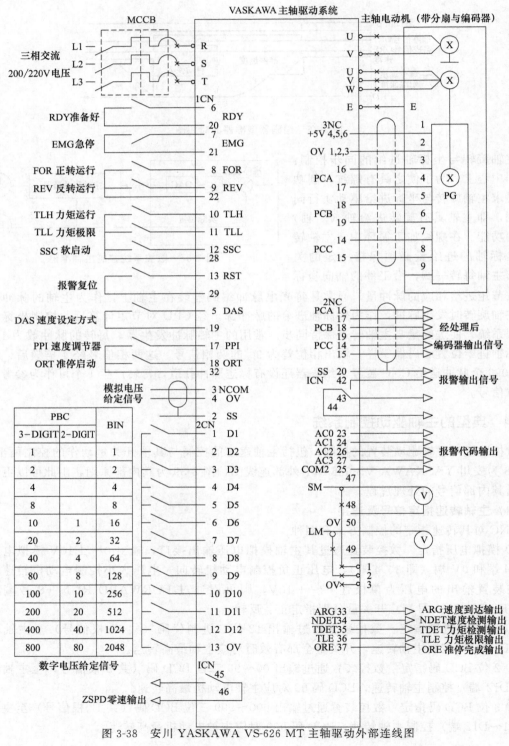

PBC		BIN
3-DIGIT	2-DIGIT	
1		1
2		2
4		4
8		8
10	1	16
20	2	32
40	4	64
80	8	128
100	10	256
200	20	512
400	40	1024
800	80	2048

图 3-38　安川 YASKAWA VS-626 MT 主轴驱动外部连线图

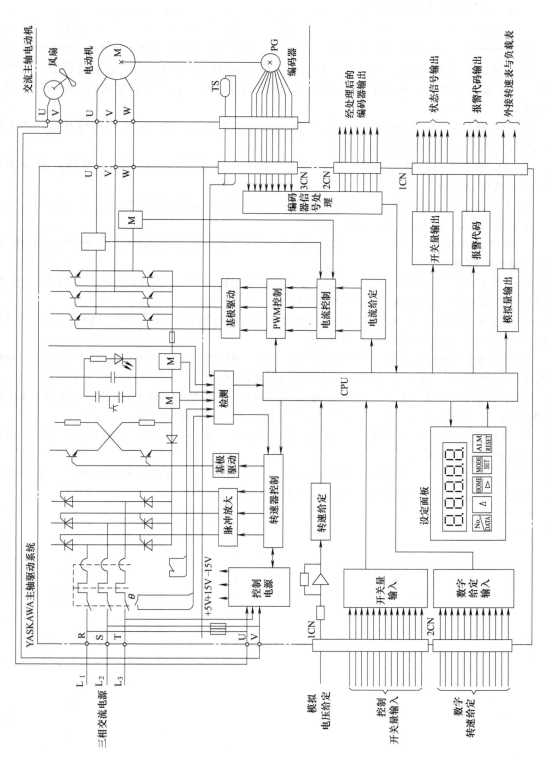

图 3-39 安川 YASKAWA VS-626 MT 主轴驱动内部原理

表 3-4　FOR、REV 和速度指定模拟电压极性关系

主轴速度指定模拟电压极性		+	−
运行信号	FOR	CCW	CW
	REV	CW	CCW

④ 转矩高低极限控制信号 TLH、TLL　此信号有效时，临时限制主轴电动机输出的转矩范围，以避免机械损坏。如主轴机械准停时，可使用该信号。输出转矩范围最大可设定为额定转矩的 5%～100%。

⑤ 软启动信号 SSC　使用该信号，可使主轴在通常的主轴驱动状态和伺服状态间相互切换，进入伺服状态可实现位置闭环控制。

⑥ 速度调节器选择信号 PPI　决定是使用比例积分调节器（PI）还是使用比例调节器（P）作为速度调节器。

⑦ 速度设定方式信号 DAS　选择是采用模拟电压速度指定还是采用数字量（12 位二进制或 2 位 BCD 码或 3 位 BCD 码）速度指定。

⑧ 零速输出信号 ZSPD　当主轴转速低于设定的值（如 30r/min），则 ZSPD 信号输出，表明电动机已停转。

⑨ 速度达到信号 AGR　当主轴电动机的实际转速达到所设定的转速时，AGR 信号输出。该信号可作为 CNC 装置主轴 S 指令的完成应答信号。

⑩ 速度检测输出信号 NDET　当主轴转速低于某设定转速时，NDET 输出，该信号可用于齿轮移动换挡、离合器离合动作等场合。

⑪ 转矩极限输出信 TLE　当外部转矩极限 TLL 和 TLH 输入信号有效且进入临时限制极限转矩工作状态时，TLE 信号输出，可控制报警和停转。

⑫ 报警输出信号 ALM　当主轴驱动报警时，报警信号 ALM 输出，同时报警代码（AIMCODE）通过 AC0、AC1、AC2、AC3 编码输出，指示报警内容。

⑬ 转矩检测输出信号 TDET　当主轴输出转矩低于某一定值时，TDET 信号输出，该信号可用于检测主轴负载情况。

⑭ 模拟量输出信号　两路模拟量输出（47、48 端和 49、50 端）用于外接转速表与负载表，其输出直流电压与主轴的实际转速及负载转矩成正比。

第 **4** 章 ▶▶▶

数控机床检测系统

4.1 概述

4.1.1 数控机床对检测系统的要求

在闭环与半闭环伺服控制系统中，必须利用位置检测装置把机床运动部件的实际位移量随时检测出来，与给定的控制值（指令信号）进行比较，从而控制驱动系统正确运转，使工作台（或刀具）按规定的轨迹和坐标移动。位置检测装置是 CNC 系统的重要组成部分。在闭环系统中，它的主要作用是检测位移量，并将检测的反馈信号和数控装置发出的指令信号相比较，若有偏差，经放大后控制执行部件，使其向着消除偏差的方向运动，直到偏差为零。为提高数控机床的加工精度，必须提高测量元件和测量系统的精度。不同的数控机床对测量元件和测量系统的精度要求、允许的最高移动速度各不相同。

数控机床对位置检测装置的要求如下。

① 受温度、湿度的影响小，工作可靠，能长期保持精度，抗干扰能力强。

② 在机床执行部件移动范围内，能满足精度和速度的要求。

③ 使用维护方便，适应机床工作环境。

④ 成本低。

4.1.2 检测装置的分类

不同类型的数控机床对于检测系统的精度与速度有不同的要求。一般来说，对于大型数控机床以满足速度要求为主，而对于中小型和高精度数控机床以满足精度要求为主。按工作条件和测量要求的不同，测量方式亦有不同的划分方法，如表 4-1 所示。

表 4-1 位置检测装置分类

按检测方式分类	直接测量	光栅,感应同步器,编码盘
	间接测量	编码盘,旋转变压器
按检测装置编码方式分类	增量式测量	光栅,增量式光电码盘
	绝对式测量	接触式码盘,绝对式光电码盘
按检测信号的类型分类	数字式测量	光栅,光电码盘,接触式码盘
	模拟式测量	旋转变压器,感应同步器,磁栅

(1) 直接测量和间接测量

测量传感器按形状可以分成直线型和回转型。若测量传感器所测量的指标就是所要求的指标，即直线型传感器测量直线位移，回转型传感器测量角位移，则该测量方式为直接测量。若回转型传感器测量的角位移只是中间量，由它再推算出与之对应的工作台直线位移，那么该测量方式为间接测量，其测量精度取决于测量装置和机床传动链两者的精度。

(2) 增量式测量和绝对式测量

按测量装置编码的方式可以分成增量式测量和绝对式测量。增量式测量的特点是只测量位移增量，即工作台每移动一个测量单位，测量装置便发出一个测量信号，此信号通常是脉冲形式。绝对式测量的特点是被测的任一点的位置都由一个固定的零点算起，每一测量点都有一对应的测量值。

(3) 数字式测量和模拟式测量

所谓数字式，是指将机械位移转变为数字脉冲的测量装置，而模拟式是将机械位移量转变为电压幅值或相位的测量装置。数字式测量以量化后的数字形式表示被测的量。数字式测量的特点是测量装置简单，信号抗干扰能力强，且便于显示处理。模拟式测量是将被测的量用连续的变量表示，如用电压变化、相位变化来表示。

数控机床检测元件的种类很多，在数字式位置检测装置中，采用较多的有光电编码器、光栅等。在模拟式位置检测装置中，多采用感应同步器、旋转变压器和磁尺等。随着计算机在工业控制领域的广泛应用，目前感应同步器、旋转变压器和磁尺在国内已很少使用，许多公司已不再经营此类产品。然而旋转变压器由于其抗振、抗干扰性好，在欧美一些国家仍有较多的应用。数字式的传感器使用方便可靠（如光电编码器和光栅等），因而应用最为广泛。

在数控机床上除位置检测外，还有速度检测，其目的是精确地控制转速。转速检测装置常用测速发电动机、回转式脉冲发生器。本章主要介绍各种常用的位置检测元件的结构和工作原理，以及其应用的有关情况。

4.2 旋转变压器

4.2.1 旋转变压器的工作原理

旋转变压器是根据互感原理工作的。它的结构设计与制造保证了定子与转子之间的空气隙内的磁通分布呈正（余）弦规律。当定子绕组上加交流励磁电压（交变电压，频率为 $2\sim4kHz$）时，通过互感在转子绕组产生感应电动势，如图4-1所示。其输出电压的大小取决于定子与转子两个绕组轴线在空间的相对位置 θ 角。两者平行时互感最大，副边的感应电动势也最大；两者垂直时互感为零，感应电动势也为零。

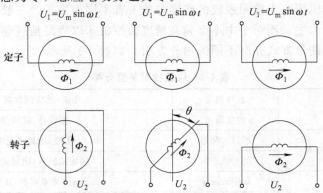

图4-1 两级旋转变压器工作原理

感应电势随着转子偏转的角度呈正（余）弦变化，故有：

$$U_2 = KU_1 \cos\theta = KU_m \sin\omega t \cos\theta \qquad (4\text{-}1)$$

式中　U_2——转子绕组感应电势；

U_1——定子的励磁电压；

U_m——定子励磁电压的幅值；

θ——两绕组轴线之间的夹角；

K——变压比，即两个绕组匝数比 N_1/N_2。

4.2.2　旋转变压器的结构

旋转变压器是一种旋转式的小型交流电动机，它由定子和转子组成。图 4-2 所示是一种无刷旋转变压器的结构，左边为分解器，右边为变压器。变压器的作用是将分解器转子绕组上的感应电动势传输出来，这样就省掉了电刷和滑环。分解器定子绕组为旋转变压器的原边，分解器转子绕组为旋转变压器的副边，励磁电压接到原边，励磁频率通常为 400Hz、500Hz、1000Hz、5000Hz。旋转变压器结构简单，动作灵敏，对环境无特殊要求，维护方便，输出信号的幅度大，抗干扰能力强，工作可靠，为数控机床经常使用的位移检测元件之一。

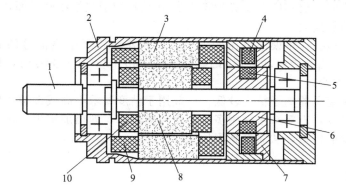

图 4-2　旋转变压器结构

1—电动机轴；2—外壳；3—分解器定子；4—变压器定子绕组；5—变压器转子绕组；6—变压器转子；7—变压器定子；8—分解器转子；9—分解器定子绕组；10—分解器转子绕组

4.2.3　旋转变压器的工作方式

使用旋转变压器作位置检测元件有两种方法：鉴相型和鉴幅型。

一般采用的是正弦、余弦旋转变压器，其定子和转子绕组中各有互相垂直的两个绕组，如图 4-3 所示。

（1）鉴相型

在这种状态下，旋转变压器的定子两相正交绕组即正弦绕组 S 和余弦绕组 C 中分别加上幅值相等、频率相同而相位相差 90°的正弦交流电压，如图 4-3 所示，即：

$$U_S = U_m \sin\omega t \qquad (4\text{-}2)$$

$$U_C = U_m \cos\omega t \qquad (4\text{-}3)$$

因为此两相励磁电压会产生旋转磁场，所以在转子绕组中（另一绕组短接）感应电动势为：

$$U_2 = U_S \sin\theta + U_C \cos\theta \qquad (4\text{-}4)$$

式（4-4）可变换为：

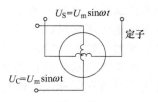

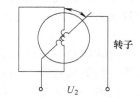

图 4-3　四级旋转变压器

$$U_2 = KU_m\sin\omega t\sin\theta + KU_m\cos\omega t\cos\theta = KU_m\cos(\omega t - \theta) \tag{4-5}$$

测量转子绕组输出电压的相位角 θ，便可测得转子相对于定子的空间转角位置。在实际应用时，把对定子正弦绕组励磁的交流电压相位作为基准相位，与转子绕组输出电压相位作比较，来确定转子转角的位移。

（2）鉴幅型

在这种应用中，定子两相绕组的励磁电压为频率相同、相位相同而幅值分别按正弦、余弦规律变化的交变电压，即：

$$U_S = U_m\sin\theta\sin\omega t \tag{4-6}$$

$$U_C = U_m\cos\theta\sin\omega t \tag{4-7}$$

励磁电压频率为 $2\sim4\text{kHz}$。

定子励磁信号产生的合成磁通在转子绕组中产生感应电动势为 U_2，其大小与转子和定子的相对位置 θ_m 有关，并与励磁的幅值 $U_m\sin\theta$ 和 $U_m\cos\theta$ 有关，即：

$$U_2 = KU_m\sin(\theta - \theta_m)\sin\omega t \tag{4-8}$$

如果 $\theta_m = \theta$，则 $U_2 = 0$。

从物理意义上理解，$\theta_m = \theta$ 表示定子绕组合成磁通 $\varPhi$ 与转子的线圈平面平行，即没有磁力线穿过转子绕组线圈，故感应电动势为零。当 $\varPhi$ 垂直转子绕组线圈平面，即 $\theta_m = \theta \pm 90°$ 时，转子绕组中感应电动势最大。

在实际应用中，根据转子误差电压的大小，不断修改定子励磁信号的 θ（即励磁幅值），使其跟踪 θ_m 的变化。当感应电动势 U_2 的幅值 $KU_m\sin(\theta - \theta_m)$ 为零时，说明 θ 角的大小就是被测角位移 θ_m 的大小。

另外，普通旋转变压器测量精度较低，一般用于精度要求不高或大型数控机床的粗测或中测系统中。为提高精度，近年来常采用多极式旋转变压器，即增加定子（转子）的极对数，使电气转角为机械转角的倍数，从而提高测量精度。

4.3 光栅尺

4.3.1 光栅尺的基本工作原理

光栅读数头由光源、透镜、指示光栅、光敏元件和驱动线路组成，如图 4-4 所示。读数头的光源一般采用白炽灯泡。白炽灯泡发出的辐射光线经过透镜后变成平行光束，照射在光栅上。光敏元件是一种将光强信号转换为电信号的光电转换元件，它接收透过光栅尺的光强信号，并将其转换成与之成比例的电压信号。由于光敏元件产生的电压信号一般比较微弱，在长距离传送时很容易被各种干扰信号所淹没、覆盖，造成传送失真。为了保证光敏元件输出的信号在传送中不失真，应首先将该电压信号进行功率和电压放大，然后再进行传送。驱动线路就是实现对光敏元件输出信号进行功率和电压放大的线路。

如果将指示光栅在其自身的平面内转过一个很小的角度 β，使两块光栅的刻线相交，当平行光线垂直照射标尺光栅时，则在相交区域出现明暗交替、间隔相等的粗大条纹，称为莫尔条纹。由于两块光栅的刻线密度相等，即栅距 λ 相等，使产生的莫尔条纹的方向与光栅刻线方向大致垂直，其几何关系如图 4-4（b）所示。当 β 很小时，莫尔条纹的节距为：

$$p = \lambda/\beta$$

这表明莫尔条纹的节距是栅距的 $1/\beta$ 倍。当标尺光栅移动时，莫尔条纹就沿与光栅移动方向垂直的方向移动。当光栅移动一个栅距时，莫尔条纹就相应准确地移动一个节距 p，也就是说，两者一一对应。因此，只要读出移过莫尔条纹的数目，就可知道光栅移过了多少个栅距。而栅距在制造光栅时是已知的，所以光栅的移动距离就可以通过光电检测系统对移过的莫尔条

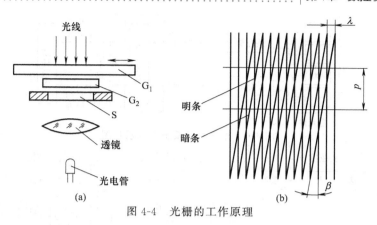

图 4-4 光栅的工作原理

纹进行计数、处理后自动测量出来。

光栅的刻线为 100 条，即栅距为 0.01mm 时，人们是无法用肉眼来分辨的，但它的莫尔条纹却清晰可见。所以莫尔条纹是一种简单的放大机构，其放大倍数取决于两光栅刻线的交角 β，如 $\lambda=0.01mm$，$p=5mm$，则其放大倍数为 $1/\beta=p/\lambda=500$ 倍。这种放大特点是莫尔条纹系统的独具特性。莫尔条纹还具有平均误差的特性。

4.3.2 光栅尺的结构与分类

光栅是一种最常见的测量装置，具有精度高、响应速度快等优点，是非接触式直接测量。光栅利用光学原理进行工作，按形状分为圆光栅和长光栅。圆光栅用于角位移的检测，长光栅用于直线位移的检测。光栅的检测精度较高，可达 $1\mu m$ 以上。

光栅是利用光的透射、衍射现象制成的光电检测元件，主要由光栅尺（包括标尺光栅和指示光栅）和光栅读数头两部分组成，如图 4-5 所示。通常标尺光栅固定在机床的运动部件（如工作台或丝杠）上，光栅读数头安装在机床的固定部件（如机床底座）上，两者随着工作台的移动而相对移动。在光栅读数头中，安装着一个指示光栅，当光栅读数头相对于标尺光栅移动时，指示光栅便在标尺光栅上移动。当安装光栅时，要严格保

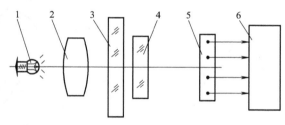

图 4-5 光栅读数头
1—光源；2—透镜；3—标尺光栅；4—指示光栅；
5—光敏元件；6—驱动电路

证标尺光栅和指示光栅的平行度以及两者之间的间隙（一般取 0.05mm 或 0.1mm）要求。

光栅尺是用真空镀膜的方法光刻上均匀密集线纹的透明玻璃片或长条形金属镜面。对于长光栅，这些线纹相互平行，各线纹之间的距离相等，称此距离为光栅距。对于圆光栅，这些线纹是等栅距角的向心条纹。栅距和栅角是决定光栅光学性质的基本参数。常见的长光栅的线纹密度为 25 条/mm、50 条/mm、100 条/mm、250 条/mm。对于圆光栅，若直径为 70mm，则一周内刻线 100～768 条；若直径为 110mm，则一周内刻线达 600～1024 条，甚至更高。同一个光栅元件，其标尺光栅和指示光栅的线纹密度必须相同。

4.3.3 光栅尺的位移数字变换电路

光栅测量系统的组成示意图如图 4-6 所示。光栅移动时产生的莫尔条纹由光电元件接收，然后经过位移数字变换电路形成顺时针方向的正向脉冲或者反时钟方向的反向脉冲，输入可逆计数器。下面将介绍这种四倍频细分电路的工作原理，并给出其波形图。

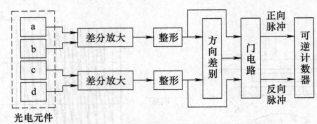

图 4-6　光栅测量系统组成示意图

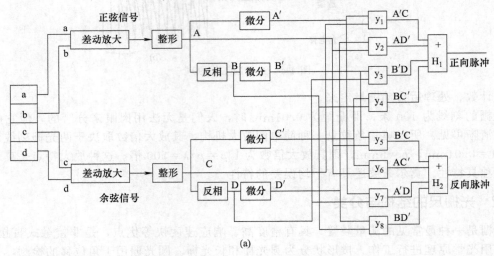

(a)

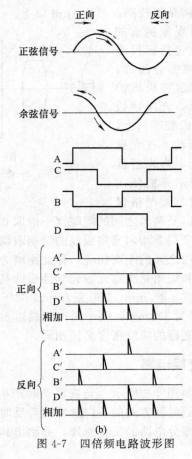

(b)

图 4-7　四倍频电路波形图

图 4-7（a）中的 a、b、c、d 是四块硅光电池，产生的信号在相位上彼此相差 90°。a、b 信号是相位相差 180°的两个信号，送入差动放大电器放大，得到正弦信号。将信号幅度放大到足够大。同理 c、d 信号送入另一个差动放大器，得到余弦信号。正弦、余弦信号经整形变成方波 A 和 B，A 和 B 信号经反相得到 C 和 D 信号，A、B、C、D 信号再经微分变成窄脉冲 A′、B′、C′、D′，即在顺时针或反时针每个方波的上升沿产生脉冲，如图 4-7（b）所示。由于门电路把 0°、90°、180°、270°四个位置上产生的窄脉冲组合起来，根据不同的移动方向形成正向脉冲或反向脉冲，用可逆计数器进行计数，就可测量出光栅的实际位移。在光栅位移-数字变换电路中，除上面介绍的四倍频电路以外，还有 10 倍频、20 倍频电路等，在此不做具体介绍。

在实际数控应用中，制作光栅的材料通常有玻璃和金属镜面两种。前者利用光的透射原理，称为透射光栅。后者利用反射原理，称为反射光栅。透射光栅是用普通白玻璃制作，长度可达 2m，故材料费很低。但玻璃的膨胀系数与钢材不同，会产生较大的温度误差。选用膨胀系数与钢材近似的光学玻璃可克服上述缺点，但长度只能为 250mm 左右，这样就需要接长，带来不便。不锈钢制作的光栅可达同样目的，不易损坏，长度可达 1m，若制成带状可达数米。

4.4 光电脉冲编码器

4.4.1 脉冲编码器的原理

当圆光栅旋转时，光线透过两个光栅的线纹部分，形成明暗相间的条纹。光电元件接收这些明暗相间的光信号，并转换为交替变化的电信号。该信号为两路近似于正弦波的电流信号 A 和 B，如图 4-8 所示。A 和 B 信号相位相差 90°，经放大和整形变成方波。通过光栅的两个电流信号，还有一个"一转脉冲"，称为 Z 相脉冲，该脉冲也是通过上述处理得来的。A 脉冲用来产生机床的基准点。

脉冲编码器输出信号有 A、A′、B、B′、Z、Z′等信号，这些信号作为位移测量脉冲，并经过频率-电压变换作为速度反馈信号，进行速度调节。

4.4.2 脉冲编码器的结构与分类

脉冲编码器是一种增量检测装置，它的型号由每转发出的脉冲数来区分。数控机床上常用的脉冲编码器有 2000p/r、2500p/r、3000p/r 等，在高速、高精度数字伺服系统中，应用高分辨率的脉冲编码器，如 20000p/r、25000p/r 和 30000p/r 等，现在已有使用每转发 10 万个脉

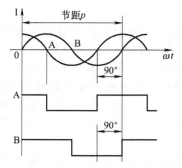

图 4-8　脉冲编码器输出的波形

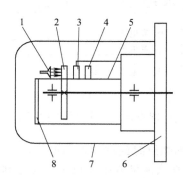

图 4-9　光电脉冲编码器的结构组成示意图
1—光源；2—圆光栅；3—指示光栅；4—光敏元件；
5—轴；6—连接法兰；7—防护罩；8—电路板

冲的脉冲编码器，该编码器装置内部采用了微处理器。

光电脉冲编码器的结构如图 4-9 所示。在一个圆盘的圆周上刻有相等间距的线纹，分为透明和不透明的部分，称为圆光栅。圆光栅与工作轴一起旋转。与圆光栅相对平行地放置一个固定的扇形薄片，称为指示光栅，上面刻有相差 1/4 节距的两个狭缝（在同一圆周上，称为辨向狭缝）。此外，还有一个零位狭缝（一转发出一个脉冲）。脉冲编码器通过十字连接头或键与伺服电动机相连，它的法兰盘固定在电动机端面上，罩上防护罩，构成一个完整的检测装置。

4.4.3 光电脉冲编码器的应用

光电编码器在数控机床上用于数字比较的伺服系统中作为位置检测装置，将检测信号反馈给数控装置。

光电脉冲编码器将位置检测信号反馈给 CNC 装置有两种方式：一种是适应带加减计数要求的可逆计数器，形成加计数脉冲和减计数脉冲；另一种是适应有计数控制和计数要求的计数器，形成方向控制信号和计数脉冲。

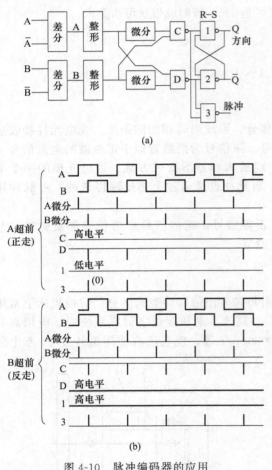

(a)

(b)

图 4-10 脉冲编码器的应用

在此，仅以第二种应用方式为例，通过给出该方式的电路图［图 4-10（a）］和波形图［图 4-10（b）］来简要介绍其工作过程。脉冲编码器的输出信号 A、A′、B、B′经差分、微分、与非门 C 和 D，由 RS 触发器（由 1、2 与非门组成）输出方向信号，正走时为"0"，反走时为"1"。由与非门 3 输出计数脉冲。

正走时，A 脉冲超前 B 脉冲，D 门在 A 信号控制下，将 B 脉冲上升沿微分作为计数脉冲反向输出，为负脉冲。该脉冲经与非门 3 变为正向计数脉冲输出。D 门输出的负脉冲同时又将触发器置为"0"状态，Q 端输出"0"，作为正走方向控制信号。

反走时，B 脉冲超前 A 脉冲。这时，由 C 门输出反走时的负计数脉冲，该负脉冲也由 3 门反向输出作为反走时计数脉冲。不论正走、反走，与非门 3 都为计数脉冲输出门。反走时，C 门输出的负脉冲使触发器置"1"，作为反走时方向控制信号。

脉冲编码器在数控机床上的应用主要有以下几种情况。

① 光电式脉冲编码器在数控机床中可用于工作台或刀架的直线位移的测量。

② 在数控回转工作台中，通过在回转轴末端安装编码器，可直接测量回转台的角位移。

③ 在数控车床的主轴上安装编码器后，可实现 C 轴控制，用以控制自动换刀时的主轴准停和车削螺纹时的进刀点和退刀点的定位。

④ 在交流伺服电动机中的光电脉冲编码器可以检测电动机转子磁极相对于定子绕组的角度位置，控制电动机的运转，并通过频率电压转换电路，提供速度反馈信号。

⑤ 光电脉冲编码器可作为手动位置检测装置，即手摇脉冲发生器，用于慢速对刀和手动调整机床。

第 5 章

数控机床机械结构

5.1 数控机床的主体结构

科学技术和社会生产的不断发展，对机械产品的质量和生产率提出了越来越高的要求。机械加工工艺过程的自动化是实现上述要求的最重要措施之一。它不仅能够提高产品的质量，提高生产效率，降低生产成本，还能够大大改善工人的劳动强度。许多生产企业采用了自动机床、组合机床和专用自动生产线。采用这种高度自动化和高效率的设备，尽管需要很大的初始投资以及较长的生产准备时间，但在大批量的生产条件下，分摊在每一个工件上的费用很少，经济效益仍然是非常显著的。但是，在机械制造工业中并不是所有的产品零件都具有很大的批量，单件与小批量生产的零件约占机械加工总量的 80% 以上。尤其是在造船、航天、航空、机床、重型机械以及国防工业等领域，其生产特点是加工批量小、改型频繁、零件的形状复杂而且精度要求高，如果采用专用化程度很高的自动化机床加工这类零件就显得很不合适，为了满足多品种、小批量、高精度的自动化生产，迫切需要一种灵活的、通用的、能够适应产品频繁变化的柔性自动化机床。数字控制机床就是在这样的背景下诞生与发展起来的。

数控机床的工作原理就是：将加工过程所需的刀具与工件之间的相对位移量以及各种操作（如主轴变速、松夹工件、进刀与退刀、开车与停车、选择刀具、供给切削液等）都用数字化的信息代码来表示，并将数字信息送入专用的或通用的计算机，计算机对输入的信息进行处理与运算，发出各种指令来控制机床的伺服系统或其他执行元件，使机床自动加工出所需要的工件。数控机床与其他自动机床的一个根本区别在于：当加工对象改变时，除了重新装夹工件和更换刀具之外，只需要更换加工程序，不需要对机床作任何调整。

5.1.1 数控机床的加工特点

(1) 对加工对象改型的适应性强

由于在数控机床上改变加工零件时，只需要重新编制零件加工程序就能实现对零件的加工，它不同于传统的机床，不需要制造、更换许多工具、夹具和检具，更不需要重新调整机床。因此，数控机床可以快速地从加工一种零件转变为加工另一种零件，这就为单件、小批量以及试制新产品提供了极大的便利。它不仅缩短了生产准备周期，而且节省了大量制作工艺装备的费用。

(2) 加工精度高

数控机床是按以数字形式给出的指令进行加工的，由于目前数控装置的脉冲当量（即每输出一个脉冲后数控机床移动部件相应的移动量）一般达到了 0.001mm，而且进给传动链的反向间隙与丝杠螺距误差等均可由数控装置进行补偿，因此，数控机床能达到比较高的加工精度。对于中、小型数控机床，定位精度普遍可达到 0.03mm，重复定位精度为 0.01mm。因为数控机床的传动系统与机床结构都具有很高的刚度和热稳定性，而且提高了它的制造精度，特别是数控机床的自动加工方式避免了生产者的人为操作误差，因此，同一批加工零件的尺寸一致性好，产品合格率高，加工质量十分稳定。

在钻孔加工中，由于不需要使用钻模板与钻套，钻模板的坐标误差造成的影响也不复存在。又由于加工中切屑排除的条件得以改善，可以进行有效地冷却，被加工孔的精度及表面质量都有所提高。对于复杂零件的轮廓加工，在编制程序时已考虑到对进给速度的控制，可以做到在曲率变化时，刀具沿轮廓的切向进给速度基本不变，被加工表面就可获得较高的精度和表面质量。

(3) 加工生产率高

零件加工所需要的时间包括机动时间与辅助时间两部分。数控机床能够有效地减少这两部分时间，因而加工生产率比一般机床高得多。数控机床主轴转速和进给量的范围比普通机床的范围大，每一道工序都能选用最有利的切削用量，良好的结构刚性允许数控机床进行大切削用量的强力切削，有效地节省了机动时间。数控机床移动部件的快速移动和定位均采用了加速与减速措施，因而选用了很高的空行程运动速度，消耗在快进、快退和定位的时间要比一般机床少得多。数控机床在更换被加工零件时几乎不需要重新调整机床，而零件又都安装在简单的定位夹紧装置中，可以节省用于停机进行零件安装调整的时间。数控机床的加工精度比较稳定，一般只做首件检验或工序间关键尺寸的抽样检验，因而可以减少停机检验的时间。因此，数控机床的利用系数比一般机床高得多。在使用带有刀库和自动换刀装置的数控加工中心机床时，在一台机床上实现了多道工序的连续加工，减少了半成品的周转时间，生产效率的提高就更为明显。

(4) 减轻操作者的劳动强度

数控机床对零件的加工是按事先编好的程序自动完成的，操作者除了操作面板、装卸零件、关键工序的中间测量以及观察机床的运行之外，不需要进行繁重的重复性手工操作，劳动强度与紧张程度均可大为减轻，劳动条件也得到相应的改善。

(5) 良好的经济效益

使用数控机床加工零件时，分摊在每个零件上的设备费用是较昂贵的。但在单件、小批量生产情况下，可以节省工艺装备费用、辅助生产工时、生产管理费用及降低废品率等，因此能够获得良好的经济效益。

(6) 有利于生产管理的现代化

用数控机床加工零件，能准确地计算零件的加工工时，并有效地简化了检验和工夹具、半成品的管理工作。这些特点都有利于使生产管理现代化。

(7) 数控机床在应用中也有不利的一面

如提高了起始阶段的投资，对设备维护的要求较高，对操作人员的技术水平要求较高等。

5.1.2 数控机床对机械结构的要求

数控机床价格昂贵，其每小时的加工费用要比普通机床的高得多。要想在保证零件加工质量的前提下有更好的经济效益，只有大幅度地压缩零件的单件加工工时。新型刀具材料的出现可使切削速度成倍提高，自动换刀与按指令进行变速也为减少辅助时间创造了条件。这些措施可以明显地增加机床在负载状态下的运行时间，因而对数控机床的刚度和寿命提出了新的要求。为了减小因工件多次安装引起的定位误差，要求工件一次装夹后在一台数控机床上完成粗、精加工，所以机床结构必须具有很高的强度、刚度和抗振性。同时，为了保证机床的加工精度，提高机床的寿命和精度保持性，必须采取措施减少机床的热变形量，减少运动副的摩擦，提高传动精度。

为了保证加工过程的安全和零件质量，数控机床机械结构必须满足如下基本要求。

（1）有良好的静刚度、动刚度

良好的静刚度、动刚度是数控机床保证加工精度及其精度保证特性的关键因素之一。与普通机床相比，其静刚度、动刚度应提高 50% 以上。

为使数控机床具有良好的静刚度，应注意合理选择构件的结构形式，如基础件采用封闭的完整箱体结构，构件采用封闭式截面，合理选择及布局隔板和筋条。提高数控机床动刚度，一方面可通过改善机床阻尼特性（如填充阻尼材料）来提高抗振性；另一方面可在床身表面喷涂阻尼涂层，采用新材料（如人造花岗石、混凝土等）等方法来提高动刚度。

（2）有更小的热变形

数控机床加工中的摩擦等均会引起温升及变形而影响加工精度。为确保加工精度，数控机床结构布局设计中可考虑尽量采用对称结构（如对称立柱等），进行强制冷却（如采用空冷机），使排屑通道对称布置等措施来减少热变形。

（3）有良好的高低速运动性能

机床的速度包括主轴转速、进给速度、换刀时间等，速度是效率指标。为缩短制造周期提高效率，适应高速切削的要求，数控机床速度越来越高。有些机床主轴转速的 $D_m \times n$（前轴承中径和转速的乘积）已达到（1.5~2）$\times 10^6$ mm·r/min，进给速度达 100m/min 以上，有的达到 240m/min，换刀时间缩短为 0.5s，所以高速电主轴、大导程高速滚珠丝杠、直线导轨、直线电动机等都是适应高速加工而发展起来的。

低速运动的平稳性也是影响运动精度的重要因素。由于数控机床的定位精度要求高，有时需要单步微量运动。因而坐标轴运动部件不能产生爬行现象。为减少爬行，数控机床常采用动静压摩擦系之差几乎为零的贴塑导轨、滚动导轨、液体静压导轨、气浮导轨等。

（4）有更好的宜人性

从使用数控机床的操作使用角度出发，机床结构布局应有良好的人机关系（如面板、操作台位置布置等）和较高的环保标准。

5.1.3　数控机床床身

为提高静刚度和抗振性，应合理的设计床身横截面的形状与尺寸，合理地布置筋板结构。图 5-1 所示的结构是用于某一加工中心的床身，在箱形床身的内部增加两条斜筋支承导轨，形成三个三角形框架，具有较好的静刚度和抗振性。

图 5-2 是用于加工中心、数控镗铣床等的立柱横截面，图 5-2（a）是矩形外壁与菱形内壁组合的双层壁结构，图 5-2（b）是矩形外壁内用对角线加强筋组成多个三角形箱形结构，两者的抗弯、抗扭刚度都很高。

图 5-3 是在大件腔内用填充泥芯的办法来增加阻尼，减少振动。在底座内填充混凝土，使之具有较高的抗振性。床身四面封

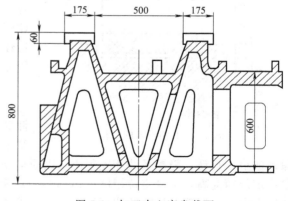

图 5-1　加工中心床身截面

闭，在它的纵向，每隔 250mm 有一横隔板，可提高床身刚度。封闭床身内充满泥芯，不仅刚度高，且抗振性能也好。

5.1.4　数控机床导轨副

机床导轨起导向和支承作用，同时也是进给传动系统的重要环节，是机床基本结构的要素

之一，它在很大程度上决定数控机床的刚度、精度与精度保持性。在导轨副中，与运动部件连成一体的运动一方叫做动导轨，与支承件连成一体固定不动一方叫做支承导轨，动导轨对于支承导轨通常是只有一个自由度的直线运动或回转运动。目前，数控机床上的导轨形式主要有滑动导轨、滚动导轨和液体静压导轨等。

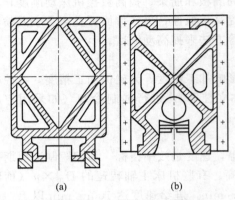

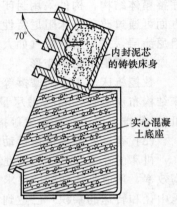

图 5-2 立式加工中心立柱截面图

图 5-3 底座和床身示意图

（1）滑动导轨

滑动导轨具有结构简单、制造方便、刚度好、抗振性高等优点，在数控机床上应用广泛。目前多数使用金属对塑料形式，称为贴塑导轨。

贴塑导轨副是一种金属对塑料的摩擦形式，属滑动摩擦导轨，它是在动导轨的摩擦表面上贴上一层由塑料和其他材料组成的塑料薄膜软带，而支承导轨则是淬火钢。贴塑导轨的优点是：摩擦系数低，在 0.3～0.5 范围内，动静摩擦系数接近，不易产生爬行现象；接合面抗咬合磨损能力强，减振性好；耐磨性高，与铸铁—铸铁摩擦副比可提高1～2倍；化学稳定性好，耐水、耐油；可加工性能好、工艺简单、成本低；当有硬粒落入导轨面上时，可挤入塑料内部，避免了磨粒磨损和撕伤。导轨塑料软带是以聚四氟乙烯为基体，并与青铜料、铅粉等填料经混合、模压、烧结等工艺，最终形成实际需要尺寸的软带，如图 5-4 所示。贴塑滑动导轨的特点：摩擦特性好、耐磨性好、运动平稳、工艺性好、速度较低。

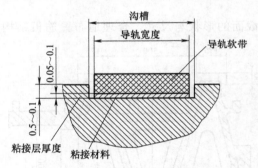

图 5-4 贴塑导轨的粘接

（2）滚动导轨

滚动导轨是在导轨面之间放置滚珠、滚柱或滚针等滚动体，使导轨面之间为滚动摩擦而不是滑动摩擦。滚动导轨与滑动导轨相比，其灵敏度高，摩擦系数小，且动、静擦系数相差很小，因而运动均匀，尤其是在低速移动时，不易出现爬行现象；定位精度高，重复定位精度可达 $0.2\mu m$；牵引力小，移动轻便，磨损小，精度保持性好，使用寿命长。但滚动导轨的抗振性差，对防护要求高，结构复杂、制造困难、成本高。

直线滚动导轨由一根长导轨轴和一个或几个滑块组成，滑块内有滚珠或滚柱。当滑块相对导轨运动时，滚珠在各自滚道内循环运动，其承受载荷形式和轴承类似。直线滚动导轨摩擦系数小、精度高，安装和维修都很方便，由于它是一个独立部件，对机床支承导轨部分的要求不高，既不需要淬硬，也不需磨削或刮研，只要精铣或精刨即可。由于这种导轨可以预紧，因而刚度高，承载能力大，但不如滑动导轨。抗振性不如滑动导轨，为提高抗振性，有时装有抗振阻尼滑座（图 5-5）。有过大的振动和冲击载荷的机床仍不宜采用直线导轨副。直线运动导轨副的移动速度可以达到 60m/min，在数控机床上得到广泛应用。

图 5-6 是带保持器的直线滚动导轨。像滚动轴承一样，在滚动体之间装有保持器，因而消除了滚动体之间的摩擦，使滚动效率大幅度提高。与不带保持器的直线滚动导轨相比，它的寿命可提高 2.4 倍，滚动阻力仅为前者的 1/10，噪声也降低了 9.6dB。这种导轨的移动速度可达 30m/min，是近年来出现的一种新型高速导轨。

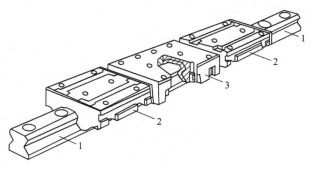

图 5-5 带阻尼器的滚动直线导轨副
1—导轨条；2—循环滚动滑座；3—抗振阻尼滑座

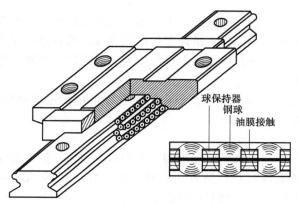

球保持器
钢球
油膜接触

图 5-6 带保持器的直线滚动导轨

5.1.5 数控机床总体布局

数控机床是一种利用数控技术，按照事先编好的程序实现动作的机床。它由输入输出装置、CNC 单元、伺服系统、位置反馈系统和机床机械部件构成（图 5-7、图 5-8）。

（1）输入输出装置

输入装置的作用是将数控加工程序和有关加工参数输入到 CNC 单元。现代数控机床，可以通过手动方式（MDI 方式），将零件加工程序，用数控系统的操作面板上的按键，直接键入 CNC 单元；或者采用与上级机通信方式直接将加工程序输入 CNC 单元。输出装置是将机床的输入状况、运行状况显示出来，便于操作。

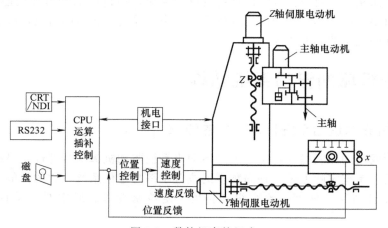

图 5-7 数控机床的组成

（2）CNC 单元

CNC 单元由信息的输入、处理和输出三个部分组成。通过输入装置将加工程序传给 CNC 单元，编译成计算机能识别的信息，由信息处理部分按照控制程序的规定，逐步存储并进行处理后，通过输出接口，发出位置和速度控制指令给伺服系统和主运动控制部分。数控机床的辅助动作，如刀具的选择与更换、切削液的启停等能够用可编程序控制器（PLC）进行控制。总之，CNC 单元将加工程序转换为机床的控制信号。

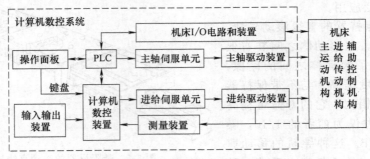

图 5-8   数控机床原理

(3) 伺服系统

伺服系统是数控机床的一个重要组成部分。它将数控装置送来的指令信息加以转换，经功率放大后，通过机床进给传动元件，去驱动机床移动部件，精确定位或按照规定的轨迹和速度运动，使机床加工出符合图样要求的零件。伺服系统直接影响数控机床加工的速度、位置、精度、表面粗糙度等，它是数控机床的关键部件。

伺服系统中常用的驱动装置，随控制系统的不同而不同。开环伺服系统常用步进电动机，闭环伺服系统常用脉宽调速直流电动机和交流伺服电动机等。

(4) 位置反馈系统

位置反馈分为伺服电动机的转角位移反馈和数控机床执行机构（工作台或刀架）的位移反馈两种，运动部分通过传感器将上述角位移或直线位移转换成电信号，输送给 CNC 单元，与指令位置信号进行比较，并由 CNC 单元发出指令，控制伺服系统运行。

(5) 机床的机械部件

数控机床的机械部件与普通机床相似，主要实现机床的主运动和进给运动，由主传动装置、进给传动装置、床身、工作台以及辅助运动装置、液压气动装置、润滑系统、冷却装置等组成。与普通机床相比，数控机床的传动系统更为简单，但机床的静态和动态刚度要求更高，传动装置的间隙要尽可能小，滑动面的摩擦系数要小，并要有合适的阻尼，以适应对数控机床高定位精度和良好控制性能的要求。

5.2   数控机床的进给系统结构

5.2.1   数控机床对进给系统机械部件的要求

数控系统所发出的控制指令，是通过进给伺服系统驱动机械执行部件，最终实现确定的进给运动。进给伺服系统实际上是一种高精度的位置跟踪与定位系统，它的性能决定了数控机床的许多性能，如最高移动速度、轮廓跟随精度、定位精度等。通常对进给伺服系统有如下要求。

(1) 精度高

为了保证加工出高精度零件，伺服系统必须具有足够高的精度。常用的精度指标是定位精度和零件的综合加工精度；定位精度是指工作台或刀架由某点移到另一点时，指令值与实际移动距离的最大差值；综合加工精度是指最后加工出来的工件尺寸与所要求尺寸的误差。伺服系统要具有较好的静态特性和较高的伺服刚度，才能达到较高的定位精度，以保证机床具有较小的定位误差与重复定位误差（目前进给伺服系统的分辨率可达 $1\mu m$ 或 $0.1\mu m$，甚至

$0.01\mu m$）。同时伺服系统还要具有较好的动态性能，以保证机床具有较高的轮廓跟随精度。影响伺服系统工作精度的参数很多，关系也很复杂，因数控装置的精度完全能满足机床的精度要求，故机床本身精度，尤其是伺服传动机构和伺服执行机构的精度是影响伺服系统工作精度的主要因素。

(2) 快速响应特性好，无超调

为了提高生产率和保证加工质量，在启、制动时，要求加、减速加速度足够大，以缩短伺服系统的过渡过程时间（一般电动机的速度从零变到最高转速，或从最高转速降至零的时间小于 200 ms），减小轮廓过渡误差。一般来说，系统增益大，时间常数小，响应快，但是加大系统增益将增大超调量，延长调节时间，使过渡过程性能指数下降，甚至造成系统不稳定；若减小系统增益，又会增加稳态误差。这就要求伺服系统要能快速响应，但又不能超调，否则将形成过切，影响加工质量。所以应当适当选择系统增益，以便获得合理的响应速度。同时，当负载突变时，要求速度的恢复时间也要短，且不能有振荡，这样才能得到光滑的加工表面。

(3) 调速范围宽

调速范围是指生产机械要求电动机能提供的最高转速和最低转速之比，即

$$R_N = \frac{N_{max}}{N_{min}} \tag{5-1}$$

式中 R_N——调速范围；

N_{max}，N_{min}——生产机械要求电动机能提供的最高转速和最低转速，一般都指额定负载时的转速（对于少数负载很轻的机械，也可以是实际负载时的转速）。

在数控机床中，往往加工刀具、被加工材质以及零件加工要求不同，为保证在任何情况下都能得到最佳切削条件，就要求进给驱动必须具有足够宽的调速范围。目前对一般的数控机床而言，伺服系统在承担全部工作负载的情况下，工作进给速度范围可达 $0\sim6m/min$（调速范围 $1:2000$）；为了保证精确定位，伺服系统的低速趋近速度为 $0.1mm/min$；为了缩短辅助时间快速移动速度可高达 $15m/min$（例如 XHK760 型立式加工中心的工作进给速度范围为 $2\sim4mm/min$，快速进给速度为 $10m/min$），如此宽的调速范围是伺服系统设计的一个难题。因多坐标联动的数控机床合成进给速度保持常数，是保证表面粗糙度的重要条件，故为保证较高的轮廓精度，机床各坐标方向的运动速度也要配合适当，这是对数控系统和伺服系统提出的共同要求。

(4) 低速大转矩

根据机床的加工特点，经常在低速进行重切削，即在低速时进给驱动要有大的转矩输出，这就要求动力源尽量靠近机床的执行机构，从而可缩短进给驱动的传动链，使传动装置的机械部分结构简化，系统刚性增加，从而也使传动装置的动态质量和中间传动的运动精度得到提高。

(5) 稳定性好

稳定性是伺服系统能否正常工作的前提，特别要求数控机床在低速进给情况下不产生爬行现象，并要求负载变化而不产生共振。稳定性与系统的惯性、刚性、阻尼及增益等有关，应适当选择上述各项参数，以达到最佳工作性能。对数控机床伺服系统，影响机床加工过程的伺服特性是稳态特性，而影响稳态特性的两个重要参数是系统增益和伺服刚度。

5.2.2 滚珠丝杠螺母副

滚珠丝杠传动是数控机床伺服驱动的重要传动形式之一。它的优点是摩擦系数小，传动精度高，传动效率高达 $85\%\sim98\%$，是普通滑动丝杠传动的 $2\sim4$ 倍。滚珠丝杠副的摩擦角小于 $1°$，因此不能自锁，用于立式升降运动则必须有制动装置。由于动、静摩擦系数之差很小，有

利于防止爬行和提高进给系统的灵敏度，而采用消除反向间隙和预紧措施，有助于提高定位精度和刚度。

图 5-9 为滚珠丝杠的原理。在丝杠和螺母之间装有钢珠，使丝杠和螺母之间为滚动摩擦运动。三者均由轴承钢制成，经淬火、磨削达到足够高的精度，螺纹的截面为圆弧形，其半径略大于钢球半径。依回珠方式分为内循环和外循环两种。

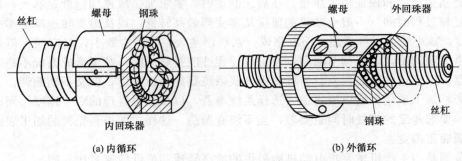

(a) 内循环   (b) 外循环

图 5-9   滚珠丝杠螺母副

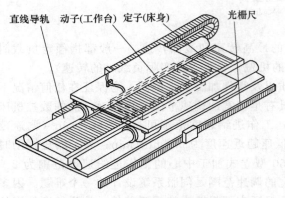

图 5-10   直线电动机组成

5.2.3   直线电动机传动

直线电动机使移动件和支承件间没有传动件（图 5-10），靠电磁力驱动移动部件，称为"零传动"。采用直线电动机的机床的进给速度可达 $60\sim200\text{m/min}$，加速度达 $(2\sim10)g$。

早期直线电动机多用永磁同步电动机，其传动品质好，但防磁难度大。近来矢量控制的异步电动机，传动品质好，防磁难度降低。直线电动机使机械结构简化而电气控制复杂化，比如高速进给要求数控系统的运算速度快、采样周期短。还要求数控系统具有足够的超前路径加（减）速优化预处理能力，即应具有超前程序段预处理能力，有些系统可提前处理 2500 个程序段，在多轴联动控制时，可根据预处理缓冲区里的 G 代码规定的内容进行加（减）速优化处理。为保证加工速度，第六代数控系统可在每秒钟内进行 $2000\sim1000$ 次进给速度的改变。

5.3   数控机床的主运动系统结构

5.3.1   数控机床对主运动系统机械部件的要求

数控机床主传动系统是指数控机床的主运动传动系统。数控机床的主轴运动是机床的成形运动之一，它的精度决定了零件的加工精度。数控机床的主轴系统必须满足如下要求。

① 具有较大的调速范围并实现无级调速   数控机床为了保证加工时能选用合理的切削用量，从而获得最高的生产率以及较好的加工精度和表面质量，必须具有较大的调速范围。对于加工中心机床，为了适应各种工序和各种加工材料的要求，主轴系统的调速范围还应进一步扩大。

② 具有较高的精度与刚度，传动平稳，噪声低   数控机床加工精度的提高与主轴系统的

精度密切相关。为提高传动件的制造精度与刚度，齿轮齿面应采用高频感应加热淬火工艺以增加耐磨性。最后一级应采用斜齿轮传动，使传动平稳。应采用精度高的轴承及合理的支撑跨距，以提高主轴组件的刚性。

③ 良好的抗振性和热稳定性　数控机床加工时，可能由于断续切削、加工余量不均匀、运动部件不平衡以及切削过程中的自振等原因引起冲击力和交变力，使主轴产生振动，影响加工精度和表面粗糙度，严重时甚至可能破坏刀具和主轴系统中的零件，使其无法工作。主轴系统的发热使其中所有零部件产生热变形，降低传动效率，破坏零部件之间的相对位置精度和运动精度，从而造成加工误差。因此，主轴组件要有较高的固有频率，较好的动平衡，且要保持合适的配合间隙，并要进行循环润滑。

5.3.2　主轴部件结构

主轴部件由主轴、主轴支承、装在主轴上的传动件和密封件等组成。机床加工时，主轴带动工件或刀具直接参与表面成形运动，所以主轴的精度、刚度和热变形对加工质量和生产效率等有着重要的影响。而且由于数控机床在加工过程中不进行人工调整，这些影响就更为重要。

5.3.2.1　主轴部件的要求

① 回转精度高　当主轴作回转运动时，线速度为零的点的连线称为主轴的回转中心线。回转中心线的空间位置，在理想的情况下应是固定不变的，称为理想回转中心线。实际上，由于主轴部件中各种因素的影响，回转中心线的空间位置每一瞬间都是变化的，这些瞬时回转中心线的平均空间位置称为瞬时回转中心线。瞬时回转中心线相对于理想回转中心线的距离，就是主轴的回转误差。而回转误差的范围，就是主轴的回转精度。径向误差、角度误差和轴向误差很少单独存在，当径向误差和角度误差同时存在时，构成径向跳动，而轴向误差和角度误差同时存在时构成端面跳动。

② 刚度大　主轴部件的刚度是指受外力作用时，主轴部件抵抗变形的能力。主轴部件的刚度越大，主轴受力后的变形越小。若主轴部件的刚度不足，在切削力及其他力的作用下，主轴将产生较大的弹性变形，不仅影响工件的加工质量，还会破坏齿轮、轴承的正常工作条件，加快其磨损，降低精度。主轴部件的刚度与主轴的结构尺寸、支承跨距、所选用的轴承类型及其配置形式、轴承间隙的调整、主轴上传动元件的位置等有关。

③ 抗振性强　主轴部件的抗振性是指切削加工时，主轴保持平稳运转而不发生振动的能力。若主轴部件抗振性差，工作时容易产生振动，不仅会降低加工质量，而且限制了机床生产率的提高，使刀具的耐用度下降。提高主轴的抗振性必须提高主轴部件的静刚度，常采用较大阻尼比的前轴承，必要时要安装阻尼（消振）器，使主轴部件的固有频率远远大于激振力的频率。

④ 温升低　主轴部件运转中的温升过高会引起两方面的不良结果：一是主轴部件和箱体因热膨胀而变形，主轴的回转中心线和机床其他元件的相对位置发生变化，直接影响加工精度；二是轴承等元件会因温度过高而改变已调好的间隙，破坏正常润滑条件，影响轴承的正常工作，严重时甚至会发生"抱轴"。数控机床为解决温升问题，一般采用恒温主轴箱。

⑤ 耐磨性好　主轴部件必须有足够的耐磨性，以便能长期保持精度。主轴上易磨损的地方是刀具或工件的安装部位，以及移动式主轴的工作表面。为了提高耐磨性，主轴的上述部位应该淬硬，或经氮化处理，以提高硬度，增加耐磨性。主轴轴承也需要有良好的润滑，以提高其耐磨性。

5.3.2.2　主轴部件的支承

主轴轴承是主轴部件的重要组成部分，它的类型、结构、配置、精度、安装、调整、润滑和冷却等直接影响主轴部件的工作性能。

（1）主轴用滚动轴承

滚动轴承摩擦阻力小，可以预紧，润滑维护简单，能在一定的转速范围和载荷变动范围内稳定地工作。滚动轴承由专业工厂生产，选购维修方便，因而在数控机床上被广泛采用。但与滑动轴承相比，滚动轴承的噪声大，滚动体数目有限，刚度变化大，抗振性略差，并且对转速有很大的限制。一般数控机床的主轴部件尽可能使用滚动轴承，特别是立式主轴和装在套筒内能做轴向移动的主轴。图5-11是主轴常用的滚动轴承。

为了适应主轴高速发展的要求，滚动轴承的滚珠可采用陶瓷滚珠。由于陶瓷材料的重量轻，热膨胀系数小，耐高温，所以具有离心力小、动摩擦力小、预紧力稳定、弹性变形小、刚度高的特点。

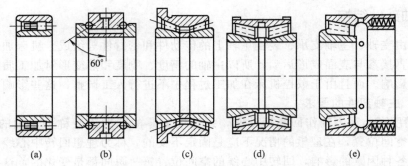

图 5-11　主轴常用滚动轴承

机床主轴多采用滚动轴承作为支承，对于精度要求高的主轴，则采用动压或静压滑动轴承及磁悬浮轴承作为支承（图5-12、图5-13）。

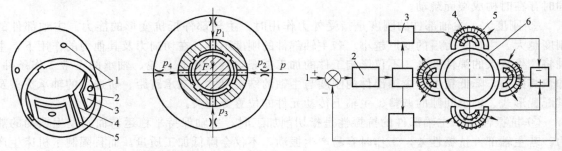

图 5-12　静压轴承
1—进油孔；2—油腔；3—轴向封油面；
4—周向封油面；5—回油槽

图 5-13　磁悬浮轴承
1—基准信号；2—调节器；3—功率放大器；
4—位移传感器；5—定子；6—转子

（2）主轴轴承的配置

典型的主轴轴承的结构配置形式有下面两种。

① 适应高刚度要求的轴承配置形式　这种配置形式如图5-14所示，主要适用于大中型卧式加工中心主轴和强力切削机床主轴。主轴前支承由3182100型双列向心短圆柱滚子轴承和2268100型推力向心球轴承组成。前者承受径向载荷，后者主要承受轴向载荷，是现代数控机床主轴结构中刚性最好的一种。

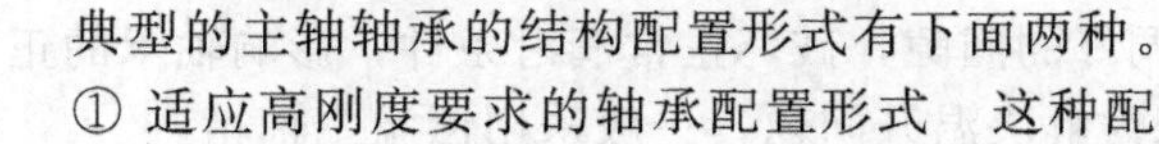

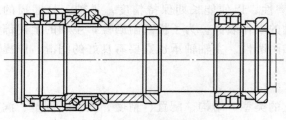

图 5-14　高刚性轴承配置

当既要求高刚性又要求高速度时，可

以把 60°接触角的标准型推力角接触球轴承换成 45°接触角的高速型推力角接触球轴承。

　　后支承也可采用两个 46117 型角接触球轴承组合配置形式。后支承若采用 3182100 型调心双圆柱滚子轴承，可加强主轴刚性，如图 5-15 所示。

　　② 适应高速要求的轴承配置形式　前支承采用 3 个超精密级角接触球轴承组合方式，适应高速化要求，且因该轴承组合精度高，能保证较高的回转精度。

　　3 个轴承的组合形式，根据载荷大小、最高转速以及结构设计的要求，可以是图 5-14 所示的组合形式，也可以是 3 个轴承靠在一起的结构形式。

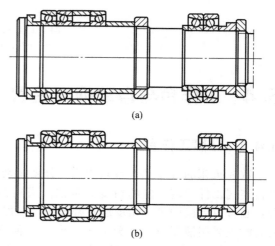

　　后支承结构有采用 2 个角接触球轴承支承的 ［图 5-15（a）］，也有用一个 3182100 型调心圆柱滚子轴承支承的 ［图 5-15（b）］。由于运转中会发热，主轴必然产生热膨胀。为了吸收这个热膨胀量，希望后支承能沿轴向移动，3182100 型调心圆柱滚子轴承正好具有这个功能。而角接触球轴承则由于施加了预紧，轴向不能移动，容易使轴承受损。因此从提高后支承刚性和适应主轴热膨胀的要求来说，后支承采用 3182100 型轴承为好。

　　数控机床上的主轴轴承精度一般有 B、C、D 级三种。对于精密级主轴，前支承常采用 B 级轴承，后支承可采用 C 级轴承。普通精度级主轴前支承可采用 C 级轴承，后支承则采用 D 级轴承。

图 5-15　高速度主轴轴承配置

5.3.3　典型机床的主轴结构

　　主轴部件按运动方式可分为五类。

　　① 只作旋转运动的主轴部件　这类主轴部件结构较为简单，如车床、铣床和磨床等的主轴部件。

　　② 既有旋转运动又有轴向进给运动的主轴部件　如钻床和镗床等的主轴部件。其主轴部件与轴承装在套筒内，主轴在套筒内作旋转主运动，套筒在主轴箱的导向孔内作直线进给运动。

　　③ 既有旋转运动又有轴向调整移动的主轴部件　如滚齿机、部分立式铣床等的主轴部件。主轴在套筒内做旋转运动，并可根据需要随主轴套筒一起作轴向调整移动。主轴部件工作时，用其中的夹紧装置将主轴套筒夹紧在主轴箱内，以提高主轴部件的刚度。

　　④ 既有旋转运动又有径向进给运动的主轴部件　如卧式镗床的平旋盘主轴部件、组合机床的镗孔车端面头主轴部件。主轴做旋转运动时，装在主轴前端平旋盘上的径向滑块可带动刀具作径向进给运动。

　　⑤ 主轴做旋转运动又作行星运动的主轴部件　如新式内圆磨床砂轮的主轴部件，如图 5-16所示。砂轮主轴 1 在支承套 2 的偏心孔内作旋转主运动。支承套 2 安装在套筒 4 内。套筒 4 的轴线与工件被加工孔的轴线重合，套筒 4 由蜗杆 6 经蜗轮 W 传动，在箱体 3 中缓慢地旋转，带动套筒及砂轮主轴作行星运动，即圆周进给运动。通过传动支承套 2 来调整主轴与套筒 4 的偏心距 e，实现横向进给。

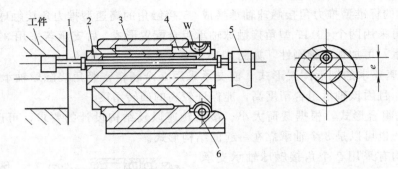

图 5-16 行星运动的主轴
1—砂轮主轴；2—支承套；3—箱体；4—套筒；5—传动带；6—蜗杆；W—蜗轮

5.4 工作台与自动换刀装置

5.4.1 分度工作台

数控机床的分度工作台只能完成分度运动，它可以是按照数控系统指令在需要分度时将工作台连同工件回转一定的角度并定位。采用伺服电动机驱动的分度工作台称为数控分度工作台，它可以分度的最小角度通常都较小，一般有 0.5°、1°等，采用鼠牙盘式定位。在数控机床上有时也采用液压或手动分度工作台，这种分度工作台一般只能回转规定的角度，如可每隔90°、60°或 45°进行分度，可以采用鼠牙盘式定位或定位销式定位。

鼠牙盘式分度工作台也叫齿盘式分度工作台，是一种用得较广泛的高精度的分度定位机构。在卧式数控机床上，它一般都作为数控机床的基本部件提供；在立式数控机床上则作为附件选用。

5.4.2 数控回转工作台

数控机床的回转工作台不但能完成分度运动，而且还能进行连续圆周进给运动。数控回转工作台可以按照数控系统的指令，进行连续回转，回转速度是无级、连续可调的。同时，它也能实现任意角度的分度定位。因此它和直线运动轴在控制上是相同的，也必须采用伺服电动机驱动。

回转工作台从安装形式上可以分为立式和卧式两种。立式回转工作台用于卧式数控机床，台面为水平安装，其回转直径通常都比较大，一般有 500mm×500mm、630mm×630mm、800mm×800mm、1000mm×1000mm 等常用规格。卧式回转工作台用于立式数控机床，台面为垂直安装，由于受机床结构的限制，其回转直径通常都比较小，一般都不超过 ϕ500mm。

5.4.3 刀库自动换刀装置

刀库的功能是储存加工所需的各种刀具，并按程序指令把将要用到的刀具迅速准确地送到换刀位置，并接受从主轴送来的已用刀具。换刀装置常用机械手或机械转位机构。

(1) 刀库种类

常见的刀库结构形式有转塔式刀库、圆盘式刀库、链式刀库、圆盘式轴向取刀、圆盘式顶端型刀库、格子式刀库等，如图 5-17 所示。转塔式刀库主要用于小型车削加工中心，用伺服电动机转位或机械方式转位。圆盘式刀库在卧式、立式加工中心上均可采用。侧挂型一般是挂在立式加工中心的立柱侧面，有刀库平面平行水平面或垂直水平面两种形式，前者靠刀库和轴的移动换刀，后者用机械手换刀。圆盘式顶端型则把刀库设在立柱顶上，链式刀库可以安装几十把甚至上百把刀具，占用空间较大，选刀时间较长。一般用在多通道控制的加工中心，通常加工过程和选刀过程可以同时进行。圆盘式刀库具有控制方便、结构刚性好的特点，通常用在刀具数量不多的加工中心上。格子式刀库容量大，适用于作为 FMS 加工单元使用的加工中心。

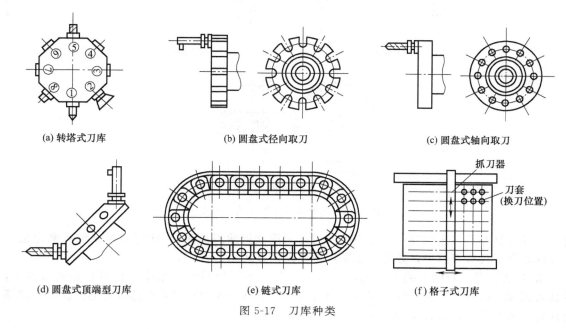

(a) 转塔式刀库	(b) 圆盘式径向取刀	(c) 圆盘式轴向取刀

(d) 圆盘式顶端型刀库	(e) 链式刀库	(f) 格子式刀库

图 5-17　刀库种类

在加工中心上使用的刀库最常见的有两种，一种是圆盘式刀库，一种是链式刀库。网格式刀库装刀容量相对较小，一般在 1～24 把刀具，主要适用于小型加工中心；链式刀库装刀容量大，一般在 1～100 把刀具，主要适用于大中型加工中心。

(2) 换刀方式

加工中心的换刀方式一般有两种：机械手换刀和主轴换刀。

① 主轴换刀　通过刀库和主轴箱的配合动作来完成换刀，适用于刀库中刀具位置与主轴上刀具位置一致的情况。一般是采用把盘式刀库设置在主轴箱可以运动到的位置，或整个刀库能移动到主轴箱可以到达的位置。换刀时，主轴运动到刀库上的换刀位置，由主轴直接取走或放回刀具。多用于采用 40 号以下刀柄的中小型加工中心。

② 机械手换刀　由刀库选刀，再由机械手完成换刀动作，这是加工中心普遍采用的形式。机床结构不同，机械手的形式及动作均不一样。

根据刀库及刀具交换方式的不同，换刀机械手也有多种形式。图 5-18 所示为常用的几种形式，它们均为单臂回转机械手，能同时抓取和装卸刀库及主轴（或中间搬运装置）上的刀具，动作简单，换刀时间少。机械手抓刀运动可以是旋转运动，也可以是直线运动。

图 5-18 (a) 为钩手，抓刀运动为旋转运动；图 5-18 (b) 为抱手，抓刀运动为两个手指旋转；图 5-18 (c) 为权手，抓刀运动为直线运动。

(3) 刀具识别方法

加工中心刀库中有多把刀具，要从刀库中调出所需刀具，就必须对刀具进行识别。刀具识别的方法有两种。

① 刀座编码　在刀库的刀座上编有号码，在装刀之前，首先对刀库进行重整设定，设定完后，就变成了刀具号和刀座号一致的情况，此时一号刀座对应的就是一号刀具。经过换刀之

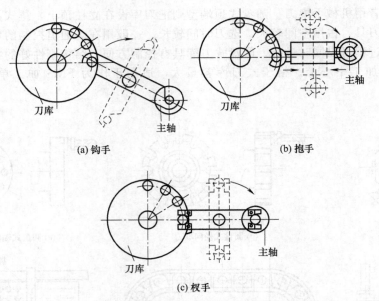

(a) 钩手   (b) 抱手

(c) 权手

图 5-18　几种常用换刀机械手形式

后，一号刀具并不一定放到一号刀座中（刀库采用就近放刀原则），此时数控系统自动记忆一号刀具放到了几号刀座中，数控系统采用循环记忆方式。

　　② 刀柄编码　刀柄上编有号码，将刀具号首先与刀柄号对应起来，把刀具装在刀柄上，再装入刀库，在刀库上有刀柄感应器，当需要的刀具从刀库中转到装有感应器的位置时，被感应到后，从刀库中调出交换到主轴上。

5.5　辅助系统结构

5.5.1　一般辅助系统

　　数控机床机械机构的正常工作离不开液压/气动等功能单元。以 BV75 加工中心为例，加工中心在换刀时刀库的摆动或刀套的翻转、主轴孔内刀具拉杆的向下运动、主轴中心吹气、油气油雾润滑单元排送润滑油、数控转台的刹紧等功能均由气动或液压控制与传动机构实现。为此车间须给机床提供压力不低于 0.7MPa 的气源，机床有一个气源处理装置，如图 5-19 所示。此装置向所有气动元件提供气体动力。

　　机床的冷却、润滑、排屑等辅助功能几乎都是靠气动液压方式实现的。过去，加工中心机床主轴轴承大都采用油脂润滑方式，为了适应主轴转速向更高速化发展的需要，新的润滑冷却方式相继开发出来。例如，为减少轴承温升，进而减小轴承内外圈的温差，以及为解决高速主轴轴承滚道处进油困难而专门开发的新的润滑冷却方式。

5.5.2　数控机床液压系统

　　这是最近开始采用的一种新型润滑方式，其原理如图 5-20 所示。它用较大流量的恒温油（每个轴承 3～4L/min）喷注到主轴轴承，以达到冷却润滑的目的。回油则不是自然回流，而是用两台排油泵强制排油。

5.5.3　数控机床气压系统

　　这种润滑方式不同于油雾润滑方式，油气润滑是用压缩空气把小油滴送进轴承空隙中，油

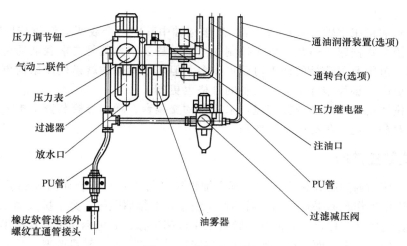

图 5-19 气源处理装置

量大小可达最佳值，压缩空气有散热作用，润滑油可回收，不污染周围空气。图 5-21 是油气润滑原理。根据轴承供油量的要求，调节定时器的循环时间，可从 $1 \sim 99 \mathrm{min}$ 定时，每次定时时间到，二位三通气阀开通一次，压缩空气进入注油器，把少量油带入混合室；经节流阀的压缩空气，也进入混合室，并把混合室内的油带进塑料管道内；油液沿管道壁被压缩空气吹过喷嘴，形成小油滴，进入轴承内。

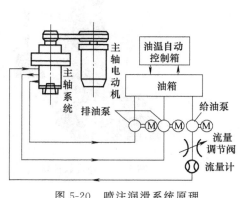

图 5-20 喷注润滑系统原理

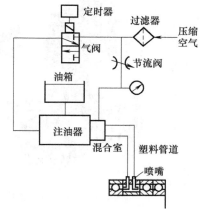

图 5-21 油气润滑原理

内径为 100mm 的轴承以 20000r/min 的速度旋转时，线速度可达 100m/s 以上。轴承周围的空气也伴随流动，流速可达 50m/s。要使润滑油突破这层旋转气流很不容易，采用突入滚道式润滑方式则能够可靠地将油送到轴承滚道处。

5.6 数控铣床结构

5.6.1 立式数控铣床

一般可进行三坐标联动加工，目前三坐标数控立式铣床占大多数。如图 5-22 所示，数控立式铣床主轴与机床工作台面垂直，工件装夹方便，加工时便于观察，但不便于排屑。一般采用固定式立柱结构，工作台不升降。主轴箱作上下运动，并通过立柱内的重锤平衡主轴箱的质量。为保证机床的刚性，主轴中心线距立柱导轨面的距离不能太大，因此，这种结构主要用于中小尺寸的数控铣床。

此外,还有的机床主轴可以绕 X、Y、Z 坐标轴中其中一个或两个作数控回转运动的四坐标和五坐标数控立式铣床。通常,机床控制的坐标轴越多,尤其是要求联动的坐标轴越多,机床的功能、加工范围及可选择的加工对象也越多。但随之而来的就是机床结构更加复杂,对数控系统的要求更高,编程难度更大,设备的价格也更高。

数控立式铣床也可以附加数控转盘,采用自动交换台、增加靠模装置来扩大它的功能、加工范围及加工对象,进一步提高生产效率。

5.6.2 卧式数控铣床

卧式数控铣床与通用卧式铣床相同,其主轴轴线平行于水平面。如图 5-23 所示,数控卧式铣床的主轴与机床工作台面平行,加工时不便于观察,但排屑顺畅。为了扩大加工范围和扩充功能,一般配有数控回转工作台或万能数控转盘来实现四坐标、五坐标加工,这样不但工件侧面上的连续轮廓可以加工出来,而且可以实现在一次安装过程中,通过转盘改变工位,进行"四面加工"。尤其是万能数控转盘可以把工件上各种不同的角度或空间角度的加工面摆成水平来加工,这样可以省去很多专用夹具或专用角度的成形铣刀。虽然卧式数控铣床在增加了数控转盘后很容易做到对工件进行"四面加工"。使其加工范围更加广泛。但从制造成本上考虑,单纯的数控卧式铣床现在已比较少,而多是在配备自动换刀装置(ATC)后成为卧式加工中心。

图 5-22 立式数控铣床

图 5-23 卧式数控铣床

5.6.3 龙门式数控铣床

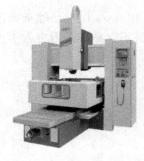

图 2-24 数控龙门铣床

对于大尺寸的数控铣床,一般采用对称的双立柱结构,以保证机床的整体刚性和强度,这就是数控龙门铣床。如图 5-24 所示,数控龙门铣床有工作台移动和龙门架移动两种形式。主要用于大、中等尺寸,大、中等质量的各种基础大件、板件、盘类件、壳体件和模具等多品种零件的加工,工件一次装夹后可自动高效、高精度的连续完成铣、钻、镗和铰等多种工序的加工,适用于航空、重机、机车、造船、机床、印刷、轻纺和模具等制造行业。

5.6.4 加工中心

(1) 十字工作台结构的布局

有些加工中心是在普通铣床结构的基础上发展而来的,其布局也与普通铣床类似,十字工作台结构类似于普通铣床工作台的布局。由于加工中心都带有刀库，刀库的形式也影响机床的布局，因此带有十字工作台结构的加工中心有多种布局形式。图 5-25 是一种立式加工中心，刀库位于机床侧面。立柱、底座和工作台、主轴箱的布局与普通铣床区别不大。

（2）满足多坐标联动要求的布局

一般数控镗铣床或加工中心都有 X、Y、Z 三个方向的坐标运动。有些还有 U、V、W、A、B、C 中的一个、两个或多个坐标运动，通常可分别实现 X、Y、Z、U、V、W、A、B、C 任何方向的三坐标、四坐标、五坐标轴联动。

图 5-26（a）是五坐标轴联动的加工中心，有立、卧两个主轴，交替地进行加工。卧式加工时立式主轴退回，然后立式前移进行加工。工作台不但可以上下、左右移动，还可以在两个坐标方向上转动。多盘式刀库位于立柱的侧面。该机床在一次装卡工件时可完成五个面的加工，适用于模具、壳体、箱体、叶轮和叶片等复杂零件加工。

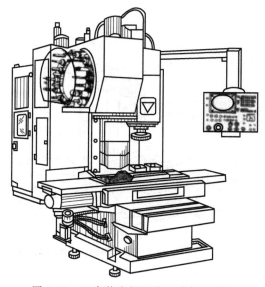

图 5-25 刀库装在侧面的立式加工中心

图 5-26（b）为五轴联动的加工中心，立柱作 Z 向和 X 向移动。主轴沿立柱导轨作 Y 向移动，工作台可绕 A、B 两个坐标轴方向转动，实现五轴联动。除装夹面外，可以对其他各面（包括任意斜面）进行加工。

图 5-26（c）的布局特点是立柱可移动，十字床鞍 2 在倾斜 30° 的床身 3 上作 X 向运动，立柱 1 沿十字床鞍 2 的上导轨作 Y 向运动，主轴箱 6 沿立柱导轨作 Z 向运动，主轴 5 可绕 B 轴在 0°～11° 范围内转动，回转工作台 4 可绕 C 轴转动 360°，可实现五坐标联动加工。回转工作台 4 的底座固定安装在床身前侧的支架上，与运动部件分别位于床身机座的两侧，使切屑不能进入运动部件区。

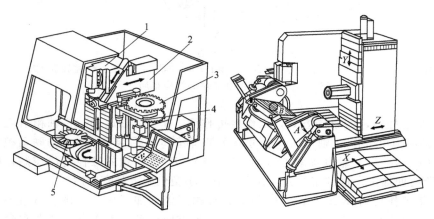

（a）有立、卧两主轴的五座标联动加工中心　　（b）工作台可作 A、B 轴旋转的五轴联动加工中心

1—立轴主轴箱；2—卧轴主轴箱；3—刀库；

4—机械手；5—工作台

图 5-26

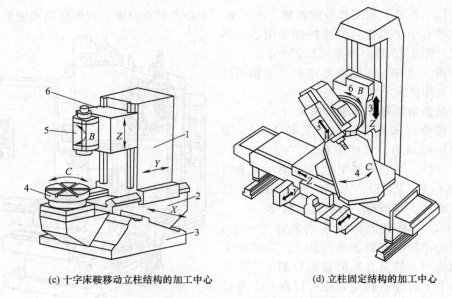

(c) 十字床鞍移动立柱结构的加工中心　　　　　(d) 立柱固定结构的加工中心

1—立柱；2—十字床鞍；3—床身；
4—回转工作台；5—主轴；6—主轴箱

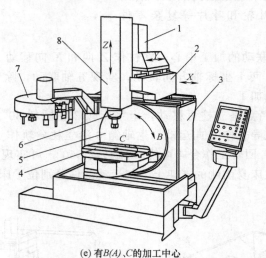

(e) 有B(A)、C的加工中心

1—横向滑座；2—床鞍；3—床身；4—工作台；5—圆台；6—主轴；7—刀座；8—主轴箱滑枕

图 5-26　多坐标联动的加工中心结构布局

图 5-26（d）是立柱固定的布局方式，工作台可作 X、Y、C 轴运动，主轴箱沿立柱导轨作 Z 向运动，主轴不但可以作 B 轴转动，还可以作 W 轴转动。可实现 3～6 轴联动控制，能实现 X（2）、Y（1）、Z（3）轴联动和 C（4）、W（5）、B（6）轴的数控定位控制，能够进行除夹紧面外的所有面加工。这种布局方式在大、中、小型机床上都有应用。

图 5-26（e）是工作台可作 B（A）、C 两轴旋转的五坐标加工中心，圆台 5 装在床身 3 上，能绕水平轴在 105°（−10°～+95°）范围内作 B 轴方向摆动。工作台 4 装在圆台 5 的下部，随圆台 5 摆动，并能在 C 轴方向旋转 360°，台面上有 T 形槽，用来固定工件。床鞍 2 装在床身 3 的上面，可沿 X 方向往复移动，横向滑座 1 装在床鞍 2 的上面，沿 Y 向移动。主轴箱滑枕 8 装在横向滑座 1 的垂直导轨上作 Z 向运动。这样，主轴 6 有 X、Y、Z 三个方向的运动。这种圆台、床鞍、横向滑座串联布局方式，适用于中小型机床。由于这种机床带有垂直转

台 5，使工件可沿 B 轴转较大的角度，用于加工五面体工件较为方便。斗笠式刀库不用机械手主轴移近刀库便可直接换刀。

（3）适应快速换刀要求的布局

图 5-27 所示的加工中心无机械手，换刀口刀库移向主轴，直接换刀。刀具轴线与主轴轴线平行。不用机械手可减少换刀时间，提高生产效率。

（4）适应多工位加工要求的布局

图 5-28 所示的机床为多工位加工的加工中心，它有一个四工位回转工作台，三个工位为加工工位，一个工位为装卸工件工位，该机床可实现多面加工，因而生产率较高。

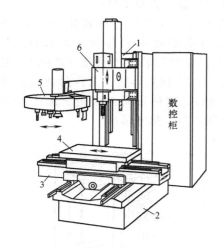

图 5-27 无机械手直接换刀的加工中心

1—立柱；2—底座；3—横向工作台；
4—纵向工作台；5—刀座；6—主轴箱

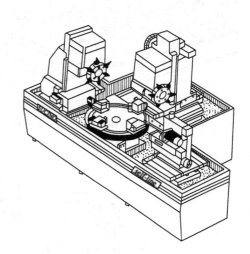

图 5-28 多工位加工的加工中心

（5）适应可交换工作台要求的布局

图 5-29 是可交换工作台的加工中心，机床上装有 5 和 6 两个工作台，一个工作台的零件在加工时，另一个工作台可装卸工件，工件加工完成后，两个工作台互相换位，这样就使装卸工件的时间重合，减少了辅助时间，提高了生产率。

（6）工件不移动的机床的布局

当工件较大、移动不方便时，可使工件不动，让机床立柱移动，移轻避重。

图 5-30 所示机床的布局是底座、床鞍与立柱串联安装形式，立柱可作 X、Z 方向移动。主轴在立柱上作 Y 向运动，而工作台不动。对于一些大型镗铣床，通常工件比立柱重，大多采用这种布局方式。

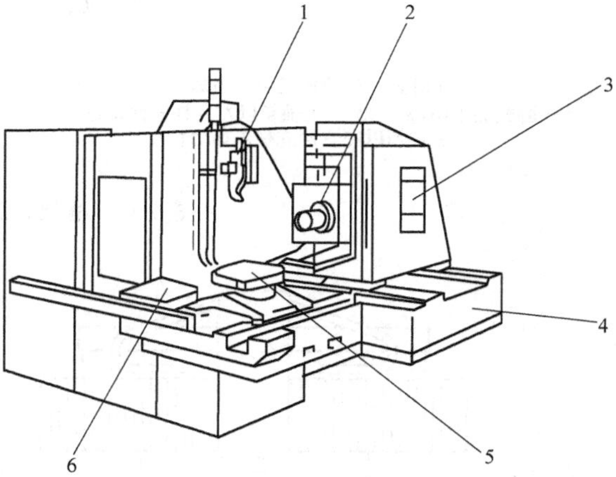

图 5-29 可交换工作台的加工中心

1—机械手；2—主轴头；3—操作面板；
4—底座；5,6—可交换的工作台

（7）为提高刚度、减小热变形要求的布局

卧式加工中心多采用框架式立柱，结构刚性好，受了力变形小，抗振性能好。图 5-31（a）的双立柱框架结构，主轴位于两立柱之间，可上下移动，当主轴发热时两立柱的温升相同，因而热变形也相同，对称的热变形可使主轴的位置保持不变，因而提高了精度。图 5-31（b）为框中框结构，双立柱框架 7 固定在底座上，它的导轨是水平方向的，活动框架 6 沿框架 7 的导轨作 X 方向运动，主轴箱 5 在活动框架 6 上作 Y 向运动，工作台 3 既可 B 向转动也可作 Z 向运动。由框架 6 和框架 7 构成的框中框结构，结构刚性好，运动平稳，因而机床的加工精度较高。

（8）双立柱龙门式加工中心

双立柱龙门式加工中心外观如图 5-32 所示，主轴箱可沿横梁上的导轨左右移动（Y 向），横梁可沿立柱导轨上下移动（Z 向），主轴也可作上下（W 向）移动、工作台前后方向的移动（X 向）。这种布局方式用于加工大型工件，机床刚性好，热变形小。

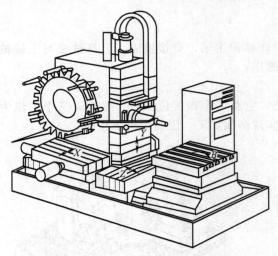

图 5-30　工件不移动的加工中心布局

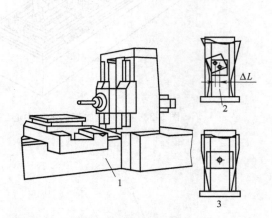

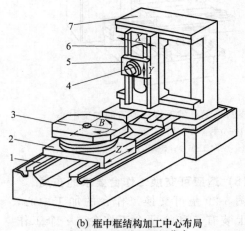

（a）卧式立柱的加工中心布局
1—卧式加工中心；　2—主轴箱以左立柱侧面定位；
3—主轴箱以左右两立柱侧面定位

（b）框中框结构加工中心布局
1—床身；2—导轨；3—工作台；
4—主轴；5—主轴箱；6,7—框架

图 5-31　框架式卧式加工中心

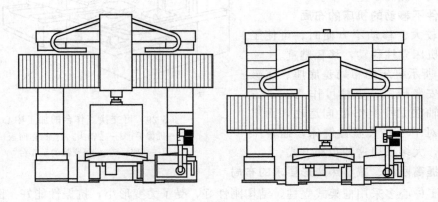

图 5-32　双立柱龙门式加工中心

5.7 数控车床结构

5.7.1 水平床身数控车床

　　水平床身的工艺性好，便于导轨面的加工。水平床身配上水平放置的刀架可提高刀架的运动精度，一般可用于大型数控车床或小型精密数控车床的布局。但是，水平床身由于下部空间小，故排屑困难。从结构尺寸上看，刀架水平放置使得滑板横向尺寸较长，从而加大了机床宽度方向的结构尺寸。

　　水平床身配上倾斜放置的滑板，并配置倾斜式导轨防护罩，这种布局形式一方面有水平床身工艺性好的特点，另一方面机床宽度方向的尺寸较水平配置滑板的要小，且排屑方便。

　　水平床身配上倾斜放置的滑板和斜床身配置斜滑板布局的形式被中、小型数控车床普遍采用，见图 5-33。这是由于此种布局形式排屑容易，热铁屑不会堆积在导轨上，也便于安装自动排屑器，操作方便，易于安装机械手，以实现单机自动化；机床占地面积小，外形简洁、美观，容易实现封闭式防护。

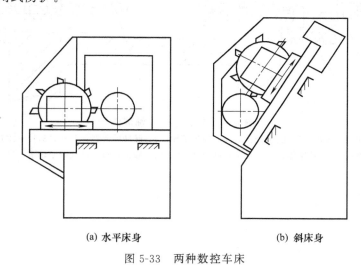

(a) 水平床身　　　　　　　　　　　(b) 斜床身

图 5-33　两种数控车床

5.7.2 斜床身数控车床

　　倾斜床身多采用 30°、45°、60°、75° 和 90° 角，常用的有 45°、60° 和 75°。数控车床的主传动系统一般采用直流或交流无级调速电动机，通过皮带传动，带动主轴旋转，实现自动无级调速及恒线速度控制。主轴部件是机床实现旋转运动的执行件，结构如图 5-34 所示。

　　其工作原理如下：交流主轴电动机通过带轮 15 把运动传给主轴 7。主轴有前后两个支承。前支承由一个圆锥孔双列圆柱滚子轴承 11 和一对角接触球轴承 10 组成，轴承 11 用来承受径向载荷，两个角接触球轴承一个大口向外（朝向主轴前端），另一个大口向里（朝向主轴后端），用来承受双向的轴向载荷和径向载荷。前支撑轴的间隙用螺母 8 来支撑。螺钉 12 用来防止螺母 8 回松。主轴的后支承为圆锥孔双列圆柱滚子轴承 14，轴承间隙由螺母 1 和 6 来调整。螺钉 17 和 13 是防止螺母 1 和 6 回松的。主轴的支承形式为前端定位，主轴受热膨胀向后伸长。前后支承所用圆锥孔双列圆柱滚子轴承的支承刚性好，允许的极限转速高。前支承中的角接触球轴承能承受较大的轴向载荷，且允许的极限转速高。主轴所采用的支承结构适宜低速大载荷的需要。主轴的运动经过同步带轮 16 和 3 以及同步带 2 带动脉冲编码器 4，使其与主轴同速运转。脉冲编码器用螺钉 5 固定在主轴箱体 9 上。

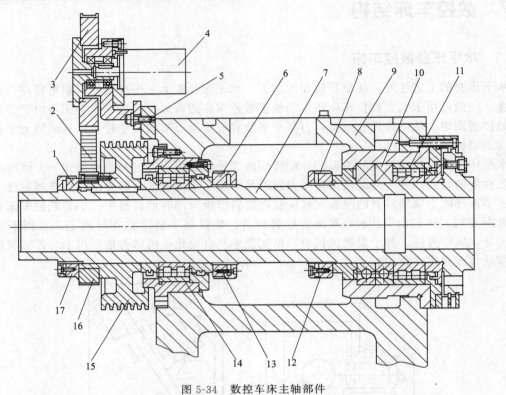

图 5-34 数控车床主轴部件

1,6,8—螺母；2—同步带；3,16—同步带轮；4—脉冲编码器；5,12,13,17—螺钉

7—主轴；9—主轴箱体；10—角接触球轴承；11,14—圆锥孔双列圆柱滚子轴承；15—带轮

第**6**章 ▶▶▶

数控机床加工程序编制

6.1 数控机床程序编制的概念

6.1.1 数控加工程序概述

在编制数控加工程序前,应首先了解数控程序编制的主要工作内容,程序编制的工作步骤,每一步应遵循的工作原则等,最终才能获得满足要求的数控程序,如图 6-1 所示的程序样本。

```
O0001                              程序编号
N001 G92 X40.0 Y30.0;
N002 G90 G00 X28.0 T01 S800 M03;
N003 G01 X-8.0 Y8.0 F200;
N004 X0 Y0;                        程序内容
N005 X28.0 Y30.0;
N006 G00 X40.0;
N007 M02;                          程序结束段
```

图 6-1 程序样本

编制数控加工程序是使用数控机床的一项重要技术工作,理想的数控程序不仅应该保证加工出符合零件图样要求的合格零件,还应该使数控机床的功能得到合理的应用与充分的发挥,使数控机床能安全、可靠、高效的工作。

6.1.1.1 数控程序编制的内容及步骤

数控编程是指从零件图纸到获得数控加工程序的全部工作过程。如图 6-2 所示,编程工作主要包括以下几个步骤。

(1) 分析零件图样和制定工艺方案

这项工作的内容包括:对零件图样进行分析,明确加工的内容和要求;确定加工方案;选择适合的数控机床;选择或设计刀具和夹具;确定合理的走刀路线及选择合理的切削用量等。这一工作要求编程人员能够对零件图样的技术特性、几何形状、尺寸及工艺要求进行分析,并结合数控机床使用的基础知识,如数控机床的规格、性能、数控系统的功

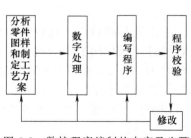

图 6-2 数控程序编制的内容及步骤

能等，确定加工方法和加工路线。

（2）数学处理

在确定了工艺方案后，就需要根据零件的几何尺寸、加工路线等，计算刀具中心运动轨迹，以获得刀位数据。数控系统一般均具有直线插补与圆弧插补功能，对于加工由圆弧和直线组成的较简单的平面零件，只需要计算出零件轮廓上相邻几何元素交点或切点的坐标值，得出各几何元素的起点、终点、圆弧的圆心坐标值等，就能满足编程要求。当零件的几何形状与控制系统的插补功能不一致时，就需要进行较复杂的数值计算，一般需要使用计算机辅助计算，否则难以完成。

（3）编写零件加工程序

在完成上述工艺处理及数值计算工作后，即可编写零件加工程序。程序编制人员使用数控系统的程序指令，按照规定的程序格式，逐段编写加工程序。程序编制人员应对数控机床的功能、程序指令及代码十分熟悉，才能编写出正确的加工程序。

（4）程序校验

将编写好的加工程序输入数控系统，就可控制数控机床的加工工作。一般在正式加工之前，要对程序进行检验。通常可采用机床空运转的方式，来检查机床动作和运动轨迹的正确性，以校验程序。在具有图形模拟显示功能的数控机床上，可通过显示走刀轨迹或模拟刀具对工件的切削过程，对程序进行检查。对于形状复杂和要求高的零件，也可采用铝件、塑料或石蜡等易切材料进行试切来校验程序。通过检查试件，不仅可确认程序是否正确，还可知道加工精度是否符合要求。若能采用与被加工零件材料相同的材料进行试切，则更能反映实际加工效果，当发现加工的零件不符合加工技术要求时，可修改程序或采取尺寸补偿等措施。

6.1.1.2 数控程序编制的方法

数控加工程序的编制方法主要有两种：手工编制程序和计算机自动编制程序。

（1）手工编程

手工编程指主要由人工来完成数控编程中各个阶段的工作，如图 6-3 所示。

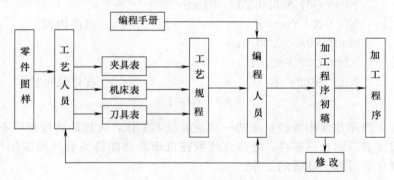

图 6-3 手工编程

一般对几何形状不太复杂的零件，所需的加工程序不长，计算比较简单，用手工编程比较合适。

手工编程的特点：耗费时间较长，容易出现错误，无法胜任复杂形状零件的编程。据国外资料统计，当采用手工编程时，一段程序的编写时间与其在机床上运行加工的实际时间之比，平均约为 30∶1，而数控机床不能开动的原因中，20%～30% 是由于加工程序编制困难，编程时间较长。但手工编程不需要价格昂贵的 CAD/CAM 软件，同时随着宏程序的应用，手工编程可以胜任形状较复杂的零件的编程。

(2) 计算机自动编程

自动编程是指在编程过程中，除了分析零件图样和制定工艺方案由人工进行外，其余工作均由计算机辅助完成。

采用计算机自动编程时，数学处理、编写程序、检验程序等工作是由计算机自动完成的，由于计算机可自动绘制出刀具中心运动轨迹，使编程人员可及时检查程序是否正确，需要时可及时修改，以获得正确的程序。又由于计算机自动编程代替程序编制人员完成了烦琐的数值计算，可提高编程效率几十倍乃至上百倍，因此解决了手工编程无法解决的许多复杂零件的编程难题。因而，自动编程的特点就在于编程工作效率高，可解决复杂形状零件的编程难题。

根据输入方式的不同，可将自动编程分为图形数控自动编程、语言数控自动编程和语音数控自动编程等。图形数控自动编程是指将零件的图形信息直接输入计算机，通过自动编程软件的处理，得到数控加工程序。目前，图形数控自动编程是使用最为广泛的自动编程方式。语言数控自动编程指将加工零件的几何尺寸、工艺要求、切削参数及辅助信息等用数控语言编写成源程序后，输入计算机中，再由计算机进一步处理得到零件加工程序。语音数控自动编程是采用语音识别器，将编程人员发出的加工指令声音转变为加工程序。

数控机床的坐标系规定已标准化，按右手直角笛卡儿坐标系确定。一般假设工件静止，通过刀具相对工件的移动来确定机床各移动轴的方向。

6.1.2 数控加工程序编制坐标系的确立

在数控编程时，为了描述机床的运动，简化程序编制的方法及保证记录数据的互换性，数控机床的坐标系和运动方向均已标准化，ISO和我国都拟定了命名的标准。通过这一部分的学习，能够掌握机床坐标系、编程坐标系、加工坐标系的概念，具备实际动手设置机床加工坐标系的能力。

6.1.2.1 机床坐标系

(1) 机床坐标系的确定

① 机床相对运动的规定　在机床上，我们假设工件静止，而刀具是运动的。这样编程人员在不考虑机床上工件与刀具具体运动的情况下，就可以依据零件图样，确定机床的加工过程。

② 机床坐标系的规定　标准机床坐标系中 X、Y、Z 坐标轴的相互关系用右手笛卡尔直角坐标系决定。

在数控机床上，机床的动作是由数控装置来控制的，为了确定数控机床上的成形运动和辅助运动，必须先确定机床上运动的位移和运动的方向，这就需要通过坐标系来实现，这个坐标系被称为机床坐标系。

例如，铣床上有机床的纵向运动、横向运动以及垂向运动，如图 6-4 所示。在数控加工中，就应该用机床坐标系来描述。

铣床标准机床坐标系中 X、Y、Z 坐标轴的相互关系用右手笛卡尔直角坐标系决定。

a. 伸出右手的大拇指、食指和中指，并互为90°。则大拇指代表 X 坐标，食指代表 Y 坐标，中指代表 Z 坐标。

b. 大拇指的指向为 X 坐标的正方向，食指的指向为 Y 坐标的正方向，中指的指向为 Z 坐标的正方向。

c. 围绕 X、Y、Z 坐标旋转的旋转坐标分别用 A、B、C 表示，根据右手螺旋定则，大拇指的指向为 X、Y、Z 坐标中任意轴的正向，则其余四指的旋转方向即为旋转坐标 A、B、C 的正向，见图 6-5。

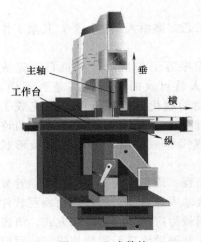

图 6-4　立式数控

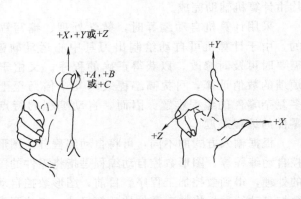

图 6-5　直角坐标系

③ 运动方向的规定　增大刀具与工件距离的方向即为各坐标轴的正方向，图 6-6 所示为数控车床上两个运动的正方向。

（2）坐标轴方向的确定

① Z 坐标　Z 坐标的运动方向是由传递切削动力的主轴所决定的，即平行于主轴轴线的坐标轴即为 Z 坐标，Z 坐标的正向为刀具离开工件的方向。

如果机床上有几个主轴，则选一个垂直于工件装夹平面的主轴方向为 Z 坐标方向；如果主轴能够摆动，则选垂直于工件装夹平面的方向为 Z 坐标方向；如果机床无主轴，则选垂直于工件装夹平面的方向为 Z 坐标方向。图 6-7 所示为数控车床的 Z 坐标。

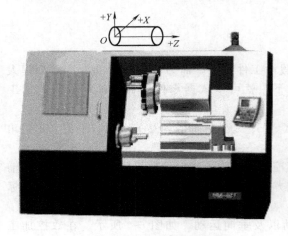

图 6-6　机床运动的正方向

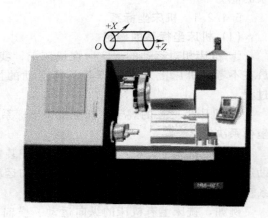

图 6-7　数控车床的坐标系

② X 坐标　X 坐标平行于工件的装夹平面，一般在水平面内。确定 X 轴的方向时，要考虑两种情况。

a. 如果工件做旋转运动，则刀具离开工件的方向为 X 坐标的正方向。

b. 如果刀具做旋转运动，则分为两种情况：Z 坐标水平时，观察者沿刀具主轴向工件看时，$+X$ 运动方向指向右方；Z 坐标垂直时，观察者面对刀具主轴向立柱看时，$+X$ 运动方向指向右方。图 6-7 所示为数控车床的 X 坐标。

③ Y 坐标　在确定 X、Z 坐标的正方向后，可以用根据 X 和 Z 坐标的方向，按照右手直

角坐标系来确定 Y 坐标的方向。图 6-6 所示为数控车床的 Y
坐标。

例 6-1　根据图 6-8 所示的数控立式铣床结构，试确定 X、
Y、Z 直线坐标。

① Z 坐标：平行于主轴，刀具离开工件的方向为正。

② X 坐标：Z 坐标垂直，且刀具旋转，所以面对刀具主轴
向立柱方向看，向右为正。

③ Y 坐标：在 Z、X 坐标确定后，用右手直角坐标系来
确定。

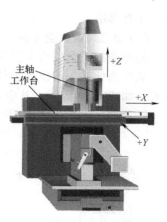

图 6-8　数控铣床坐标系

（3）附加坐标系

为了编程和加工的方便，有时还要设置附加坐标系。

对于直线运动，通常建立的附加坐标系有以下几种。

① 指定平行于 X、Y、Z 的坐标轴　可以采用的附加坐标
系：第二组 U、V、W 坐标，第三组 P、Q、R 坐标。

② 指定不平行于 X、Y、Z 的坐标轴　也可以采用的附加坐标系：第二组 U、V、W 坐
标，第三组 P、Q、R 坐标。

（4）机床原点的设置

机床原点是指在机床上设置的一个固定点，即机床坐标系的原点。它在机床装配、调试时
就已确定下来，是数控机床进行加工运动的基准参考点。

① 数控车床的原点　在数控车床上，机床原点一般取在卡盘端面与主轴中心线的交点处，
见图 6-9。同时，通过设置参数的方法，也可将机床原点设定在 X、Z 坐标的正方向极限位
置上。

② 数控铣床的原点　在数控铣床上，机床原点一般取在 X、Y、Z 坐标的正方向极限位置
上，见图 6-10。

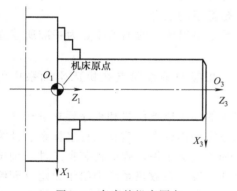

图 6-9　车床的机床原点

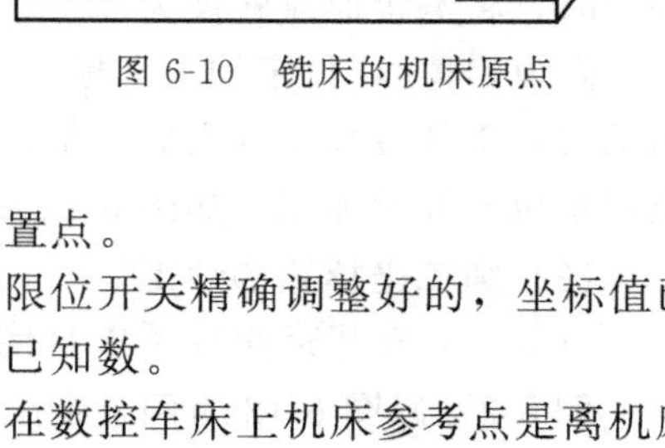

图 6-10　铣床的机床原点

（5）机床参考点

机床参考点是用于对机床运动进行检测和控制的固定位置点。

机床参考点的位置是由机床制造厂家在每个进给轴上用限位开关精确调整好的，坐标值已
输入数控系统中，因此参考点对机床原点的坐标来说是一个已知数。

通常在数控铣床上机床原点和机床参考点是重合的；而在数控车床上机床参考点是离机床
原点最远的极限点。图 6-11 所示为数控车床的参考点与机床原点。

数控机床开机时，必须先确定机床原点，而确定机床原点的运动就是刀架返回参考点的操
作，这样通过确认参考点，就确定了机床原点。只有机床参考点被确认后，刀具（或工作台）

移动才有基准。

6.1.2.2 编程坐标系

编程坐标系是编程人员根据零件图样及加工工艺等建立的坐标系。

编程坐标系一般供编程使用，确定编程坐标系时，不必考虑工件毛坯在机床上的实际装夹位置。如图 6-12 所示，其中 O_2 即为编程坐标系原点。

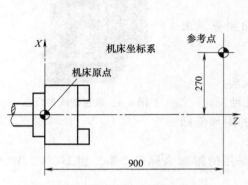

图 6-11　数控车床的参考点

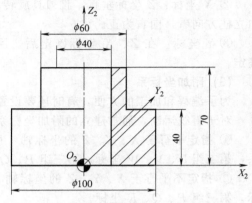

图 6-12　编程坐标系

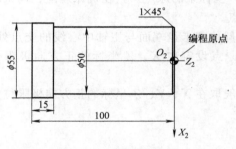

图 6-13　确定编程原点

编程原点是根据加工零件图样及加工工艺要求选定的编程坐标系的原点。

编程原点应尽量选择在零件的设计基准或工艺基准上，编程坐标系中各轴的方向应该与所使用的数控机床相应的坐标轴方向一致，图 6-13 所示为车削零件的编程原点。

6.1.2.3 加工坐标系

(1) 加工坐标系的确定

加工坐标系是指以确定的加工原点为基准所建立的坐标系。

加工原点也称为程序原点，是指零件被装夹好后，相应的编程原点在机床坐标系中的位置。

在加工过程中，数控机床是按照工件装夹好后所确定的加工原点位置和程序要求进行加工的。编程人员在编制程序时，只要根据零件图样就可以选定编程原点、建立编程坐标系、计算坐标数值，而不必考虑工件毛坯装夹的实际位置。对于加工人员来说，则应在装夹工件、调试程序时，将编程原点转换为加工原点，并确定加工原点的位置，在数控系统中给予设定（即给出原点设定值），设定加工坐标系后，就可根据刀具当前位置，确定刀具起始点的坐标值。在加工时，工件各尺寸的坐标值都是相对于加工原点而言的，这样数控机床才能按照准确的加工坐标系位置开始加工，如图 6-12 中 O_2 为加工原点。

(2) 加工坐标系的设定

方法一：在机床坐标系中直接设定加工原点。

例 6-2　以图 6-12 为例，在配置 FANUC-0M 系统的立式数控铣床上设置加工原点 O_2。

① 加工坐标系的选择　编程原点设置在工件轴心线与工件底端面的交点上。

设工作台工作面尺寸为 800mm×320mm，若工件装夹在接近工作台中间处，则确定了加工坐标系的位置，其加工原点 O_2 就在距机床原点 O_1 为 X_2、Y_2、Z_2 处。并且 $X_2 =$

-345.700mm，$Y_2=-196.220\text{mm}$，$Z_2=-53.165\text{mm}$。

② 设定加工坐标系指令

a. G54～G59 为设定加工坐标系指令。G54 对应一号工件坐标系，其余以此类推。可在 MDI 方式的参数设置页面中，设定加工坐标系。如对已选定的加工原点 O_2，将其坐标值 $X_3=-345.700\text{mm}$，$Y_3=-196.220\text{mm}$，$Z_3=-53.165\text{mm}$

设在 G54 中，则表明在数控系统中设定了 1 号工件加工坐标，设置页面见图 6-14。

b. G54～G59 在加工程序中出现时，即选择了相应的加工坐标系。

方法二：通过刀具起始点来设定加工坐标系。

① 加工坐标系的选择　加工坐标系的原点可设定在相对于刀具起始点的某一符合加工要求的空间点上。

应注意的是：当机床开机回参考点之后，无论刀具运动到哪一点，数控系统对其位置都是已知的。也就是说，刀具起始点是一个已知点。

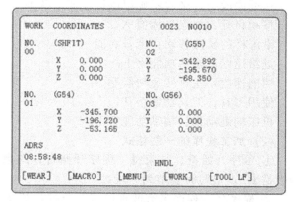

图 6-14　加工坐标系设置

② 设定加工坐标系指令　G92 为设定加工坐标系指令。在程序中出现 G92 程序段时，即通过刀具当前所在位置（刀具起始点）来设定加工坐标系。

G92 指令的编程格式：G92 X a Y b Z c；

该程序段运行后，就根据刀具起始点设定了加工原点，如图 6-15 所示。

从图 6-15 中可以看出，用 G92 设置加工坐标系，也可看做是在加工坐标系中，确定刀具起始点的坐标值，并将该坐标值写入 G92 编程格式中。图 6-16 为设定加工坐标系应用。

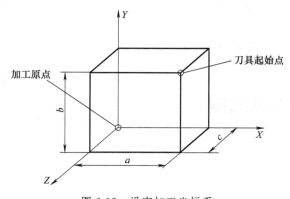

图 6-15　设定加工坐标系

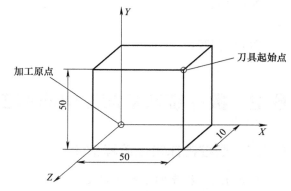

图 6-16　设定加工坐标系应用

6.1.3　数控加工程序编制的格式

(1) 程序段格式

程序段是可作为一个单位来处理的、连续的字组，是数控加工程序中的一条语句。一个数控加工程序是若干个程序段组成的。

程序段格式是指程序段中的字、字符和数据的安排形式。现在一般使用字地址可变程序段格式，每个字长不固定，各个程序段中的长度和功能字的个数都是可变的。地址可变程序段格式中，在上一程序段中写明的、本程序段里又不变化的那些字仍然有效，可以不再重写。这种功能字称为续效字。

程序段格式举例：

N30 G01 X88.1 Y30.2 F500 S3000 T02 M08;

N40 X90;（本程序段省略了续效字"G01，Y30.2，F500，S3000，T02，M08"，但它们的功能仍然有效）

在程序段中，必须明确组成程序段的各要素：

移动目标：终点坐标值 X、Y、Z；

沿怎样的轨迹移动：准备功能字 G；

进给速度：进给功能字 F；

切削速度：主轴转速功能字 S；

使用刀具：刀具功能字 T；

机床辅助动作：辅助功能字 M。

(2) 加工程序的一般格式

① 程序开始符、结束符 程序开始符、结束符是同一个字符，ISO 代码中是％，EIA 代码中是 EP，书写时要单列一段。

② 程序名 程序名有两种形式：一种是英文字母 O 和 1～4 位正整数组成；另一种是由英文字母开头，字母、数字混合组成的。一般要求单列一段。

③ 程序主体 程序主体是由若干个程序段组成的，每个程序段一般占一行。

④ 程序结束指令 程序结束指令可以用 M02 或 M30，一般要求单列一段。

加工程序的一般格式举例：

```
    %                                    // 开始符
O1000                                    // 程序名
N10 G00 G54 X50 Y30 M03 S3000;
N20 G01 X88.1 Y30.2 F500 T02 M08;
N30 X90;                                 // 程序主体
......
N300 M30;                                // 结束符
    %
```

6.2 数控铣床及加工中心加工程序编制

6.2.1 数控铣床常用编程指令

6.2.1.1 程序的结构与组成

(1) 程序组成

一个完整的程序由程序号、程序的内容和程序结束三部分组成，例如：

```
O 0001                           程序号
N01   G90 G54 G00 X0 Y0;
N02   S800 M03;
N03   G01 Z-5 F200;                        程序内容
N04   X0 Y0;
N05   X28 Y30;
......
```

N50　M30；　　　　　　　　　　　程序结束

① 程序号　程序号即为程序的开始部分，为了区别存储器中的程序，每个程序都要有程序编号，在编号前采用程序编号地址码。如在 FANUC 系统中，一般采用英文字母 O 作为程序编号地址，而其他系统有的采用 P、% 等。

② 程序内容　程序内容部分是整个程序的核心，它由许多程序段组成，每个程序段由一个或多个指令构成，它表示数控机床要完成的全部动作。

③ 程序结束　程序结束是以程序结束指令 M02 或 M30 作为整个程序结束的符号，来结束整个程序。

（2）程序段格式

零件的加工程序是由程序段组成的，每个程序段又由若干个程序字（word）组成，每个程序字表示一个功能指令，因此又称为功能字，它由字首及随后的若干个数字组成（如 X100）。字首是一个英文字母，称为字的地址，它决定了字的功能类别。数控程序中的地址代码意义如表 6-1 所示。

程序段的格式：

N __ G __ X __ Y __ Z __ F __ S __ M __；

程序段中：N __顺序号；G __准备功能代码；X __，Y __，Z __坐标值；F __进给速度；S __主轴转速；M __辅助功能代码。

表 6-1　地址代码的含义

功　能	地　址	意　义
程序号	；(ISO)，O（EIA）	程序序号
顺序号	N	顺序号
准备功能	G	动作模式(直线、圆弧等)
尺寸字	X、Y、Z	坐标移动指令
	A、B、C、U、V、W	附加轴移动指令
	R	圆弧半径
	I、J、K	圆弧中心坐标
进给功能	F	进给速率
主轴旋转功能	S	主轴转速
刀具功能	T	刀具号、刀具补偿号
辅助功能	M	辅助装置的接通和断开
补偿号	H、D	补偿序号
暂停	P、X	暂停时间
子程序号指定	P	子程序序号
子程序重复次数	L	重复次数
参数	P、Q、R	固定循环

6.2.1.2　与坐标系有关的编程指令

（1）建立工件坐标系 G92

格式：G92 X __ Y __ Z __；

G92 是根据刀具起始点与加工坐标系的相对关系确定加工坐标系。如 G92 X20 Y30 Z40，含义为刀具并不产生任何动作，只是将刀具所在的位置设为（20，30，40），这样就等于通过刀具当前位置确定了加工坐标系的原点位置。

说明：

① 程序中如使用 G92 指令，则该指令应位于程序的第一句。

② 通常将坐标原点设于主轴轴线上，以便于编程。

③ 程序启动时，如果第一条程序是 G92 指令，那么执行后，刀具并不运动，只是当前点被置为 X、Y、Z 的设定值。

④ G92 要求坐标值 X、Y、Z 必须齐全，不可缺省，并且不能使用 U、V、W 编程。

(2) 设定工件坐标系 G54～G59

G54 是数控系统上设定的寄存器地址，其中存放了加工坐标系（一般是对刀点）相对于机床坐标系的偏移量。编程序时如 G54 G00 G90 X40 Y30，则刀具在以 G54 中的坐标值为原点的坐标系内移至（40，30）点，如图 6-17 所示。

说明：

① 加工前，将测得的工件编程原点坐标值预存入数控系统对应的 G54～G59 中，编程时，指令行里写入 G54～G59 即可。

② 比 G92 稍麻烦些，但不易出错。所谓零点偏置，就是在编程过程中进行编程坐标系（工件坐标系）的平移变换，使编程坐标系的零点偏移到新的位置。

③ G54～G59 为模态功能，可相互注销，G54 为缺省值。

④ 使用 G54～G59 时，不用 G92 设定坐标系。G54～G59 和 G92 不能混用。

(3) 设定局部坐标系 G52

G52 是用于将原坐标系中分离出数个子坐标系。

格式：G52 X __ Y __；

说明：

X、Y 是原坐标系的程序原点到子坐标系的程序原点之向量值。如 G52 X100 Y50 表示子坐标系

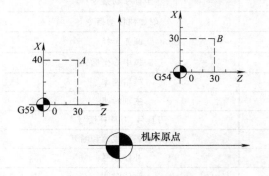

图 6-17　工件坐标系的设定

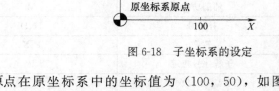

图 6-18　子坐标系的设定

原点在原坐标系中的坐标值为（100，50），如图 6-18 所示。G52 X0 Y0 表示回复到原坐标系。

例 6-3　有一工件系统，配合子程序呼叫指令 M98 及钻孔固定循环指令 G81，则可简化程序的编写。如图 6-19 所示，使用 G54 设程序坐标系，再用 G52 指令设定子坐标系，程序如表 6-2 所示。

6.2.1.3　准备指令

由于数控代码在不同系统中个别含义不尽相同，本节以 FANUC 系统为例说明数控铣床编程的基本代码，如表 6-3 所示。

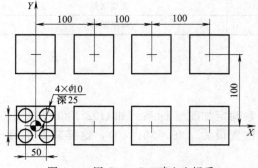

图 6-19　用 G54、G52 建立坐标系

表 6-2 程序代码

主程序	子程序
O1101	O1102
G91 G28 Z0	X25 Y25
G28 X0 Y0	X−25
G80 G54 G90 G00 X25 Y25	Y−25
G43 Z5 H01 M03 S500	X25
M08	G52 X0 Y0
G98 G81 R3 Z−25 F80	M99
G52 X0 Y0 M98 P2011	
G52 X100 M98 P2011	
G52 X200 M98 P2011	
G52 X300 M98 P2011	
G52 X300 Y100 M98 P2011	
G52 X200 Y100 M98 P2011	
G52 X100 Y100 M98 P2011	
G52 X0 Y100 M98 P2011	
G91 G28 Z0 M9	
M30	

表 6-3 准备功能代码

G 代码	功 能	G 代码	功 能
G00①	快速定位(快速进给)	G49①	刀具长度补偿取消
G01①	直线插补(切削进给)	G52	局部坐标系设定
G02	顺时针(CW)圆弧插补	G53	机械坐标系选择
G03	逆时针(CCW)圆弧插补	G54①	第一工件坐标设置
G04	暂停、正确停止	G55	第二工件坐标设置
G09	正确停止	G56	第三工件坐标设置
G10	资料设定	G57	第四工件坐标设置
G11	资料设定模式取消	G58	第五工件坐标设置
G15	极坐标指令取消	G59	第六工件坐标设置
G16	极坐标指令	G65	宏程序调用
G17①	XY 平面选择	G66	宏程序调用模态
G18	ZX 平面选择	G67	宏程序调用取消
G19	YZ 平面选择	G73	高速深孔钻孔循环
G20	英制输入	G74	左旋攻螺纹循环
G21	公制输入	G76	精镗孔循环
G22①	行程检查功能打开(ON)	G80①	固定循环取消
G23	行程检查功能关闭(OFF)	G81	钻孔循环、钻镗孔
G27	机械原点复位检查	G82	钻孔循环、反镗孔
G28	机械原点复位	G83	深孔钻孔循环
G29	从参考原点复位	G84	攻螺纹循环
G30	第二原点复位	G85	粗镗孔循环
G31	跳跃功能	G86	镗孔循环
G33	螺纹切削	G87	反镗孔循环
G39	转角补正圆弧切削	G90①	绝对指令
G40①	刀具半径补偿取消	G91①	增量指令
G41	刀具半径左补偿	G92	坐标系设定
G42	刀具半径右补偿	G98	固定循环中起始点复位
G43	刀具长度正补偿	G99	固定循环中 R 点复位
G44	刀具长度负补偿		

① G 码在电源打开时是这个 G 码状态。

(1)快速定位指令：G00

格式：G00 X __ Y __ Z __；

G00 指令为刀具相对于工件分别以各轴快速移动速度由始点（当前点）快速移动到终点。若是绝对值 G90 指令时，刀具分别以各轴快速移动速度移至工件坐标系中坐标值为 X、Y、Z 的点上；若是增量值 G91 指令时，刀具则移至距始点（当前点）为 X、Y、Z 值的点上。各轴快速移动速度可分别用参数设定，在加工执行时，还可以在操作面板上用快速进给速率修调旋钮来调整控制。

例如，刀具的始点位于工件坐标系的 A 点，快速定位到 C 点，如图 6-20 （a）所示。程序为 G90 G00 X40.0 Y30.0。刀具的进给路线为一折线，即刀具从始点 A 先沿 X 轴、Y 轴同时移动至 B，然后再沿 X 轴移至终点 C。由于各轴以各自速度移动，不能保证各轴同时到达终点，因而联动直线轴的合成轨迹不总是直线。

（2）直线插补指令：G01

格式：G01 X __ Y __ Z __ F __ ；

G01 指令为刀具相对于工件以 F 指令的进给速度从当前点（始点）向终点进行直线插补。当执行绝对值 G90 指令时，刀具以 F 指令的进给速度进行直线插补，移至工件坐标系中坐标值为 X、Y、Z 的点上；当执行 G91 指令时，刀具则移至距当前点距离为 X、Y、Z 值的点上。F 代码是进给速度指令代码，在没有新的 F 指令以前一直有效，不必在每个程序段中都写入 F 指令。F 指令的进给速度是刀具沿加工轨迹（路径）的合成运动速度，沿各坐标轴方向的进给速度分量可能不相同；三坐标轴能否同时运动（联动）取决于机床功能。例如，刀具的始点位于 A 点，直线插补到 B 点，如图 6-20 （b）所示，程序为 G90 G01 X60.0 Y30.0 F200。

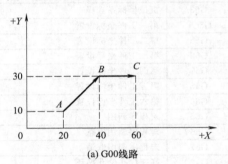

(a) G00线路

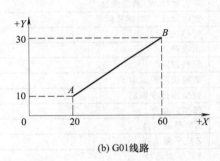

(b) G01线路

图 6-20　G00、G01 的线路

（3）圆弧插补指令：G02/G03

格式：$G17\begin{pmatrix}G02\\G03\end{pmatrix}X \underline{\quad} Y \underline{\quad} \begin{pmatrix}R\\I \underline{\quad} J \underline{\quad}\end{pmatrix}$ ；

$\qquad\quad G18\begin{pmatrix}G02\\G03\end{pmatrix}X \underline{\quad} Z \underline{\quad} \begin{pmatrix}R\\I \underline{\quad} K \underline{\quad}\end{pmatrix}$ ；

$\qquad\quad G19\begin{pmatrix}G02\\G03\end{pmatrix}Y \underline{\quad} Z \underline{\quad} \begin{pmatrix}R\\J \underline{\quad} K \underline{\quad}\end{pmatrix}$ ；

G02/G03 指令刀具相对于工件在指定的坐标平面（G17、G18、Gl9）内，以 F 指令的进给速度从当前点（始点）向终点进行圆弧插补。X、Y、Z（U、V、W）是圆弧终点坐标值。R 是圆弧半径，当圆弧所对应的圆心角 $0°\leqslant\theta\leqslant180°$ 时，R 取正值；当圆心角 $180°<\theta<360°$ 时，R 取负值；当圆心角为 360° 时，不能使用 R，只能使用 I、J、K。I、J、K 分别为圆心相对于圆弧始点在 X、Y、Z 轴方向的坐标增量，如图 6-21 所示。

注意：I、J、K 为零时可以省略。在同一程序段中，I、J、K 与 R 同时出现时，R 有效，而其他字被忽略。

① 如图 6-22 所示，圆弧编程。

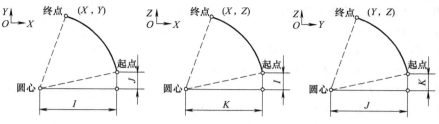

图 6-21 I、J、K 的选择

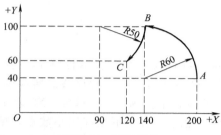

图 6-22 圆弧插补

a. 采用绝对值指令 G90 时。

G92 X0 Y0 Z0;   程序零点为 O

G90 G00 X200.0 Y40.0;   点定位 O→A

G03 X140.0 Y100.0 I-60.0 (或 R60.0) F300;   A→B

G02 X120.0 Y60.0 I-50.0 (或 R50.0);   B→C

b. 采用增量指令 G91 时。

G92 X0 Y0 Z0;

G91 G00 X200.0 Y40.0;

G03 X-60.0 Y60.0 I-60.0 (或 R60.0) F300;

G02 X-20.0 Y-40.0 I-50.0 (或 R50.0);

② 如图 6-23 所示,整圆编程。

a. 从 A 点顺时针一周。

G90 时：G90 G02 X30.0 Y0 I-30.0 J0 F100;

G91 时：G91 G02 X0 Y0 I-30.0 J0 F100;

b. 从 B 点逆时针一周。

G91 时：G91 G03 X0 Y0 I0J30.0 F100;

G90 时：G90 G03 X0 Y-30.0 I0J30.0 F100;

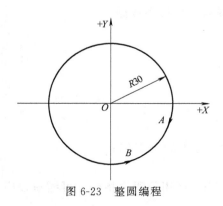

图 6-23 整圆编程

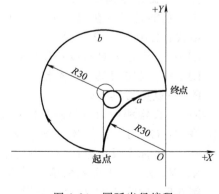

图 6-24 圆弧半径编程

③ 如图 6-24 所示，圆弧半径编程。

a. 圆弧 a（180°以下）。

G91 时：G91 G02 X30.0 Y30.0 R30.0 F100；

G90 时：G90 G02 X0   Y30.0 R30.0 F100；

b. 圆弧 b（180°以上）。

G91 时：G91 G02 X30.0 Y30.0 R-30.0 F100；

G90 时：G90 G02 X0   Y30.0 R-30.0 F100；

(4) 暂停指令：G04

格式：$G04 \begin{cases} X \underline{\quad} \\ P \underline{\quad} \end{cases}$；

地址码 X 或 P 为暂停时间，如 G04 P1000 表示暂停 1s。暂停 G04 指令刀具暂时停止进给，直到经过指令的暂停时间，再继续执行下一程序段。暂停的时间由 X 或 P 后面的数值指定，其中 X 后面可用带小数点的数，单位为 s，如 G04 X5 表示在前一程序执行完后，要经过 5s 以后，后一程序段才执行。地址 P 后面不允许用小数点，单位为 ms。如暂停 1s 可写为 G04 P1000。此功能可使刀具作短暂停留，以获得圆整而光滑的表面，如对不通孔作深度控制时，在刀具进给到规定深度后，用暂停指令使刀具作非进给光整切削，然后退刀，保证孔底平整。

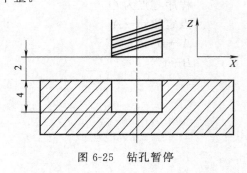

图 6-25　钻孔暂停

例 6-4　（图 6-25）钻孔加工。孔底要求 $Ra 1.6\mu m$，其加工程序如下。

G91 G01 Z-6 F100；

G04 X5；

G00 Z6；

M02；

(5) 加工平面设定指令：G17/G18/G19

G17/G18/G19 分别用来指定程序段中刀具的圆弧插补平面、刀具半径补偿平面和螺旋线补偿的螺旋平面。G17：选择 XY 平面；G18：选择 ZX 平面；G19：选择 YZ 平面。

(6) 尺寸单位选择指令：G20/G21

G21/G20 分别指令程序中输入数据为毫米、英寸。G21、G20 是两个互相取代的 G 代码，一般机床出厂时，将米制输入 G21 设定为参数缺省状态。用米制输入程序时，可不再指定 G21，但用英制输入或脉冲当量程序时，在程序开始设定工件坐标系之前，必须指定 G20 或 G21。这两个代码不能在程序的中途切换。另外，G21、G20 断电前后的状态一致。

(7) 数据设定指令：G10

G10 功能是可以在程序执行中自动设定刀具补正数值及程序坐标系数据。

格式：G10 L __ P __ R __；

L10——设定刀具长度补偿值；

L12——设定刀具半径补偿值；

P——设定刀具号码；

R——设定相应刀具号的长度补偿数值。

格式：G10 L2 P __ X __ Y __ Z __；

P——坐标系设定号码（0 为坐标系偏移，1～6 分别对应于 G54～G59）；

X，Y，Z——坐标系数值的设定。

例 6-5　如图 6-26 所示，利用 G10 偏移程序坐标系和 M98 调用子程序指令，可缩短程序长度。用 ϕ10mm 端铣刀，铣削 ϕ30mm 的孔 5 个、深 10mm，程序如表 6-4 所示。

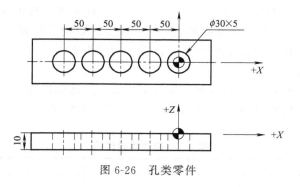

图 6-26　孔类零件

表 6-4　程序代码

主　程　序	子　程　序
O1102	O4949
G10 L2 P0 X0 Y0 Z0	G90 G00 X0 Y0
G91 G28 Z0	Z-15
G28 X0 Y0	G01 G42 X15 D11 F100
G54 G90	G02 I -15
M03 S600	G00 G40 X0 Y0
G54 G90 G00 X0 Y0	Z20
G43 Z5. H01 M08	M99
M98 P4949 L5	
G10 L2 P0 X0 Y0 Z0	
G91 G28 Z0	
M30	

(8) 机械原点复归核对指令：G27

格式：G27 X __ Y __ Z __ ；

数控机床通常是全天候运转做切削加工，为了提高加工的可靠性及工件尺寸的正确性，可用此指令来核对程序原点的正确性。

当执行加工完成一循环，于程序终止前，执行 G27 X __ Y __ Z __ ；（其 X、Y、Z 值必须是目前使用刀具之程序原点到机械原点的向量值）。则刀具将以快速定位（G00）移动方式自动回归机械原点，此时可检查执行操作面板上的机械原点复归灯是否被"点亮"。若 X、Y、Z 灯皆亮，则表示程序原点位置正确；若某灯不亮，则表示该轴向的程序原点位置有误差。

使用 G27 指令时，若先前有使用 G41 或 G42，G43 或 G44 做刀具补正，则必须用 G40 或 G49 将刀具补正取消后，才可使用 G27 指令。

(9) 自动机械原点复归指令：G28

格式：G28 X __ Y __ Z __ ；

其中 X、Y、Z 是指中途点坐标位置。

此指令的功能使刀具以快速定位（G00）移动回到机械原点。其目的是指出一条安全道路回到机械原点，再执行换刀指令。

例如，如图 6-27 所示，执行 G28、G29 指令示意图。

(10) 由机械原点经中途点至目的点指令：G29

格式：G29 X __ Y __ Z __ ；

其中 X、Y、Z 后面的数值是指刀具欲到达之目的点坐

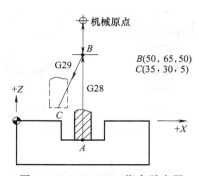

B(50，65，50)
C(35，30，5)

图 6-27　G28、G29 指令示意图

标位置。

此指令的功能是使刀具由机械原点经过中途点到达目的点。其中途点就是 G28 指令所指定的中途点，故刀具可经由此安全通路到达欲切削加工之目的点位置。所以用 G29 指令之前，必须先用 G28 指令，否则 G29 不知道中途点位置，而发生错误。

6.2.1.4 辅助功能

辅助功能字一般由字符 M 及随后的 2 位数字组成，因此也称为 M 指令。它用来指令数控机床的辅助装置的接通和断开（即开关动作），表示机床各种辅助动作及其状态，如表 6-5 所示。

表 6-5　辅助功能代码

M 代码	功　能	M 代码	功　能
M00	程序停止	M08	冷却液开
M01	计划停止	M09	冷却液关
M02	程序结束	M19	主轴定向停止
M03	主轴顺时针旋转	M30	程序结束并返回
M04	主轴逆时针旋转	M74	错误检测功能打开
M05	主轴停止旋转	M75	错误检测功能关闭
M06	换刀	M98	子程序调用
M07	雾状冷却液开	M99	子程序调用返回

（1）M00：程序停止

程序中若使用 M00 指令，执行至 M00 指令时，程序即停止执行，且主轴停止转动、切削液关闭。若欲再继续执行下一单节，只要按循环启动键，则主轴转动、切削开启，继续执行 M00 后面的程序。

（2）M01：选择性程序停止

此指令的功能和 M00 相同，可由执行操作面板上的"选择停止"按钮来控制。当按钮置于 ON（灯亮）时则 M01 有效，其功能等于 M00，若按钮置于 OFF（灯熄）时，则 M01 将不被执行。

M00 和 M01 常用在数控铣床于粗铣后执行 M00 或 M01，此时，则可用手动方式更换精铣刀，再按循环启动，继续执行精铣程序，其他加工以此类推。

（3）M02：程序结束

此指令应置于程序最后单节，表示程序到此结束。此指令会自动将主轴停止（M05）及关闭切削剂（M09），但程序执行指针（CURSOR）不会自动回到程序的第一单节，而停在 M02 此单节上。如欲使程序执行指针回到程序开头，必须先将"模式选择"钮转至 EDIT 编辑上，再按 RESET 键，使程序执行指针回到程序开头。

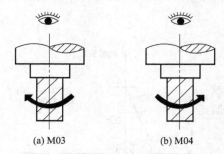

(a) M03　　　　(b) M04

图 6-28　主轴正反转

（4）M03：主轴正转

程序执行至 M03，主轴即正方向旋转（由主轴上方，向床台方向看，顺时针方向旋转）。如图 6-28（a）所示，一般铣刀都用主轴正转 M03。

（5）M04：主轴反转

程序执行至 M04，主轴即反方向旋转（由主轴上方，向床台方向看，逆时针方向旋转），如图 6-28（b）所示。

（6）M05：主轴停止

① 程序执行至 M05，主轴即瞬间停止，此指令用于下列情况。

② 程序结束前（但一般常可省略，因为 M02、M30 指令皆包含 M05）。

③ 若数控机床有主轴高速挡（M42）、主轴低速文件（M41）指令时，在换挡之间，必须使用 M05，使主轴停止再换挡，以免损坏换挡机构。

④ 主轴正、反转之间的转换，也须加入此指令，使主轴停止后，再变换转向指令，以免伺服马达受损。

（7）M06：自动换刀

程序执行至 M06，控制器即命令 ATC（自动刀具交换装置）执行换刀的动作。

（8）M07：开启雾状切削剂

有喷雾装置之机械，令其开启喷雾泵，喷出雾状切削剂。

（9）M08：切削液喷出

程序执行至 M08，即启动切削液泵，一般 CNC 机械主轴附近有一阀门可以手动调节切削液流量大小。

（10）M09：喷雾及切削液关闭

常用于程序执行完毕之前（但常可省略，因为一般 M02、M30 指令皆包含 M09）。

（11）M19：主轴定向停止

令主轴旋转至一固定方向后停止旋转，装置精镗孔刀及背镗孔刀使用 G76 或 G87 指令时，因其包含 M19 指令，且刀具会平移一小段距离。故必须先以 MDI 方式执行 M19 指令，以确定偏位方向，以便提供给 G76 或 G87 指令使用。

（12）M30：程序结束

此指令应置于程序最后单节，表示程序到此结束。此指令会自动将主轴停止（M05）及关闭切削液（M09），且程序执行光标会自动回到程序的第一段，以方便此程序再次被执行。此即是与 M02 指令不同之处，故程序结束大多使用 M30 较方便。

6.2.1.5 刀具长度补偿

格式：$\begin{pmatrix} G43 \\ G44 \end{pmatrix}\begin{pmatrix} G01 \\ B00 \end{pmatrix} Z \_\_ H \_\_;$

其中 G43 为刀具长度正补偿，G44 为刀具长度负补偿，Z 为目标点坐标，H 为刀具长度补偿值的存储地址，补偿量存入由 H 代码指令的存储器中，如 H01 是指 01 号寄存器，在该寄存器中存放刀具长度的补偿值。从 H00 至 H99，除 H00 寄存器必须置 0 外，其余寄存器存放刀具长度补偿值，该值的范围为：米制 $0\sim\pm999.9$mm，英制 $0\sim\pm99.999$in。

刀具长度补偿指令一般用于刀具轴向（Z 方向）的补偿，它使刀具在 Z 方向上的实际位移量比程序给定值增加或减少一个偏置量，这样当刀具在长度方向的尺寸发生变化时，可以在不改变程序的情况下，通过改变偏置量，加工出所要求的零件尺寸。以图 6-29 所示钻孔为例，图 6-29（a）表示钻头开始运动位置，图 6-29（b）表示钻头正常工作进给的起始位置和钻孔深度，这些参数都在程序中加以规定，图 6-29（c）所示钻头经刃磨后长度方向上尺寸减小（1.2mm），如按原程序运行，钻头工作进给的起始位置将成为图 6-29

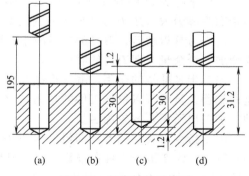

图 6-29 长度补偿示意图

（c）所示位置，而钻进深度也随之减少（1.2mm）。要改变这一状况，靠改变程序是非常麻烦的，因此规定用长度补偿的方法解决这一问题，图 6-29（d）表示使用长度补偿后，钻头工作进给的起始位置和钻孔深度。在程序运行中，让刀具实际的位移量比程序给定值多运行一个偏置量（1.2mm），而不用修改程序，即可以加工出程序中规定的孔深。

使用 G43、G44 时，不管用绝对尺寸还是用增量尺寸指令编程，程序中指定的 Z 轴移动指令的终点坐标值，都要与 H 代码指令的存储器中的偏移量进行运算。G43 时相加，G44 时相减。然后把运算结果作为终点坐标值进行加工。

G49 为撤销刀具长度补偿指令，指令刀具只运行到编程终点坐标。图 6-30 表示用 G43 编程的实例，图中 A 为程序起点，加工路线为①—②—⑧—④—⑥—⑦—⑧—⑨。由于某种原因，刀具实际起始位置为 B 点，与编程的起点偏离了 3mm，现按相对坐标编程，偏置量 3mm 存入地址为 H01 的存储器中。程序如下：

O0001

N01 G91 G00 X70 Y45 S800 M03；

N02 G43 Z-22 H01；

N03 G01 Z-18 F100 M08；

N04 G04 X5；

N05 G00 Z18；

N06 X30 Y-20；

N07 G01 Z-33 F100；

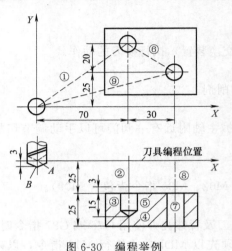

图 6-30　编程举例

N08 G00 G49 Z55 M09；

N09 X-100 Y-25；

N10 M30；

6.2.1.6　刀具半径补偿

格式：$\begin{pmatrix}G17\\G18\\G19\end{pmatrix}\begin{pmatrix}G41\\G42\end{pmatrix}\begin{pmatrix}G00\\G01\end{pmatrix}$X＿ Y＿ D＿ 或 Z＿ X＿ D＿ 或 Z＿ Y＿ D＿；

其中 X、Y 表示刀具移至终点时，轮廓曲线（编程轨迹）上点的坐标值，D 加数值为刀补号码，它代表了内存中刀补的数值。如 D01 就代表了在刀补内存表中第 1 号刀具半径值。这一半径值是预先输入在内存刀补表（Offset）中的 01 号位置上的。刀补号地址数设有 100 个，即 D00～D99。具体编程时，刀补号 D00～D09 中的 0 不能省略，如 D03 不能写为 D3。

当用半径为 R 的圆柱铣刀加工工件轮廓时，如果机床不具备刀补功能，编程人员要按照距轮廓距离为 R（R 为刀具半径）的刀具中心运动轨迹的数据来编程。其运算有时是很复杂的，而当刀具刃磨后，刀具的半径减小，那么就要按新的刀心轨迹编程，否则加工出来的零件要增加一个余量（即刀具的磨损量）。

刀具半径补偿的作用，就是根据轮廓 A 和刀具半径 R 的数值计算出刀具中心的轨迹 B，这样编程人员就可以根据工件的轮廓 A（图样上给定的尺寸）进行编程，而刀具沿轮廓 B 移动，加工出所需要的轮廓 A。

G41 指令刀具左偏置：即沿刀具进刀方向看去，刀具中心在零件轮廓的左侧，如图 6-31（a）所示。G42 指令刀具右偏置：即沿刀具进刀方向看去，刀具中心在零件轮廓的右侧，如图 6-31（b）所示。G40 取消刀补。

刀具半径补偿的过程分为三步。

(1) 刀补的建立

刀补的建立就是在刀具从起点接近工件时，刀具中心从与编程轨迹重合过渡到与编程轨迹偏离一个偏置量的过程。如图 6-32 所示 OA 段为建立刀补段，从 O—A 要用 G01 或 G00 编程，刀具的进给方向如图所示。当用编程轨迹（零件轮廓）编程时，如不用刀补，由 O—A

时，刀具中心在 A 点；如采用刀补，刀具将让出一个偏置量。刀具补偿程序段内，必须有 G00 或 G01 功能才有效。建立刀补的程序为：

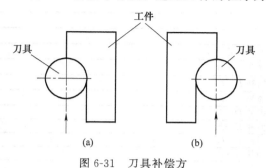

图 6-31　刀具补偿方

图 6-32　刀具半径补偿的全过程

G41 G01 X50 Y40 F100 D01；

或 G41 G00 X50 Y50 D01；

偏置量（刀具半径）预先寄存在 D01 指令的存储器中。G41、G42、D 均为续效代码。

（2）刀补进行

在 G41、G42 程序段后，刀具中心始终与编程轨迹相距一个偏置量，直到刀补取消。

（3）刀补的取消

刀具离开工件，刀具中心轨迹要过渡到与编程重合的过程。图中 CO 段为取消刀补段。当刀具以 G41 的形式加工完工件又回到 A 点后，就进入了取消刀补的阶段。和建立刀补一样，从 A—O 也要用 G00 或 G01 编程，取消刀补完成后，刀具又回到了起点位置。取消刀补的程序为：

G40 G01 X0 Y0 F100；

或 G40 G00 X0 Y0；

G40 必须和 G41 或 G42 成对使用。

例 6-6　加工如图 6-33 所示外轮廓面，用刀具半径补偿指令编程。

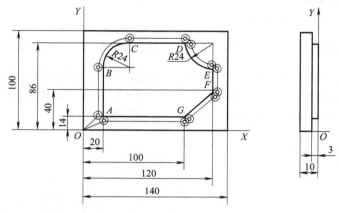

图 6-33　铣削凸台

采用刀具左补偿，程序如表 6-6 所示。

表 6-6　程序代码

程 序 内 容	程 序 解 释
O1103	
G54 X-70 Y-100 Z140	

续表

程 序 内 容	程 序 解 释
S1500 M03	
G00 X0 Y0 Z2	
G01 Z-3 F150	
G41 X20 Y14 D01	建立左刀补 O—A
Y62	直线插补 A—B
G02 X44 Y86 I24 J0	圆弧插补 B—C
G01 X96	直线插补 C—D
G03 X120 Y62 I24 J0	直线插补 D—E
G01 Y40	直线插补 E—F
X100 Y14	直线插补 F—G
X20	直线插补 G—A
G40 X0 Y0	取消刀补 A—O
G00 Z100	
M30	

各数控铣床大都具有刀具半径补偿功能，为程序的编制提供方便。总的来说，该功能有以下几方面的用途。

① 利用这一功能，在编程时可以很方便地按工件实际轮廓形状和尺寸进行编程计算，而加工中使刀具中心自动偏离工件轮廓一个刀具半径，加工出符合要求的轮廓表面。

② 利用该功能，通过改变刀具半径补偿量的方法来弥补铣刀制造的尺寸精度误差，扩大刀具直径选用范围和刀具返修刃磨的允许误差。

③ 利用改变刀具半径补偿值的方法，以同一加工程序实现分层铣削和粗、精加工，或者用于提高加工精度。

④ 通过改变刀具半径补偿值的正负号，还可以用同一加工程序加工某些需要相互配合的工件，如相互配合的凹凸模等。

6.2.2 数控铣床孔加工循环指令

6.2.2.1 钻孔循环指令

(1) 钻浅孔（中心钻）指令 G81

格式：$\binom{G98}{G99}$ G81X __ Y __ Z __ R __ F __ L __ ;

G81 钻孔动作循环，包括 X，Y 坐标定位、快进、工进和快速返回等动作。应注意的是，如果 Z 方向的移动量为零，则该指令不执行。G81 指令动作循环如图 6-34 所示。

例 6-7 如图 6-35 所示，钻孔深为 10mm，程序代码如下：

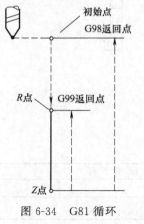

图 6-34 G81 循环

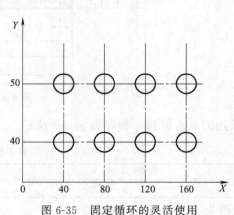

图 6-35 固定循环的灵活使用

```
O0022
G90 G54 G00 X0 Y0
S800 M03
Z100 M08
G98 G81 Y40. Z-10 R2 F100
G91 X40 L4
G90 X0 Y90 L0
G91 X40 L4
G90 G80 Z100
X0 Y0
M09
M05
M30
```

（2）带停顿的钻孔循环指令 G82

格式：$\begin{pmatrix} G98 \\ G99 \end{pmatrix}$ G82 X __ Y __ Z __ R __ P __ F __ L __;

G82 指令除了要在孔底暂停外，其他动作与 G81 相同。暂停时间由地址 P 给出。G82 指令主要用于加工盲孔，以提高孔深精度。应注意的是，如果 Z 方向的移动量为零，则该指令不执行。

（3）高速深孔加工循环：G73

格式：$\begin{pmatrix} G98 \\ G99 \end{pmatrix}$ G73 X __ Y __ Z __ R __ Q __ K __ F __ L __;

X、Y——待加工孔的位置；

Z——孔底坐标值（若是通孔，则钻尖应超出工件底面）；

R——参考点的坐标值（R 点高出工件顶面 2～5mm）；

Q——每一次的加工深度；

K——每次退刀距离；

F——进给速度，mm/min。

该固定循环用于 Z 轴的间歇进给，使深孔加工时容易排屑，减少退刀量，可以进行高效率的加工。Q 值为每次的进给深度（q），退刀用快速，其退刀量由 K 值设定。G73 指令动作循环如图 6-36 所示。

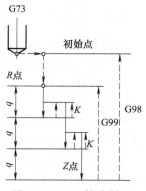

图 6-36 G73 钻孔循环

注意：如果 Z、K、Q 移动量为零，该指令不执行。同时，如果孔底平面 Z 高于参考点、Q 大于等于零、退刀量 K 小于或等于零，或退刀量 K 大于进刀量 Q 的绝对值，该指令也不执行。

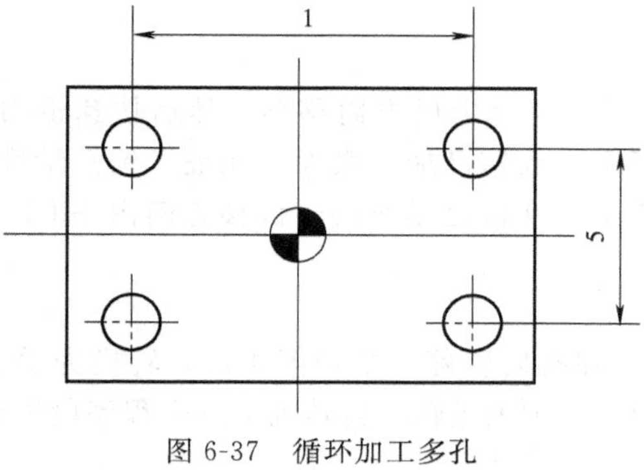

例 6-8 使用 G73 指令编制如图 6-37 所示深孔加工程序，钻孔深度为 80mm，在距工件上表面 2mm 处（R 点）由快进转换为工进，每次进给深度 10mm，每次退刀距离 5mm，程序代码如下。

图 6-37 循环加工多孔

```
O0023
G90 G54 G00 X0 Y0
```

```
S800  M03
Z80  M08
G98  G73  X50  Y25  Z-80  R2  Q10  K5  F200
X-50
Y-25
X50
G80  G00  Z100
M09
M30
```

（4）深孔加工循环指令 G83

G83 适用于深孔加工，Z 轴方向的间断进给，即采用啄钻的方式，实现断屑与排屑。

G83 与 G73 的区别是：虽然 G73 和 G83 指令均能实现深孔加工，而且指令格式也相同，但两者在 Z 向的进给动作是有区别的。执行 G73 指令时，每次进给后令刀具退回一个 K 值（用参数设定）；而 G83 指令则每次进给后均退回至 R 点，即从孔内完全退出，然后再钻入孔中。

G73 指令虽然能保证断屑，但排屑主要是依靠钻屑在钻头螺旋槽中的流动来保证的。因此深孔加工，特别是长径比较大的深孔，为保证顺利打断并排出切屑，应优先采用 G83 指令。

6.2.2.2　镗孔循环指令

（1）粗镗孔循环指令：G85

格式：$\begin{pmatrix} G98 \\ G99 \end{pmatrix}$ G85 X ＿ Y ＿ Z ＿ R ＿ F ＿ L ＿ ;

该指令与 G84 指令相同，但在孔底时主轴不反转。

（2）镗孔循环指令：G86

格式：$\begin{pmatrix} G98 \\ G99 \end{pmatrix}$ G86 X ＿ Y ＿ Z ＿ R ＿ F ＿ L ＿ ;

此指令与 G81 相同，但在孔底时主轴停止，然后快速退回。此指令一般用于粗镗孔。

（3）反镗孔循环指令：G87

格式：$\begin{pmatrix} G98 \\ G99 \end{pmatrix}$ G87 X ＿ Y ＿ Z ＿ R ＿ Q ＿ F ＿ ;

图 6-38 所示为 G87 指令动作图。在 X、Y 轴定位后，主轴定向停止，然后向刀尖的反方向移动 q 值，再快速进给到孔底（R 点）定点。在此位置，刀具向刀尖方向移动 q 值。主轴正转，在 Z 轴正方向上加工至 R 点。这时主轴又定向停止，向刀尖反方向移动，然后从孔中退出刀具。返回初始点（只能用 G98）后，退回一个位移量，主轴正转，进行下一个程序段的动作。

（4）精镗孔循环指令：G76

格式：$\begin{pmatrix} G98 \\ G99 \end{pmatrix}$ G76 X ＿ Y ＿ Z ＿ R ＿ Q ＿ F ＿ ;

如图 6-39 所示，精镗时，主轴在孔底定向停止后，向刀尖反方向移动，然后快速退刀，退刀位置由 G98 或 G99 决定。这种带有让刀的退刀不会划伤已加工表面，保证了镗孔精度。刀尖反向位移量用地址"Q"指定，其值 q 只能为正值。Q 值是模态的，位移方向由 MDI 设定，可为 ±X、±Y 中的任一个。

（5）镗孔循环指令：G88

如图 6-40 所示，给出了该指令的循环动作次序。在孔底暂停，主轴停止后，转换为手动状态，可用手动可将刀具从孔中退出。到返回点平面后，主轴正转，再转入下一个程序段进行自动加工。

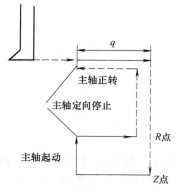

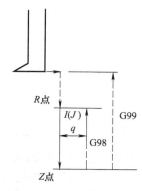

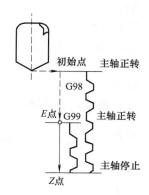

图 6-38 G87 循环指令　　　　图 6-39 G76 循环指令　　　　图 6-40 G88 循环指令

(6) 镗孔循环指令：G89

此指令与 G86 指令相同，但在孔底有暂停。

6.2.2.3 攻螺纹指令

(1) 攻丝循环指令：G84

格式：$\begin{pmatrix} G98 \\ G99 \end{pmatrix} G84\ X\_\_\ Y\_\_\ Z\_\_\ R\_\_\ P\_\_\ F\_\_\ L\_\_;$

利用 G84 攻螺纹时，从 R 点到 Z 点主轴正转，在孔底暂停后，主轴反转，然后退回。G84 指令动作循环如图 6-41 所示。

① 攻丝时速度倍率、进给保持均不起作用，进给速度 $F=$ 转速(r/min)×螺距(mm)。

② R 应选在距工件表面 7mm 以上的地方。

③ 如果 Z 方向的移动量为零，该指令无效。

例 6-9　利用 G84 编制如图 6-42 所示的螺纹加工程序，$M10$ 螺纹切削深度为 10mm。程序代码如下。

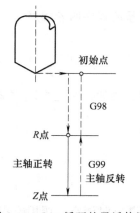

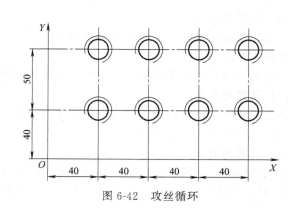

图 6-41 G84 循环的灵活使用　　　　图 6-42 攻丝循环

```
O0024
G90 G54 G00 X0 Y0
S300 M03
Z80 M08
G99 G84 X40 Y40 Z-10 R10 P2000 F300
G91 X40 L3
```

Y50

X-40 L3

G90 G80 G00 Z100

M09

M30

（2）反攻丝循环指令：G74

格式：$\begin{pmatrix} G98 \\ G99 \end{pmatrix}$ G74 X __ Y __ Z __ R __ P __ F __ L __；

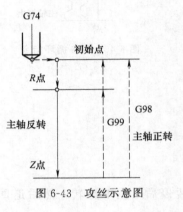

图 6-43 攻丝示意图

利用 G74 攻反螺纹时，主轴反转，到孔底时主轴正转，然后退回。G74 指令动作循环如图 6-43 所示，注意事项同 G84。

例 6-10 利用 G74 编制如图 6-42 所示的螺纹加工程序，M10 螺纹切削深度为 10mm。程序代码如下。

O0025

G90 G54 G00 X0 Y0

S300 M04

Z80 M08

G99 G74 X40 Y40 Z-10 R10 P2000 F300

G91 X40 L3

Y50

X-40 L3

G90 G80 G00 Z100

M09

M30

6.2.3 数控铣床宏加工指令的应用

利用对变量的赋值和表达式来进行对程序的编辑的，这种有变量的程序叫宏程序。

（1）变量的表示

变量用变量符号"♯"和后面的变量号表示：♯i（$i=1$，2，3……）

例如，♯5，♯109，♯501。

表达式可以用于指定变量号。此时，表达式必须封闭在括号中。例如：♯［♯1＋♯2-12］

（2）变量的引用

将跟随在一个地址后的数值用一个变量来代替，即引入了变量。

例如，对于 F♯103，若♯103＝50 时，则为 F50。

（3）变量的分类

① 空变量♯0　该变量总是空，没有值能赋给该变量。

② 局部变量♯1－♯33　一个在宏程序中局部使用的变量，当断电时清空，调用宏程序时代入变量值。

③ 公共变量♯100～♯131；♯500～♯531　公共变量是在主程序和主程序调用的各用户宏程序内公用的变量。也就是说，在一个宏指令中的♯i与在另一个宏指令中的♯i是相同的。其中♯100～♯131 公共变量在电源断电后即清零，重新开机时被设置为"0"；♯500～♯531 公共变量即使断电后，它们的值也保持不变，因此也称保持型变量。

④ 系统变量　有固定用途的变量，它的值决定系统的状态。系统变量包括刀具偏置变量，接口的输入/输出信号变量，位置信息变量等。系统变量的序号与系统的某种状态有严格的对

应关系。

（4）算数和逻辑运算

表 6-7 中列出的运算可以在变量中执行。运算符右边的表达式可包含常量和或由函数或运算符组成的变量。表达式中的变量 $\#j$ 和 $\#k$ 可以用常数赋值。左边的变量也可以用表达式赋值。

表 6-7　算术和逻辑运算一览表

功　能	格　式	备　注
定义、置换	$\#i=\#j$	
加法	$\#i=\#j+\#k$	
减法	$\#i=\#j-\#k$	
乘法	$\#i=\#j*\#k$	
除法	$\#i=\#j/\#k$	
正弦	$\#i=\text{SIN}[\#j]$	三角函数及反三角函数的数值均以度为单位来指定。
反正弦	$\#i=\text{ASIN}[\#j]$	
余弦	$\#i=\text{COS}[\#j]$	
反余弦	$\#i=\text{ACOS}[\#j]$	
正切	$\#i=\text{TAN}[\#j]$	
反正切	$\#i=\text{ATAN}[\#j]$	
平方根	$\#i=\text{SQRT}[\#j]$	
绝对值	$\#i=\text{ABS}[\#j]$	
舍入	$\#i=\text{ROUND}[\#j]$	
指数函数	$\#i=\text{EXP}[\#j]$	
（自然）对数	$\#i=\text{LN}[\#j]$	
上取整	$\#i=\text{FIX}[\#j]$	
下取整	$\#i=\text{FUP}[\#j]$	
与	$\#i\text{AND}\#j$	
或	$\#i\text{OR}\#j$	
异或	$\#i\text{XOR}\#j$	
从 BCD 转为 BIN	$\#i=\text{BIN}[\#j]$	用于与 PMC 的信息交换
从 BIN 转为 BCD	$\#i=\text{BCD}[\#j]$	

（5）转移和循环

① 无条件转移（GOTO 语句）　转移（跳转）到标有顺序号 N（即俗称的行号）的程序段。例如：GOTO 100；即转移至标有行号为 N100 的行。

② 条件转移（IF 语句）

a. IF　［条件表达式］　GOTO　N

条件表达式成立时，则跳转到标有顺序号为 N 的程序段开始执行；条件表达式不成立时，则顺序执行下个程序段。

条件式中变量 $\#j$ 或 $\#k$ 可以是常量，也可以是表达式，条件式必须用括弧括起来。

b. IF［条件表达式］　THEN

如果指定的条件表达式满足时，则执行预先指定的宏程序语句，而且只执行一个宏程序语句。

IF［$\#1$ EQ $\#2$］THEN $\#3=10$；如果 $\#1$ 和 $\#2$ 的值相同，10 赋值给 $\#3$。

条件式如表 6-8 所示。

表 6-8　条件式类型

$\#j$ EQ $\#k$	EQ 等于
$\#j$ NE $\#k$	NE 不等于
$\#j$ GT $\#k$	GT 大于
$\#j$ LT $\#k$	LT 小于
$\#j$ GE $\#k$	GE 大于或等于
$\#j$ LE $\#k$	LE 小于或等于

③ 循环语句（WHILE 语句）　当条件语句成立时，程序执行从 DO m 到 END m 之间的程序段；如果条件不成立，则执行 END m 之后的程序段。DO 和 END 后的数字是用于表明循环执行范围的识别号。可以使用数字 1、2 和 3，如果是其他数字，系统会产生报警。

语句格式为：

WHILE［条件式］　　DO　m（$m=1$，2，3）

...

END　m

(6) 宏程序实例

① 铣椭圆　椭圆的参数方程为：

$$\begin{cases} x=60\cos\theta \\ y=40\sin\theta \end{cases} \theta\in[0°,360°]$$

将圆心角的增量设为 $\Delta\theta=1°$，初始参数 $\theta=0$，编程坐标原点设在椭圆中心。编制宏程序代码如下。

```
O0020
G90 G54 G00 X70 Y10
M03 S1000
G01 Z-5 F80
G42 G01 X60 Y0 D01
♯100＝0
N7♯100＝♯100＋1
♯101＝60cos［♯100］
♯102＝40sin［♯100］
G01 X♯101 Y♯102 F120
IF［♯100 LE 360］GOTO 7
G40 G01 X70 Y10
G00 Z50
M05
M30
```

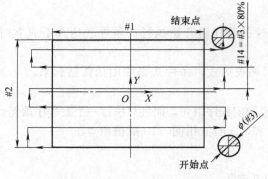

图 6-44　矩形平面加工示意图

② 矩形开放区域平面加工　加工如图 6-44 中长 60、宽 40 的矩形平面，采用 ϕ10mm 立铣刀，走刀路线如图 6-44 所示，程序代码如下。

```
O0022
♯1＝60
♯2＝40
♯3＝10
♯4＝－♯2/2
♯14＝0.8 * ♯3
♯5＝［♯1＋♯3］/2＋2
G54 G90 G00 X0 Y0
```

```
Z30
M03 S600
X♯5 Y♯4
Z0
```

WHILE［♯4LE［♯2/2］］DO 1

G01X－♯5F100

♯4＝♯4＋♯14

Y♯4

X♯5

♯4＝♯4＋♯14

Y♯4

END 1

G00 Z50

M30

6.3 数控车床加工程序编制

6.3.1 数控车床常用编程指令

6.3.1.1 加工准备类指令

（1）S×× ——主轴转速

书写格式：S ＿

说明：

① 用来指定主轴的转速，用字母 S 和其后的 1～4 位数字表示。

② S 功能的单位是 r/min。在编程时，除用 S 代码指定主轴转速外，还要用 M 代码指定主轴转向，是顺时针还是逆时针。

③ 在具有恒线速功能的机床上，S 功能指令使用如下。

a. 最高转速限制。书写格式：G50（或 G92） S ＿；单位为 r/min。

b. 恒线速控制。书写格式：G96 S ＿；单位为 m/min。

c. 恒线速取消。书写格式：G97 S ＿；S 的数字表示恒线速取消后的主轴转速。

（2）M03 ——主轴顺时针旋转

程序里有 M03 指令，主轴结合 S 功能，按给定的转速，顺时针方向旋转。

（3）M04 ——主轴逆时针旋转

程序里写有 M04 指令，主轴结合 S 功能，按给定的转速，逆时针方向旋转。

（4）M05 ——主轴停止旋转

程序里出现 M05 指令，坐标指令运行结束后，主轴旋转立即停止。

（5）M08 ——切削液开

M08 功能在本段程序开始执行时打开切削液。

（6）M09 ——切削液关

M09 功能在本段程序运行完毕后关掉切削液。

（7）M30 ——程序结束

M30 表示加工程序结束。

（8）G21（G20）——公制和英制单位选择

G21 和 G20 指令是一组可以相互取代的 G 代码。如果一个程序开始用 G21 指令，则表示指令中相应的数据是公制单位，直到被 G20 替代为止。G21 和 G20 指令断电前后一致，即停机前用于的 G21 和 G20 指令，在下次开机时仍然有效，除非重新设定。

(9) G94（G95）——每分钟（每转）进给

书写格式：G94（G95）　F __；

G95 指令的 F 直接指定刀具每转的进给量，如图 6-45 所示。G94 指令的 F 指定每分钟的进给量，单位是 μm/min。G94 为模态指令，在程序中指定后，直到 G94 指令被 G95 替代前，一直持续有效。

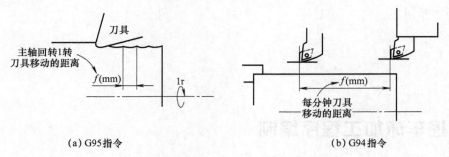

图 6-45　G94（G95）指令的使用

(10) G50——工件坐标系设定指令

书写格式：G50　X __　Z __；

说明：

① G50 是规定刀具起点（或换刀点）至工件原点的距离。坐标值 X、Z 为刀尖（刀位点）在工件坐标系中的起始点（即起刀点）的位置。刀尖的起始点距工件原点的 Z 向尺寸和 X 向尺寸分别为 150mm 和 200mm（直径值）。即开始执行该程序段，相当于系统内部建立了一个以工件原点为坐标原点的工件坐标系。

② 在执行 G50 指令前，必须先行对刀，通过调整机床，将刀尖放在程序所要求的起刀点位置上。

如图 6-46 所示，当以工件左端面为工件原点时：

G50 X200.0 Z150.0；

③ 在 G50 指令中，如果将 X、Y 各轴数值设置为零，则工件坐标系原点与刀具起始点重合。

④ G50 指令的作用只是分离工件坐标系原点和刀具的起始点，加工中不产生运动。

例 6-11　G50 指令编程举例（图 6-47）。

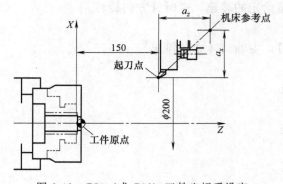

图 6-46　G50（或 G92）工件坐标系设定

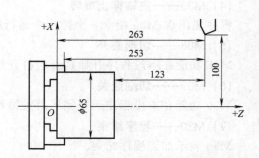

图 6-47　G50（或 G92）指令编程举例

当以工件左端面为工件原点时：G50 X200.0 Z263.0；

当以工件右端面为工件原点时：G50 X200.0 Z123.0；

当以卡爪前端面为工件原点时：G50 X200.0 Z253.0；

显然，当 X 向、Z 向不同或改变刀具的当前位置时，所设定的工件原点位置也不同。

（11）G50——坐标系平移

书写格式：G50　U___ W___;

说明：

① 该指令能把已建立起来的某个坐标系进行平移，其中 U 和 W 分别代表坐标原点在 X 轴和 Z 轴上的位移增量。

如图 6-48 所示，在执行 "G50 UA WB;" 指令前，系统所显示的坐标值为 $X=a$，$Z=b$，执行完该指令以后，系统所显示的坐标值将变成 $X=a+A$，$z=b+B$，即相当于坐标原点从 O 点平移到了 O' 点。

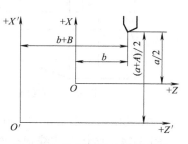

图 6-48　坐标系的设定与平移

② G50 指令的作用就是让系统内部用新的坐标值代替旧的坐标值，从而建立起新的坐标系。工件坐标系一旦建立，就取代了原来的机床坐标系；如果再重新建立机床坐标系，又会取代旧的工件坐标系。

③ 在机床坐标系中，坐标值是刀架中心点（对刀的参考点）相对于机床原点的距离；而在坐标系中，坐标值则是刀尖相对于工件原点的距离。

（12）G00——快速定位

书写格式：G00　X（U）___ Z（W）___;

说明：

① 此指令是使刀具以预先用参数设定的速度快速移动到所指定的位置。

② 不运动的坐标可以省略。

③ X、Z 表示目标点的绝对坐标值。U、W 表示目标点相对前一点的增量坐标。小数点前最多允许 4 位数，小数点后最多允许 3 位，正数可以省略 "+" 号。

④ G00 功能起作用时，其移动速度按系统参数预存的速度进行。

⑤ 用 G00 编程时，也可以写作 G0。

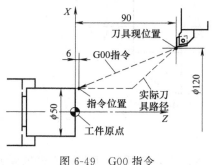

图 6-49　G00 指令

例 6-12　绝对值方式编程举例（图 6-49）。

G00　　X50.0　　Z6.0;

增量方式编程举例：

G00　　U-70.0　　W-84.0;

（13）F××——运行速度设定

F 后面的数字表示进给速度的大小，单位为 mm/min。用字母 F 与 4 位整数和 3 位小数表示。

例如，F180 表示刀具的进给速度为 180mm/min。

6.3.1.2　基本加工类指令

（1）G01——直线插补

书写格式：G01 X（U）___ Z（W）___ F___;

说明：

① 采用绝对尺寸编程时，刀具以 F 指令指定的进给速度进行插补，运行至坐标值为 X、Z 的某轨迹点上。

② 采用相对尺寸编程时，刀具运行到与当前点（起始点）的距离为 U、W 的某轨迹点上；F 指令为续效指令，在没有新的 F 指令前一直有效，因此不必在每个程序段中都写入 F 指令，如图 6-50 所示。

例 6-13　绝对值方式编程举例（图 6-51）。

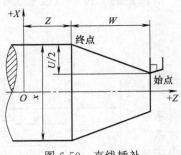

图 6-50 直线插补

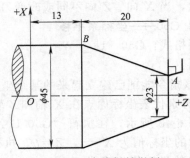

图 6-51 直线插补举例

G01 X45.0 Z13.0 F120;

例 6-14 增量方式编程举例。

G01 U20.0 W-20.0 F120;

(2) G02、G03——圆弧插补

书写格式：G02　X (U) __ Z (W) __ I __ K __ F __;

G03　X (U) __ Z (W) __ I __ K __ F __;

或 G02　X (U) __ Z (W) __ R __ F __;

G03　X (U) __ Z (W) __ R __ F __;

说明：

① 圆弧指令 G02、G03 使刀具相对工件以 F 指令指定的进给速度从当前点（起始点）向终点进行圆弧插补。G02 指令是顺时针圆弧插补指令，G03 是逆时针圆弧插补指令，如图 6-52 所示。

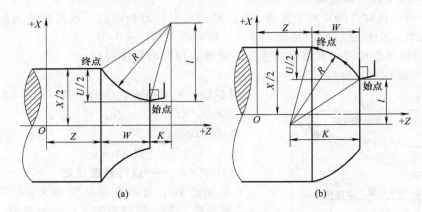

图 6-52　圆弧插补

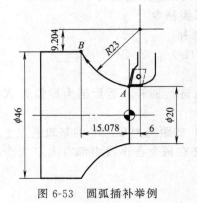

图 6-53　圆弧插补举例

② 绝对尺寸编程时，X、Z 为圆弧终点坐标值；增量尺寸编程时，U、W 为终点相对始点的距离；R 是圆弧半径。

③ I、K 为圆心在 X、Z 轴上相对始点的坐标增量，当 I、K 为零时可以省略；如果 I、K 和 R 同时出现在程序段上，则以 R 优先，I、K 无效。

例 6-15 绝对值方式编程举例（图 6-53）。

G02　X46.0　Z-15.078　122.204　K6.0　F125;

绝对值方式 R 编程：

G02　X46.0　Z-15.078　R23.0　F125;

增量方式编程：

G02　U26.0　Z-15.078　122.204　K6.0　F125；

(3) G04——程序暂停

书写格式：G04　P＿或 G04　X（U）＿；

说明：

① X、U、P 的指令时间是暂停时间，其中 P 后面的数值为整数，单位为 μs，X（U）后面可为带小数点的数值，单位为 s。

② 该指令除用于切削或钻、镗孔外，还用于拐角轨迹控制。由于数控系统自动加、减速运行，刀具在拐角处的轨迹不是直角。如果拐角处的精度要求很高，其轨迹必须是直角时，就应在拐角处使用暂停指令。此功能也用在车削螺纹时，指令暂停一段时间，使主轴转速稳定后再执行车削螺纹，以保证螺距的加工精度。

③ 此指令为非模态指令，只在本程序段中有效。

例 6-16　编程举例。

　　　　　　G04　X2.5；
或　　　　　G04　U1.5；
或　　　　　G04　P1500；

(4) G32——螺纹切削

书写格式：　G32　X（U）＿Z（W）＿F＿；
或　　G32　X（U）＿Z（W）＿E＿；

说明：

① 螺纹导程用 F（单位 0.001mm/min）或 E（单位 0.0001mm/min）指定。数值 E 仅在螺纹切削时有效，可以获得高精度的加工。螺纹切削见图 6-54。

② 对于锥螺纹切削，见图 6-55，其斜角 α≤45°时，螺纹导程以 Z 轴方向的准备坐标值指定；斜角 α 在 45°～90°时，螺纹导程以 X 轴方向的坐标值指定。

③ 圆柱螺纹切削时，格式为：G32　Z（W）＿F（E）＿；
　　端面螺纹切削时，格式为：G32　X（U）＿F（E）＿；

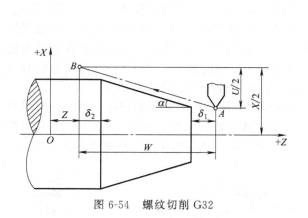

图 6-54　螺纹切削 G32

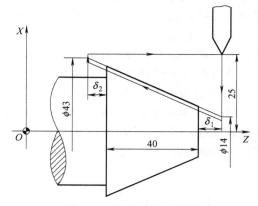

图 6-55　锥螺纹切削举例

④ 螺纹切削应注意在螺纹两端设置切入和切出的空行程 δ_1 和 δ_2，以避免电动机升降速过程对螺纹导程造成误差。

如果螺距较大时，应分为数次进刀，每次进刀的深度用螺纹深度减去精加工切削的深度所得的差按递减规律分配。

例 6-17　锥螺纹切削加工举例（图 6-55）。

锥螺纹切削，螺纹导程为 3.5mm，$\delta_1=2$mm，$\delta_2=1$mm，若第一刀切削的深度为 1mm，第二刀为 0.5mm。则前两刀的程序为：

```
G00    X12.0;
G32    X41.0    W-43.0    F3.5;
G00    X50.0;
       W43.0;
       X11.0;
G32    X40.0    W-43.0;
G00    X50.0;
       W43.0;
```

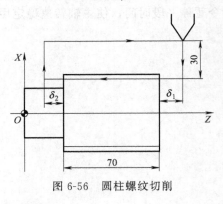

图 6-56 圆柱螺纹切削

```
W74.5;
```

例 6-18 圆柱螺纹切削加工举例（图 6-56）。

螺纹切削导程为 3mm，$\delta_1=3$mm，$\delta_2=1.5$mm，若第一刀切削的深度为 1mm，第二刀为 0.5mm，则前两刀的程序为：

```
G00    U-62.0;
G32    W-74.5    F3.0;
G00    U62.0;
       W62.5;
       U-74.5;
G32    W-74.5;
G00    U63.0;
```

6.3.1.3 刀具补偿功能指令

(1) 刀具补偿功能

① 刀具的几何、磨损补偿 如图 6-57 所示，在编程时，一般以其中一把刀具为基准，并以该刀具的刀尖位置 A 为依据来建立工件坐标系。这样，当其他刀位转至加工位置时，刀尖的位置 B 相对于刀尖位置 A 就会有偏差，由此原来设定的工件坐标系对这些刀具就不适用了。另外，每把刀具在加工过程中都有不同程度的磨损。因此，应该对偏移量 Δx、Δz 进行补偿。

刀具的补偿功能由程序中指定的 T 代码来实现。T 代码由字母 T 及其后面的 4 位数码组成。其中前两位为刀具号，后两位为刀具补偿号。刀具补偿号实际上是刀具补偿寄存器的地址号，该寄存器中存有刀具的几何偏差量和磨损偏差量（X 轴偏差和 Z 轴偏差）。刀具补偿号可以是 00～32 中的任一个数，刀具补偿号为 00 时，表示不进行补偿或取消补偿。

② 刀尖半径补偿 切削加工时，为了提高刀尖强度，降低加工表面粗糙度，刀尖处可以刃磨成圆弧过渡刃。在切削内外圆柱面或端面时，刀尖圆弧不影响其尺寸和形状，但是，在切削圆锥面或圆弧面时，就会造成过切或少切，见图 6-58。此时，可用刀尖半径补偿功能来消除误差。

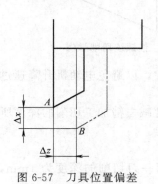

图 6-57 刀具位置偏差

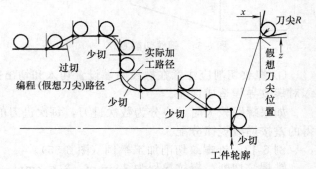

图 6-58 刀尖圆角造成的少切或过切

　　加工中，当系统执行到含有 T 代码的程序段时，是否对刀具进行半径补偿，取决于 G40、G41、G42 指令，见图 6-59。

　　G40：取消刀具半径补偿。刀尖运动轨迹与编程轨迹一致。

　　G41：刀具半径左补偿。沿进给方向看，刀尖圆弧位置在编程轨迹的左边。

　　G42：刀具半径右补偿。沿进给方向看，刀尖圆弧位置在编程轨迹的右边。

　　数控车床总是按刀尖对刀，使刀尖位置与程序中的起刀点（或换刀点）重合。但是实际车刀上有刀尖圆弧，如图 6-60 所示。所以刀尖位置可以是刀尖圆弧上某点，也可以是假想刀尖的另一点。在没有刀尖半径补偿时，按哪个假想刀尖位置编程，哪个刀尖就按编程轨迹运动。由此产生的过切和少切，因刀尖位置方向的不同而异。

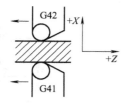

图 6-59　刀具半径补偿

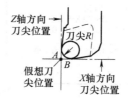

图 6-60　刀尖圆弧

　　③ 编程

　　a. 按刀尖圆弧中心编程。如图 6-61 所示，当没有刀尖半径补偿时，刀尖圆弧中心的轨迹与编程轨迹相同，见图 6-61（a）；当执行刀尖半径补偿时，则可以多切或少切，见图 6-61（b）。

　　b. 按假想刀尖编程。如图 6-62 所示，当没有刀尖半径补偿时，刀尖圆弧中心的轨迹与编程轨迹相同，见图 6-62（a）；当执行刀尖半径补偿时，则可以多切或少切，见图 6-62（b）。

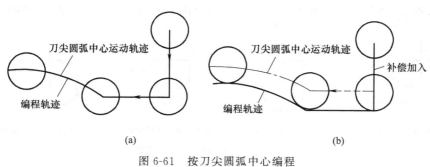

(a)　　　　　　　　　　(b)

图 6-61　按刀尖圆弧中心编程

(a)　　　　　　　　　　(b)

图 6-62　按假想刀尖编程

　　④ 注意事项

　　a. G41 或 G42 指令必须与 G00 或 G01 指令一起使用，并且在切削完成之后，用 G40 指令取消补偿。

　　b. 工件有锥度和圆弧时，必须在精车锥度和圆弧前一程序中建立刀具半径补偿，一般在切入工件时的程序段中建立半径补偿。

c. 必须在刀具补偿设定页面的刀具半径处填入使用刀具的刀尖半径值,见图 6-63。

d. 必须在刀具补偿设定页面的假想刀尖方向处,填入使用刀具的假想刀具方向代号,作为刀尖半径补偿的依据。

e. 从刀尖圆弧中心看刀尖的方向不同,即刀具在切削时所摆的位置不同,共有 9 种位置,见图 6-64。如果按刀尖圆弧中心编程,则选用 0 或 9 号。常见车刀的假想刀具号见图 6-65。

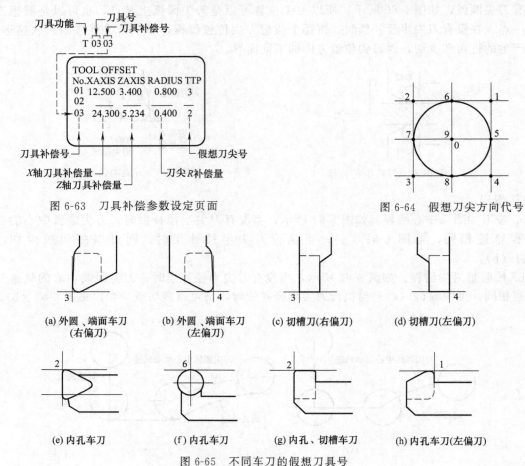

图 6-63　刀具补偿参数设定页面

图 6-64　假想刀尖方向代号

(a) 外圆、端面车刀
(右偏刀)

(b) 外圆、端面车刀
(左偏刀)

(c) 切槽刀(右偏刀)

(d) 切槽刀(左偏刀)

(e) 内孔车刀

(f) 内孔车刀

(g) 内孔、切槽车刀

(h) 内孔车刀(左偏刀)

图 6-65　不同车刀的假想刀具号

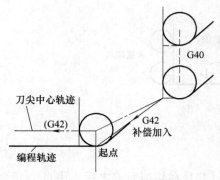

图 6-66　刀具补偿的过程

f. 刀尖半径补偿的加入。由 G40 功能到使用 G41 或 G42 时的程序段,即是刀尖半径补偿加入的动作。如图 6-66 所示,其起始程序格式为:

G40;

G41（或 G42）;

在执行完起始程序段后,刀尖中心留在下一程序段编程轨迹起始点的垂直位置上。若程序段前面有 G41 或 G42 功能,则可以不用 G40,直接写入 G41 或 G42 即可。

g. 刀尖半径补偿取消。G41 或 G42 程序段的后面,加上 G40 程序段,即是刀尖半径补偿取消,见图 6-67,

其指令格式为:

G41（或 G42）；

G40；

刀尖半径补偿取消 G40 程序段执行前，刀尖圆弧半径停留在前一程序段终点的垂直位置上。G40 程序段是刀具由终点退出的动作。

在刀尖半径补偿取消时，还可以在 G40 程序段中用 I、K 值规定工件的位置方向，以防止在转角处产生过切现象，见图 6-68。其指令格式为：

G40　X（U）＿Z（W）＿I＿K＿；

例 6-19 I、K 值规定工件方向编程举例（图 6-69）。

G42　G00　X60.0；		（进给路线①）
G01　　　　X120.0　W-150.0　F118.0；		（进给路线②）
G40　G00　X300.0　W150.0　140.0　K-30.0；		（进给路线③）

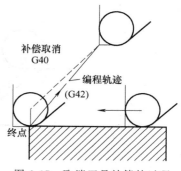

图 6-67　取消刀具补偿的过程

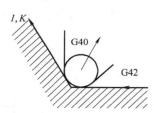

图 6-68　用 I、K 值规定方向

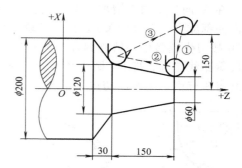

图 6-69　用 I、K 值编程举例

（2）使用刀尖半径补偿的注意事项及刀具补偿量的设定

在使用 G41 或 G42 指令之后的程序段中，不能出现连续两个或两个以上的不移动指令，否G72、G73 指令状态下，如以刀尖圆弧中心轨迹编程时，必须指定指令中的精车余量 Δu 和 Δw。

对应于每个刀具补偿号，都有一组偏置量 X、Z，刀具半径补偿量 R 和刀尖方向号 T。刀具补偿量可以在程序中用 G10 指令来设定。其指令格式为：

　　G10　P＿X＿Z＿R＿Q＿；

　　或 G10　P＿U＿W＿R＿Q＿；

其中，P 为刀具补偿量，与 T 代码中的刀具补偿号相对应；X 为 X 轴偏移量（绝对坐标值），Z 为 Z 轴偏置量（绝对坐标值）；U 为 X 轴偏置量（增量坐标值），W 为 Z 轴偏置量（增量坐标值）；R 为刀尖半径补偿量；Q 为假想刀尖方向号。

（3）刀尖半径补偿功能

工件的有些部位不方便或不值得用 G41、G42，这就要用计算的方法来完成刀尖半径的补偿。

① 按假想刀尖编程加工锥面　如图 6-70 所示，假想刀尖 P 沿工件轮廓 AB 移动，即 P_1、P_2 与 AB 重合；如按 AB 尺寸则必然产生图 6-70（a）中 ABCD 区间的残留误差。因此，应该按图 6-70（b）所示使车刀的切削点移至 AB，并按 AB 移动，从而避免残留误差，但这时假想刀尖轨迹 P_3、P_4 与轮廓 AB 在 X 方向和 Z 方向分别相差了 Δx 和 Δz。

$$\Delta x = 2r/(1+\cot Q/2) \qquad \Delta z = r+(1-\cot Q/2)$$

式中　r——刀尖圆弧半径。

可以直接按假想刀尖轨迹点 P_3、P_4 的坐标值编程，即在 X 方向和 Z 方向予以补偿 Δx、Δz。

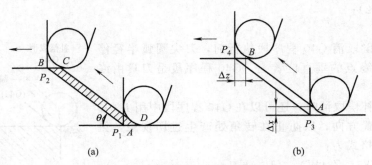

图 6-70 车削椎体刀具补偿示意图

② 按假想刀尖编程加工圆弧　车削圆弧时，有图 6-71 所示的情况。图 6-71（a）为车削半径为 R 的凸圆弧；由于刀尖圆弧 r 的存在，刀尖 P 点所走的圆弧轨迹并不是工件所要求的圆弧轨迹，并不是所要求的圆弧形状，其圆心为 O'；半径为 $R+r$，此时应按照假想刀尖轨迹编程，在 X 向、Z 向都增加一个补偿量 r。同理，在切削凹圆弧时，见图 6-71（b），则在 X 向、Z 向都减少一个补偿量 r，其刀尖轨迹半径为 $R-r$。

③ 按刀尖圆弧中心轨迹编程　图 6-72 所示零件由三段圆弧组成，可以图中单点画线所示的三段等距线编程，即 O_1 圆半径为 R_1+r，O_2 圆半径 R_2+r，O_3 圆半径为 R_3+r，三段圆弧的终点坐标由等距圆的切点关系求得。

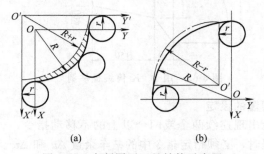

图 6-71 车削圆弧刀具补偿示意图

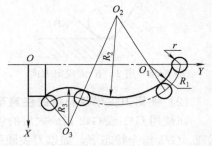

图 6-72 按刀尖圆弧中心轨迹编程

④ 注意事项

a. 刀具半径补偿执行中应注意以下问题。
- 不能加工小于刀具半径的内拐角。
- 不能加工小于刀具半径的沟槽。
- 不能加工小于刀尖半径的台阶。
- 不含有刀补矢量的程序段只能有一端。
- 刀具执行中 G41 和 G42 不能随意转换。
- 刀补矢量为正值，如设定为负值，则半径方向改变。

b. 取消刀具半径补偿应遵守以下原则。
- 在加工边界至少要有两个刀具半径处，以便于取消刀具半径补偿。
- 在圆弧插补中不允许取消刀具半径补偿。
- 刀具半径取消程序段不允许拐小于 90°的角。
- 不允许在不含有刀补矢量程序段中取消刀具半径补偿。

6.3.2　数控车床循环指令及应用

当车削加工余量较大，需要多次进刀切削加工时，可采用循环指令编写加工程序，这样可减少程序段的数量，缩短编程时间，提高数控机床工作效率。根据刀具切削加工的循环路线不同，循环指令可分为单一固定循环指令和多重复合循环指令。

(1) 单一固定循环指令（G90、G94）

① G90——内外圆切削循环

书写格式：　　　　　　　　　G90　　X（U）__ Z（W）__ F __；

说明：

a. 圆柱面固定循环切削如图6-73所示。刀具从起始点开始按照矩形循环，最后回到循环起点，图中虚线表示按R快速移动，实线表示按照F指定的进给速度移动。

b. X、Z为圆柱面切削的终点坐标值；U、W为圆柱面切削的终点相对于循环起点的坐标分量。

例 6-20　圆柱面固定循环切削加工举例（图6-74）。

G90　　X40.0　　Z20.0　　F0.3；　　　　　（A→B→C→D→A）

　　　　X30.0；　　　　　　　　　　　　　（A→E→F→D→A）

　　　　X20.0；　　　　　　　　　　　　　（A→G→H→D→A）

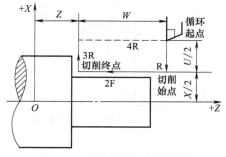

图 6-73　圆柱面固定循环切削

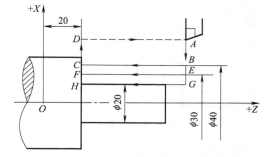

图 6-74　圆柱面固定循环切削举例

② G90——圆锥面切削循环

书写格式：　　　　　　　　　G90　X（U）__ Z（W）__ R __ F __；

说明：

a. 圆锥面固定循环切削如图6-75所示。刀具从循环起点开始循环，最后回到循环起点，图中虚线表示快速移动，实线表示按照F指定的进给速度移动。

b. X、Z为圆锥面切削的终点坐标值；U、W为圆锥面切削的终点相对于循环起点的坐标分量；R为圆锥面切削的起点相对于循环终点的半径差。

c. 如果切削起点的 X 向坐标小于终点的坐标，则 I 值为负；反之为正，如图6-75所示。

例 6-21　圆锥面固定循环切削加工举例（图6-76）。

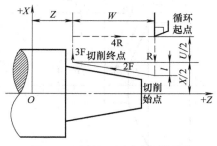

图 6-75　圆锥面固定循环切削

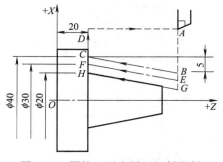

图 6-76　圆锥面固定循环切削举例

G90	X40.0	Z20.0	R-5.0	F0.3;	($A \to B \to C \to D \to A$)
	X30.0;				($A \to E \to F \to D \to A$)
	X20.0;				($A \to G \to H \to D \to A$)

③ G94——端面切削循环

书写格式: G94   X(U)__Z(W)__F__;

a. 切削端平面时,指令格式如上,如图 6-77 所示。

b. X、Z 为端平面切削终点坐标值;U、W 为端平面切削终点相对于循环起点的坐标分量。

c. 切削带有锥度的端面时,指令格式为:G94 X(U)__Z(W)__R__F__;如图6-78所示,R 为端面切削起点至切削终点在 Z 轴方向上的坐标增量。

d. 注意:一般在固定循环切削过程中,M、S、T 等功能都不能变更。

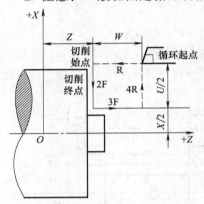

图 6-77 端面切削循环

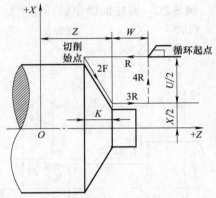

图 6-78 带有锥面的端面切削循环

例 6-22 端面固定循环切削加工举例(图 6-79)。

G94	X50.0	Z16.0	F0.3;	($A \to B \to C \to D \to A$)
	Z13.0;			($A \to E \to F \to D \to A$)
	Z10.0;			($A \to G \to H \to D \to A$)

例 6-23 带有锥面的端面固定循环切削加工举例(图 6-80)。

G94	X15.0	Z33.48	R-3.48	F0.3;	($A \to B \to C \to D \to A$)
	Z31.48;				($A \to E \to F \to D \to A$)
	Z28.78;				($A \to G \to H \to D \to A$)

(2) 多重复合固定循环指令(G70~G75)

运用这组 G 代码,分别进行精车循环、外圆粗车循环、固定形状粗车循环、端面钻孔循

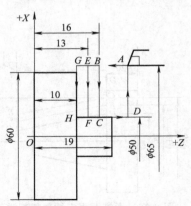

图 6-79 端面切削循环举例

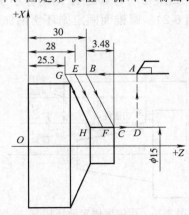

图 6-80 带有锥面的端面切削循环

环和径向钻孔循环,主要用于需要多次进给的粗车加工和螺纹加工。应用多重复合循环,只需指定精加工路线和粗加工的背吃力量,系统会自动计算出粗加工路线和加工次数,因此可以大大简化程序。

① G71——外圆粗加工循环

书写格式:G71　U(Δd)　　　R(e);

G71　P(n_s)　　　Q(n_f)　　　U(Δu)　　　W(Δw)　　　F(f);

说明:

a. Δd 为每次切削背吃刀量,即 X 轴向的进刀,以半径值表示;e 为每次切削结束的退刀量;n_s 为精车开始程序段的顺序号;n_f 为精车结束程序段的顺序号;Δu 为 X 轴方向精加工余量,以直径值表示;Δw 为 Z 轴方向精加工余量;f 为粗车时的进给量。

b. 用于切除棒料毛坯的大部分余量,如图6-81所示。刀具起始点为 A,假定在加工称序中指定了由 $A \to A' \to B$ 的精加工路线,应用此指令,就可以实现背吃力量为 Δd,精加工余量为 $\Delta u/2$ 和 Δw 的粗加工循环。刀具的切削方向取决于 AA' 方向。

例 6-24 外圆粗加工固定循环切削加工举例(图 6-82)。

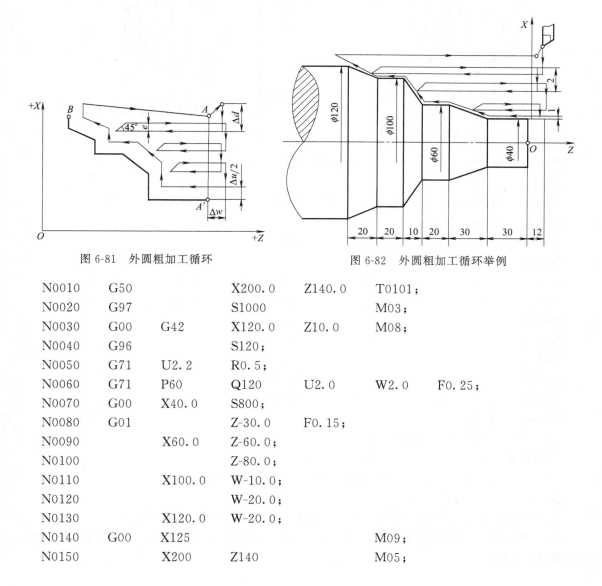

图 6-81　外圆粗加工循环　　　　　图 6-82　外圆粗加工循环举例

N0010	G50		X200.0	Z140.0	T0101;
N0020	G97		S1000		M03;
N0030	G00	G42	X120.0	Z10.0	M08;
N0040	G96		S120;		
N0050	G71	U2.2	R0.5;		
N0060	G71	P60	Q120	U2.0	W2.0　F0.25;
N0070	G00	X40.0	S800;		
N0080	G01		Z-30.0	F0.15;	
N0090		X60.0	Z-60.0;		
N0100			Z-80.0;		
N0110		X100.0	W-10.0;		
N0120			W-20.0;		
N0130		X120.0	W-20.0;		
N0140	G00	X125		M09;	
N0150		X200	Z140	M05;	

N0160   M02；

② G72——端面粗加工循环

书写格式：　G72　P（n_s）　Q（n_f）　U（Δu）　W（Δw）　F（f）；

或　G72　P（n_s）　Q（n_f）　U（Δu）　W（Δw）　D（Δd）　F（f）　S（s）；

说明：

a. 用于切除棒料毛坯的大部分余量，如图 6-83 所示。其中各符号含义与 G71 指令同。

b. 注意：G71、G72 指令中 $A{\to}A'$ 的进刀是采用快速方式还是进给方式，取决于 N（n_s）与 N（n_f）程序段之间对 $A{\to}A'$ 的移动是用 G00 指令还是用 G01 指令。$A{\to}A'$ 指定加工路线的程序段只能有一个轴 X（G71 时）或轴 Z（G72 时）移动。

例 6-25　端面粗加工固定循环切削加工举例（图 6-84）。

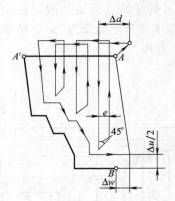

图 6-83　端面粗加工循环

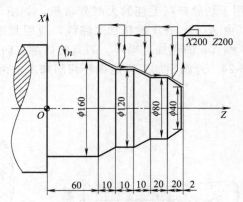

图 6-84　端面粗加工循环举例

N0010	G50		X200.0	Z200.0；	
N0020			M03	S800；	
N0030	G90	G00 G41	X176.0	Z2.0	M08；
N0040	G96	S120；			
N0050	G72		U3.0	R0.5；	
N0060	G72	P040	Q120	U2.0	W0.5 F0.2；
N0070	G00		X160	Z60	S800；
N0080	G01		X120.0	Z70	F0.15；
N0090				Z80.0；	
N0100			X80.0	W10.0；	
N0110				W20.0；	
N0120			X36.0	W22.0；	
N0130	G00 G40		X200	Z200；	
N0140	M02；				

③ G73——封闭切削粗加工循环

书写格式：G73　U（i）　W（k）　R（d）；

　　　　　 G73　P（n_s）　Q（n_f）　U（Δu）　W（Δw）　F（f）；

说明：

a. 该功能适合加工铸造、锻造已基本成形的一类工件，如图 6-85 所示。

b. 其中 i 为 X 轴上的总退刀量（半径值）；k 为 Z 轴上的总退刀量；d 为重复加工次数；其他同 G71 指令。

例 6-26 封闭切削粗加工循环举例（图 6-86）。

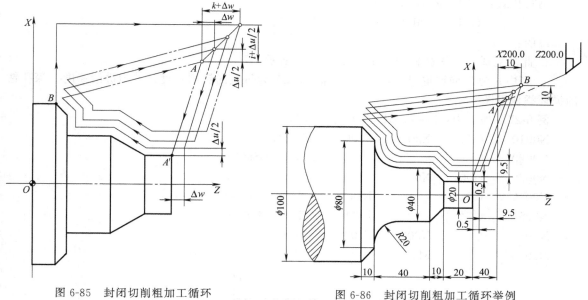

图 6-85 封闭切削粗加工循环

图 6-86 封闭切削粗加工循环举例

N0010	G50		X200.0	Z200.0;		
N0020		M03	S2000;			
N0030	G00	G42	X140.0	Z40.0	M08;	
N0040	G96		S150;			
N0050	G73		U9.5	W.05	R3.0;	
N0060	G73	P70	Q130	U1.0	W0.5	F0.3;
N0070	G00		X20.0	Z0	S800;	
N0080	G01			Z-20.0	F0.15;	
N0090			X40.0	W-10.0;		
N0100				W-20.0;		
N0110	G02		X800.0	Z-70.0	R20.0;	
N0120	G01		X100.0	Z-80.0;		
N0130			X105		S600;	
N0140	G00	G40	X200	Z200	M09;	
N0150		M30；				

④ G70——精加工复合循环

书写格式：　　　G70　　P（n_s）　　Q（n_f）；

说明：

a. 当用 G71、G72、G73 指令粗加工完毕以后，用 G70 代码指定精加工循环，切除粗工留下的余量。

b. 精加工时，G71、G72、G73 程序段中的 F、S、T 指令无效，只有在 $n_s \rightarrow n_f$ 程序中的 F、S、T 指令才有效。

例如，在 G71、G72、G73 程序应用例中的 n_f 程序段后再加上"G70　P（n_s）　Q（n_f）"程序段，并在 $n_s \rightarrow n_f$ 程序段中加上适用精加工的 F、S、T，就可以完成从粗加工到精加工的全过程。

⑤ G74——端面深孔钻削循环

书写格式：G74　R（e）；

　　　　　　G74　Z（W）　Q（Δk）　F（f）；

说明：

a. 此功能适用于深孔钻削加工，如图 6-87 所示。

b. 其中 e 为 Z 向回退量；W 为钻削深度；Δk 为每次的钻削长度；f 为进给速度。深孔钻削循环举例见图 6-87。

例 6-27　加工中：e=1，Δk=20，f=0.1。

N0010	G50	X200	Z100	T0202；
N0020			M03	S600；
N0030	G00	X0	Z1；	
N0040	G74		R1；	
N0050	G74		Z-80	Q20	F0.1；
N0060	G00	X200	Z100	M05；
N0070		M30；		

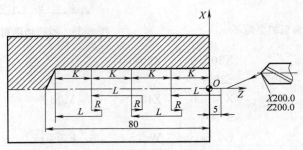

图 6-87　深孔钻削循环

⑥ G75——外径切槽循环

书写格式：G75　R（e）；

　　　　　　G75　X（U）＿　P（Δi）　F（f）；

说明：

a. 此功能适用于在外圆表面上进行切削沟槽和切断加工，如图 6-88 所示。

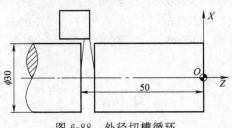

图 6-88　外径切槽循环

b. 其中 e 为 X 轴上的退刀量（半径值）；U 为槽深；Δi 为每次循环切削量，f 为进给速度。

第 **7** 章 ▶▶▶

数控加工工艺分析

7.1 数控机床加工工艺分析基础

7.1.1 工件的装夹

夹紧是工件装夹过程中的重要组成部分。工件定位后必须通过一定的机构产生夹紧力，把工件压紧在定位元件上，使其保持准确的定位位置，不会由于切削力、工件重力、离心力或惯性力等的作用而产生位置变化和振动，以保证加工精度和安全操作。这种产生夹紧力的机构称为夹紧装置。

（1）夹紧装置应具备的基本要求

① 夹紧过程可靠，不改变工件定位后所占据的正确位置。

② 夹紧力的大小适当，既要保证工件在加工过程中其位置稳定不变、振动小，又要使工件不会产生过大的夹紧变形。

③ 操作简单方便、省力、安全。

④ 结构性好，夹紧装置的结构力求简单、紧凑，便于制造和维修。

（2）夹紧力方向和作用点的选择

① 夹紧力应朝向主要定位基准。如图 7-1（a）所示，工件被钻孔与 A 面有垂直度要求，因此加工时以 A 面为主要定位基面，夹紧力 F_J 的方向应朝向 A 面。如果夹紧力改朝 B 面，由于工件侧面 A 与底面 B 的夹角误差，夹紧时工件的定位位置被破坏，如图 7-1（b）所示，影响孔与 A 面的垂直度要求。

② 夹紧力的作用点应落在定位元件的支承范围内，并靠近支承元件的几何中心。如图 7-2 所示，夹紧力作用在支承面之外，导致工件的倾斜和移动，破坏工件的定位。正确位置应是图中虚线所示的位置。

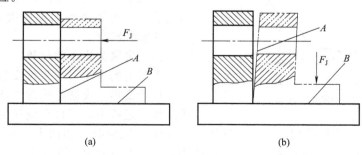

(a)　　　　　　　　(b)

图 7-1　夹紧力方向示意图

③ 夹紧力的方向应有利于减小夹紧力的大小。如图 7-3 所示，钻削孔 A 时，夹紧力 F_J 与轴向切削力 F_H、工件重力 G 的方向相同，加工过程所需的夹紧力为最小。

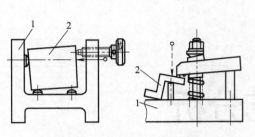

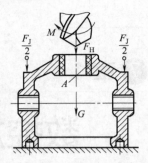

图 7-2　夹紧力作用点示意图
1—夹具；2—工件

图 7-3　夹紧力与切削力、重力的关系

④ 夹紧力的方向和作用点应施加于工件刚性较好的方向和部位。如图 7-4 (a) 所示，薄壁套筒工件的轴向刚性比径向刚性好，应沿轴向施加夹紧力；夹紧图 7-4 (b) 所示薄壁箱体时，应作用于刚性较好的凸边上；箱体没有凸边时，可以将单点夹紧改为三点夹紧 [见图 7-4 (c)]。

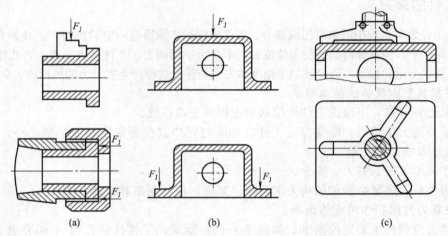

(a)　　　　　　　(b)　　　　　　　(c)

图 7-4　夹紧力与工件刚性的关系

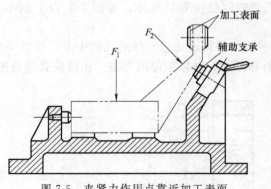

图 7-5　夹紧力作用点靠近加工表面

⑤ 夹紧力作用点应尽量靠近工件加工表面。为提高工件加工部位的刚性，防止或减少工件产生振动，应将夹紧力的作用点尽量靠近加工表面。如图 7-5 所示拨叉装夹时，主要夹紧力 F_1 垂直作用于主要定位基面，在靠近加工面处设辅助支承，再施加适当的辅助夹紧力 F_2，可提高工件的安装刚度。

(3) 夹紧力大小的估算

夹紧力的大小，与工件安装的可靠性、工件和夹具的变形、夹紧机构的复杂程度等有很大关系。加工过程中，工件受到切削力、离心力、惯性力和工件自身重力等的作用。一般情况下，加工中小工件时，切削力（矩）起决定性作用。加工重、大型工件时，必须考虑工件重力的作用。工件高速运动条件下加工时，则不能忽略离心力或惯性力对夹紧作用的影响。此外，切削力本身是一个动态载荷，在加工过程中也是变化的。夹紧力的大小还与工艺系统刚度、夹紧机构的传动效率等因素有关。因此，夹紧力大小的计算是一个很复杂的问题，一般只能做粗略的估算。为简化起见，在确定夹紧力大小时，可考虑切削力（矩）对夹紧的影响，并假设工艺系统是刚性的，切削过程是平稳的，根据加工过程中对夹紧最不利的瞬时状态，按静力平衡原理求出夹紧力的大小，再乘以安全系数作为实际所需的夹紧力：

$$F_J = kF \qquad (7\text{-}1)$$

式中　F_J——实际所需夹紧力；

　　　F——在给定条件下，按静力平衡计算出的夹紧力；

　　　k——安全系数，考虑切削力的变化和工艺系统变形等因素，一般取 $k = 1.5 \sim 3$。

实际应用中并非所有情况下都需要计算夹紧力，手动夹紧机构一般根据经验或类比法确定夹紧力。若确实需要比较准确地计算夹紧力，可采用上述方法计算夹紧力的大小。

7.1.2 数控加工刀具的选择

数控刀具的选择与加工性质、工件形状和机床类别等因素有关，本节主要介绍数控刀具选择应考虑的因素。有关车、铣加工刀具的具体选择方法将在后续相应章节中详细介绍。可转位刀片的标记见图 7-6。

(1) 选择刀片（刀具）应考虑的要素

选择刀片或刀具应考虑的因素是多方面的。随着机床种类、型号的不同，生产经验和习惯的不同以及其他种种因素而得到的效果是不相同的，归纳起来应该考虑的要素有以下几点。

① 被加工工件材料的类别。如有色金属（铜、铝、铁及其合金）、黑色金属（碳钢、低合金钢、工具钢、不锈钢、耐热钢等）、复合材料、塑料类等。

② 被加工工件材料性能的状况。包括硬度、韧性、组织状态（铸、锻、轧、粉末冶金）等。

③ 切削工艺的类别。分车、钻、铣、镗，粗加工、精加工、超精加工，内孔、外圆，切削流动状态，刀具变位时间间隔等。

④ 被加工工件的几何形状（影响到连续切削或间断切削、刀具的切入或退出角度）、零件精度（尺寸公差、形位公差、表面粗糙度）和加工余量等因素。

⑤ 要求刀片（刀具）能承受的切削用量（切削深度、进给量、切削速度）。

⑥ 生产现场的条件（操作间断时间、振动、电力波动或突然中断）。

⑦ 被加工工件的生产批量，影响到刀片（刀具）的经济寿命。

(2) 选择镗孔（内孔）刀具的考虑要点

镗孔刀具的选择，主要问题是刀杆的刚性，要尽可能地防止或消除振动。其考虑要点如下。

① 尽可能选择大的刀杆直径，接近镗孔直径。

② 尽可能选择短的刀臂（工作长度），当工作长度小于 4 倍刀杆直径时，可用钢制刀杆，加工要求高的孔时最好采用硬质合金制刀杆。当工作长度为 4~7 倍的刀杆直径时，小孔用硬质合金制刀杆，大孔用减振刀杆。当工作长度为 7~10 倍的刀杆直径时，要采用减振刀杆。

③ 选择主偏角（切入角 κ_r）接近 90°。大于 75°。

④ 选择无涂层的刀片品种（刀刃圆弧小）和小的刀尖半径（$r_\varepsilon = 0.2$）。

⑤ 精加工采用正切削刃（正前角）刀片和刀具，粗加工采用负切削刃（负前角）刀片和刀具。

⑥ 镗深的盲孔时，采用压缩空气（气冷）或冷却液（排屑和冷却）。

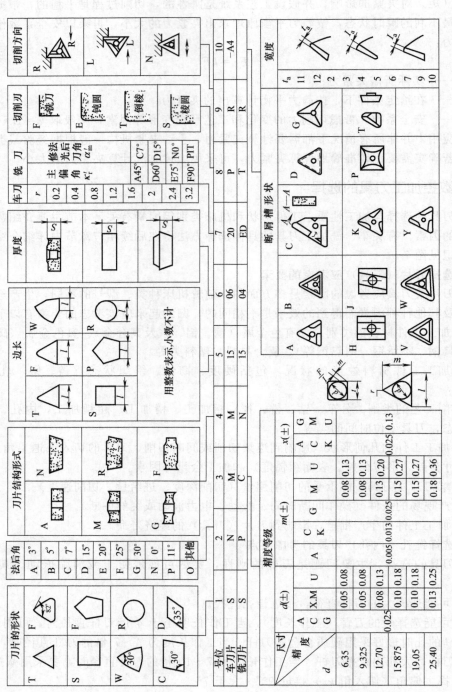

图 7-6　可转位刀片的标记

⑦ 选择正确的、快速的镗刀柄夹具。

图 7-7 所示是车削加工时刀具形状和工件形状的关系。

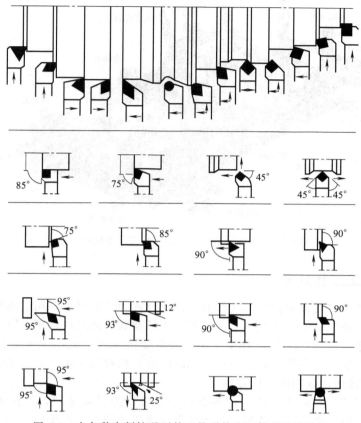

图 7-7　在各种车削情况下的刀具形状和工件形状的关系

（3）选用数控铣刀时注意事项

① 在数控机床上铣削平面时，应采用可转位式硬质合金刀片铣刀。一般采用两次走刀，一次粗铣，一次精铣。当连续切削时，粗铣刀直径要小些，以减小切削扭矩，精铣刀直径要大一些，最好能包容待加工表面的整个宽度。加工余量大且加工表面又不均匀时，刀具直径要选得小一些，否则，粗加工时会因接刀刀痕过深而影响加工质量。

② 高速钢立铣刀多用于加工凸台和凹槽，最好不要用于加工毛坯面，因为毛坯面有硬化层和夹砂现象，会加速刀具的磨损。

③ 加工余量较小，并且要求表面粗糙度较低时，应采用立方氮化硼（CBN）刀片端铣刀或陶瓷刀片端铣刀。

④ 镶硬质合金立铣刀可用于加工凹槽、窗口面、凸台面和毛坯表面。

⑤ 镶硬质合金的玉米铣刀可以进行强力切削，铣削毛坯表面和用于孔的粗加工。

⑥ 加工精度要求较高的凹槽时，可采用直径比槽宽小一些的立铣刀，先铣槽的中间部分，然后利用刀具的半径补偿功能铣削槽的两边，直至达到精度要求为止。

⑦ 在数控铣床上钻孔，一般不采用钻模，钻孔深度为直径的 5 倍左右的深孔加工容易折断钻头，可采用固定循环程序，多次自动进退，以利于冷却和排屑。钻孔前最好先用中心钻钻一个中心孔或采用一个刚性好的短钻头锪窝引正。锪窝除了可以解决毛坯表面钻孔引正问题外，还可以替代孔口倒角。

图 7-8 所示是铣削加工时工件形状和刀具形状的关系。

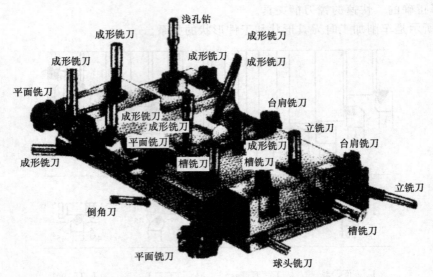

图 7-8　铣削加工时工件形状和刀具形状的关系

7.1.3　数控加工工艺分析

　　规定零件制造工艺过程和操作方法等的工艺文件称为工艺规程，用于指导生产。在数控机床上加工零件时，要把被加工的全部工艺过程、工艺参数等编制成程序，整个加工过程是自动进行的，因此程序编制前的工艺分析是一项十分重要的工作。数控加工工艺分析包括下列内容：选择适合数控加工的零件、确定数控加工的内容和数控加工零件的工艺性分析。

7.1.3.1　选择适合数控加工的零件

　　加入 WTO 以来，随着中国作为世界制造中心地位的日益显现，数控机床在制造业的普及率不断提高，但不是所有的零件都适合于在数控机床上加工。根据数控加工的特点和国内外大量应用实践经验，一般可按适应程度将零件分为以下三类。

　　（1）最适应类

　　① 形状复杂，加工精度要求高，通用机床无法加工或很难保证加工质量的零件。

　　② 具有复杂曲线或曲面轮廓的零件。

　　③ 具有难测量、难控制进给、难控制尺寸型腔的壳体或盒型零件。

　　④ 必须在一次装夹中完成铣、钻、镗、铰或攻丝等多道工序的零件。

　　对于此类零件，首先要考虑的是能否加工出来，只要有可能，应把采用数控加工作为首选方案，而不要过多地考虑生产率与成本问题。

　　（2）较适应类

　　① 零件价值较高，在通用机床上加工时容易受人为因素（如工人技术水平高低、情绪波动等）干扰而影响加工质量，从而造成较大经济损失的零件。

　　② 在通用机床上加工时必须制造复杂专用工装的零件。

　　③ 需要多次更改设计后才能定型的零件。

　　④ 在通用机床上加工需要做长时间调整的零件。

　　⑤ 用通用机床加工时，生产率很低或工人体力劳动强度很大的零件。此类零件在分析其可加工性的基础上，还要综合考虑生产效率和经济效益，一般情况下，可把它们作为数控加工的主要选择对象。

　　（3）不适应类

　　① 生产批量大的零件（不排除其中个别工序采用数控加工）。

② 装夹困难或完全靠找正定位来保证加工精度的零件。

③ 加工余量极不稳定，而且数控机床上无在线检测系统可自动调整零件坐标位置的零件。

④ 必须用特定的工艺装备协调加工的零件。

这类零件采用数控加工后，在生产率和经济性方面一般无明显改善，甚至有可能得不偿失，一般不应该把此类零件作为数控加工的选择对象。

另外，数控加工零件的选择，还应该结合本单位拥有的数控机床的具体情况来选择加工对象。

7.1.3.2 确定数控加工的内容

在选择并决定某个零件进行数控加工后，并不是说零件所有的加工内容都采用数控加工，数控加工可能只是零件加工工序中的一部分。因此，有必要对零件图样进行仔细分析，选择那些最适合、最需要进行数控加工的内容和工序。同时，还应结合本单位的实际情况，立足于解决难题、攻克关键、提高生产效率和充分发挥数控加工的优势，一般可按下列原则选择数控加工内容。零件尺寸标注分析见图 7-9。

① 通用机床无法加工的内容应作为优先选择的内容。

② 通用机床难加工，质量也难以保证的内容应作为重点选择的内容。

③ 通用机床加工效率低、工人手工操作劳动强度大的内容，可在数控机床尚存富余能力的基础上进行选择。

通常情况下，上述加工内容采用数控加工后，产品的质量、生产率与综合经济效益等指标都会得到明显的提高。相比之下，下列内容不宜选择采用数控加工。

① 需要在机床上进行较长时间调整的加工内容，例如以毛坯的粗基准定位来加工第一个精基准的工序。

② 数控编程取数困难、易于和检验依据发生矛盾的型面、轮廓。

③ 不能在一次安装中完成加工的其他零星加工表面，采用数控加工又很麻烦，可采用通用机床补加工。

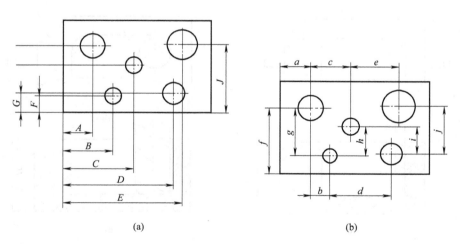

(a)　　　　　　　　　　　　　　(b)

图 7-9　零件尺寸标注分析

④ 加工余量大而又不均匀的粗加工。

此外，选择数控加工的内容时，还应该考虑生产批量、生产周期、生产成本和工序间周转情况等因素，杜绝把数控机床当做普通机床来使用。

7.1.3.3 数控加工零件的工艺性分析

在选择并决定数控加工零件及其加工内容后，应对零件的数控加工工艺性进行全面、认真、仔细的分析。主要内容包括产品的零件图样分析、结构工艺性分析和零件安装方式的选择等内容。

(1) 零件图样分析

① 零件图的完整性与正确性。分析构成零件轮廓的几何元素（点、线、面）的条件（如相切、相交、垂直和平行等），是数控编程的重要依据。手工编程时，要依据这些条件计算每一个节点的坐标；自动编程时，则要根据这些条件才能对构成零件的所有几何元素进行定义，无论哪一条件不明确，编程都无法进行。因此，在分析零件图样时，务必要分析几何元素的给定条件是否充分，发现问题及时与设计人员协商解决。

② 零件技术要求分析。零件的技术要求主要是指尺寸精度、形状精度、位置精度、表面粗糙度及热处理等。这些要求在保证零件使用性能的前提下，应经济合理。过高的精度和表面粗糙度要求会使工艺过程复杂、加工困难、成本提高。

③ 零件材料分析。在满足零件功能的前提下，应选用廉价、切削性能好的材料。而且，材料选择应立足国内，不要轻易选用贵重或紧缺的材料。

(2) 零件的结构工艺性分析

零件的结构工艺性是指所设计的零件在满足使用要求的前提下制造的可行性和经济性。良好的结构工艺性，可以使零件加工容易，节省工时和材料。而较差的零件结构工艺性，会使加工困难，浪费工时和材料，有时甚至无法加工。因此，零件各加工部位的结构工艺性应符合数控加工的特点。

① 零件的内腔和外形最好采用统一的几何类型和尺寸，这样可以减少刀具规格和换刀次数，使编程方便，提高生产效率。

② 内槽圆角的大小决定着刀具直径的大小，所以内槽圆角半径不应太小。对于图 7-10 所示零件，其结构工艺性的好坏与被加工轮廓的高低、转角圆弧半径的大小等因素有关。

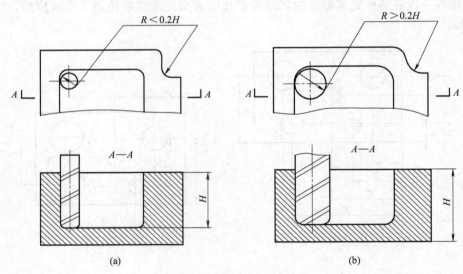

图 7-10　内槽结构工艺性对比

图 7-10（b）与图 7-10（a）相比，转角圆弧半径大，可以采用较大直径的立铣刀来加工；加工平面时，进给次数也相应减少，表面加工质量也会好一些，因而工艺性较好。通常 $R < 0.2H$ 时，可以判定零件部位的工艺性不好。

③ 铣槽底平面时，槽底圆角半径 r 不要过大。如图 7-11 所示，铣刀端面刃与铣削平面的最大接触直径为 $d = D - 2r$（D 为铣刀直径），当 D 一定时，r 越大，铣刀端面刃铣削平面的

面积越小，加工平面的能力就越差，效率越低，工艺性也越差。当 r 大到一定程度时，甚至必须用球头铣刀加工，这是应该尽量避免的。

④ 应采用统一的基准定位。在数控加工中，若没有统一的定位基准，则会因工件的二次装夹而造成加工后两个面上的轮廓位置及尺寸不协调现象。另外，零件上最好有合适的孔作为定位基准孔。若没有，则应设置工艺孔作为定位基准孔。若无法制出工艺孔，最起码也要用精加工表面作为统一基准，以减少二次装夹产生的误差。

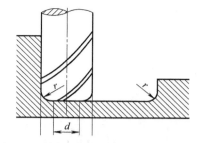

图 7-11　槽底平面圆弧对加工工艺的影响

（3）选择合适的零件安装方式

数控机床加工时，应尽量使零件能够一次安装，完成零件所有待加工面的加工。要合理选择定位基准和夹紧方式，以减少误差环节。应尽量采用通用夹具或组合夹具，必要时才设计专用夹具，夹具设计的原理和方法与普通机床所用夹具相同，但应使其结构简单，便于装卸，操作灵活。

此外，还应分析零件所要求的加工精度、尺寸公差等是否可以得到保证，有没有引起矛盾的多余尺寸或影响加工安排的封闭尺寸等。

7.1.4　数控加工工艺路线的设计

工艺路线的拟定是制定工艺规程的重要内容之一，其主要内容包括：选择各加工表面的加工方法、划分加工阶段、划分工序以及安排工序的先后顺序等。设计者应根据从生产实践中总结出来的一些综合性工艺原则，结合本厂的实际生产条件，提出几种方案，通过对比分析，选择最佳方案。

7.1.4.1　加工方法的选择

机械零件的结构形状是多种多样的，但它们都是由平面、外圆柱面、内圆柱面或曲面、成形面等基本表面组成的。每一种表面都有多种加工方法，具体选择时，应根据零件的加工精度、表面粗糙度、材料、结构形状、尺寸及生产类型等因素，选用相应的加工方法和加工方案。

（1）外圆表面加工方法的选择

外圆表面的主要加工方法是车削和磨削。当表面粗糙度要求较高时，还要经光整加工。外圆表面的加工方案如图 7-12 所示。

① 最终工序为车削的加工方案，适用于除淬火钢以外的各种金属。

② 最终工序为磨削的加工方案，适用于淬火钢、未淬火钢和铸铁，不适用于有色金属，因为有色金属韧性大，磨削时易堵塞砂轮。

③ 最终工序为精细车或金刚车的加工方案，适用于要求较高的有色金属的精加工。

④ 最终工序为光整加工，如研磨、超精磨及超精加工等，为提高生产效率和加工质量，一般在光整加工前进行精磨。

⑤ 对表面粗糙度要求高而尺寸精度要求不高的外圆，可采用滚压或抛光。

（2）内孔表面加工方法的选择

内孔表面加工方法有钻孔、扩孔、铰孔、镗孔、拉孔、磨孔和光整加工。图 7-13 所示为常用的孔加工方案，应根据被加工孔的加工要求、尺寸、具体生产条件、批量的大小及毛坯上有无预制孔等情况合理选用。

① 加工精度为 IT9 级的孔，当孔径小于 10mm 时，可采用钻—铰方案；当孔径小于 30mm 时，可采用钻—扩方案；当孔径大于 30mm 时，可采用钻—镗方案。工件材料为淬火钢以外的各种金属。

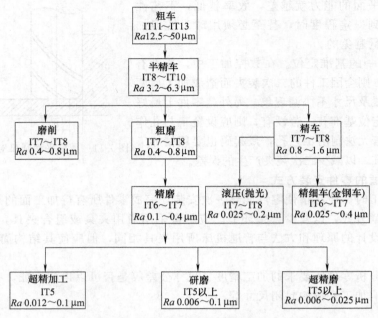

图 7-12　外圆表面的加工方案

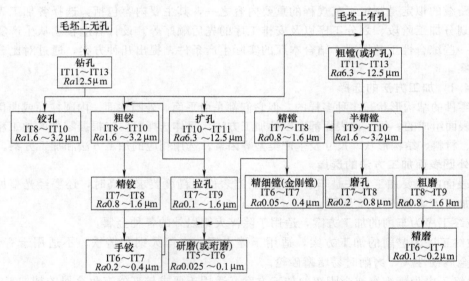

图 7-13　孔加工方案

② 加工精度为 IT8 级的孔，当孔径小于 20mm 时，可采用钻—铰方案；当孔径大于 20mm 时，可采用钻—扩—铰方案，此方案适用于加工淬火钢以外的各种金属，但孔径应在 20～80mm，此外也可采用最终工序为精镗或拉削的方案。淬火钢可采用磨削加工。

③ 加工精度为 IT7 级的孔，当孔径小于 12mm 时，可采用钻—粗铰—精铰方案；当孔径在 12～60mm 时，可采用钻—扩—粗铰—精铰方案或钻—扩—拉方案。若毛坯上已铸出或锻出孔，可采用粗镗—半精镗—精镗方案或粗镗—半精镗—磨孔方案。最终工序为铰孔的方案适用于未淬火钢或铸铁，对有色金属铰出的孔表面粗糙度较大，常用精细镗孔替代铰孔；最终工序为拉孔的方案适用于大批大量生产，工件材料为未淬火钢、铸铁和有色金属；最终工序为磨孔的方案适用于加工除硬度低、韧性大的有色金属以外的淬火钢、未淬火钢及铸铁。

④ 加工精度为 IT6 级的孔，最终工序采用手铰、精细镗、研磨或珩磨等均能达到要求，视具体情况选择。韧性较大的有色金属不宜采用珩磨，可采用研磨或精细镗。研磨对大、小直径孔均适用，而珩磨只适用于大直径孔的加工。

（3）平面加工方法的选择

平面的主要加工方法有铣削、刨削、车削、磨削和拉削等，精度要求高的平面还需要经研磨或刮削加工。常见平面加工方式如图 7-14 所示，其中尺寸公差等级是指平行平面之间距离尺寸的公差等级。

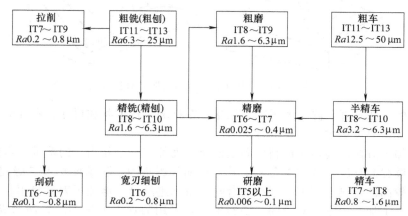

图 7-14　常见平面加工方案

① 最终工序为刮研的加工方案多用于单件小批生产中配合表面要求高且非淬硬平面的加工。当批量较大时，可用宽刃细刨代替刮研，宽刃细刨特别适用于加工像导轨面这样的狭长平面，能显著提高生产效率。

② 磨削适用于直线度及表面粗糙度要求较高的淬硬工件和薄片工件、未淬硬钢件上面积较大的平面的精加工，但不宜加工塑性较大的有色金属。

③ 车削主要用于回转零件端面的加工，以保证端面与回转轴线的垂直度要求。

④ 拉削平面适用于大批量生产中的加工质量要求较高且面积较小的平面。

⑤ 最终工序为研磨的方案适用于精度高、表面粗糙度要求高的小型零件的精密平面，如量规等精密量具的表面。

（4）平面轮廓和曲面轮廓加工方法的选择

① 平面轮廓常用的加工方法有数控铣、线切割及磨削等。对如图 7-15（a）所示的内平面轮廓，当曲率半径较小时，可采用数控线切割方法加工。若选择铣削的方法，因铣刀直径受最小曲率半径的限制，直径太小，刚性不足，会产生较大的加工误差。对图 7-15（b）所示的外平面轮廓，可采用数控铣削方法加工，常用粗铣—精铣方案，也可采用数控线切割方法加工。对精度及表面粗糙度要求较高的轮廓表面，在数控铣削加工之后，再进行数控磨削加工。数控铣削加工适用于除淬火钢以外的各种金属，数控线切割加工可用于各种金属，数控磨削加工适用于除有色金属以外的各种金属。

② 立体曲面加工方法主要是数控铣削，多用球头铣刀，以"行切法"加工，如图 7-16 所

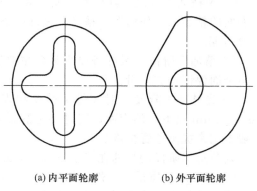

(a)内平面轮廓　　(b)外平面轮廓

图 7-15　平面轮廓类零件

示。根据曲面形状、刀具形状以及精度要求等通常采用二轴半联动或三轴半联动。对精度和表面粗糙度要求高的曲面,当用三轴联动的"行切法"加工不能满足要求时,可用模具铣刀,选择四坐标或五坐标联动加工。

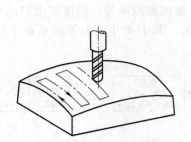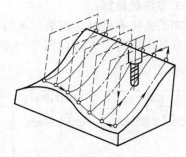

图 7-16　立体曲面的行切法加工示意图

表面加工的方法选择,除了考虑加工质量、零件的结构形状和尺寸、零件的材料和硬度以及生产类型外,还要考虑加工的经济性。

各种表面加工方法所能达到的精度和表面粗糙度都有一个相当大的范围。当精度达到一定程度后,要继续提高精度,成本会急剧上升。例如外圆车削,将精度从 IT7 级提高到 IT6 级,此时需要价格较高的金刚石车刀,很小的背吃刀量和进给量,增加了刀具费用,延长了加工时间,大大地增加了加工成本。对于同一表面加工,采用的加工方法不同,加工成本也不一样。例如,公差为 IT7 级、表面粗糙度 Ra 值为 $0.4\mu m$ 的外圆表面,采用精车就不如采用磨削经济。

任何一种加工方法获得的精度只在一定范围内才是经济的,这种一定范围内的加工精度即为该加工方法的经济精度。它是指在正常加工条件下(采用符合质量标准的设备、工艺装备和标准等级的工人,不延长加工时间)所能达到的加工精度,相应的表面粗糙度称为经济粗糙度。在选择加工方法时,应根据工件的精度要求选择与经济精度相适应的加工方法。常用加工方法的经济度及表面粗糙度,可查阅有关工艺手册。

7.1.4.2　加工阶段的划分

当零件的加工质量要求较高时,往往不可能用一道工序来满足其要求,而要用几道工序逐步达到所要求的加工质量。为保证加工质量和合理地使用设备、人力,零件的加工过程通常按工序性质不同,可分为粗加工、半精加工、精加工和光整加工四个阶段。

① 粗加工阶段　其任务是切除毛坯上大部分多余的金属,使毛坯在形状和尺寸上接近零件成品,因此,其主要目标是提高生产率。

② 半精加工阶段　其任务是使主要表面达到一定的精度,留有一定的精加工余量,为主要表面的精加工(如精车、精磨)做好准备。并可完成一些次要表面加工,如扩孔、攻螺纹、铣键槽等。

③ 精加工阶段　其任务是保证各主要表面达到规定的尺寸精度和表面粗糙要求。主要目标是全面保证加工质量。

④ 光整加工阶段　对零件上精度和表面粗糙度要求很高(IT6 级以上,表面粗糙度为 $Ra=0.2\mu m$ 以下)的表面,需进行光整加工,其主要目标是提高尺寸精度、减小表面粗糙度。一般不用来提高位置精度。

划分加工阶段的目的在于以下几个方面。

① 保证加工质量　工件在粗加工时,切除的金属层较厚,切削力和夹紧力都比较大,切削温度也比较高,将会引起较大的变形。如果不划分加工阶段,粗、精加工混在一起,就无法

避免上述原因引起的加工误差。按加工阶段加工，粗加工造成的加工误差可以通过半精加工和精加工来纠正，从而保证零件的加工质量。

② 合理使用设备　粗加工余量大，切削用量大，可采用功率大、刚度好、效率高而精度低的机床。精加工切削力小，对机床破坏小，采用高精度机床。这样发挥了设备的各自特点，既能提高生产率，又能延长精密设备的使用寿命。

③ 便于及时发现毛坯缺陷　对毛坯的各种缺陷，如铸件的气孔、夹砂和余量不足等，在粗加工后即可发现，便于及时修补或决定报废，以免继续加工下去，造成浪费。

④ 便于安排热处理工序　如粗加工后，一般要安排去应力热处理，以消除内应力。精加工前要安排淬火等最终热处理，其变形可以通过精加工予以消除。

加工阶段的划分也不应绝对化，应根据零件的质量要求、结构特点和生产纲领灵活掌握。在加工质量要求不高、工件刚性好、毛坯精度高、加工余量小、生产纲领不大时，可不必划分加工阶段。对刚性好的重型工件，由于装夹及运输很费时，也常在一次装夹下完成全部粗、精加工。对于不划分加工阶段的工件，为减少粗加工中产生的各种变形对加工质量的影响，在粗加工后，应松开夹紧机构，停留一段时间，让工件充分变形，然后再用较小的夹紧力重新夹紧，进行精加工。

7.1.4.3　工序的划分

(1) 工序划分的原则

工序的划分可以采用两种不同原则，即工序集中原则和工序分散原则。

① 工序集中原则　是指每道工序包括尽可能多的加工内容，从而使工序的总数减少。采用工序集中原则的优点是：有利于采用高效的专用设备和数控机床，提高生产效率；减少工序数目，缩短工艺路线，简化生产计划和生产组织工作；减少机床数量、操作工人数和占地面积；减少工件装夹次数，不仅保证了各加工表面间的相互位置精度，而且减少了夹具数量和装夹工件的辅助时间。缺点是专用设备和工艺装备投资大、调整维修比较麻烦、生产准备周期较长，不利于转产。

② 工序分散原则　就是将工件的加工分散在较多的工序内进行，每道工序的加工内容很少。采用工序分散原则的优点是：加工设备和工艺装备结构简单，调整和维修方便，操作简单，转产容易；有利于选择合理的切削用量，减少机动时间。缺点是工艺路线较长，所需设备及工人人数多，占地面积大。

(2) 工序划分方法

工序划分主要考虑生产纲领、所用设备及零件本身的结构和技术要求等。大批大量生产时，若使用多轴、多刀的高效加工中心，可按工序集中原则组织生产；若在由组合机床组成的自动线上加工，工序一般按分散原则划分。随着现代数控技术的发展，特别是加工中心的应用，工艺路线的安排更多地趋向于工序集中。单件小批生产时，通常采用工序集中原则。成批生产时，可按工序集中原则划分，也可按工序分散原则划分，应视具体情况而定。对于结构尺寸和重量都很大的重型零件，应采用工序集中原则，以减少装夹次数和运输量。对于刚性差、精度高的零件，应按工序分散原则划分工序。在数控机床上加工的零件，一般按工序集中原则划分工序，划分方法如下。

① 按所用刀具划分　以同一把刀具完成的那一部分工艺过程为一道工序，这种方法适用于工件的待加工表面较多、机床连续工作时间过长、加工程序的编制和检查难度较大等情况。加工中心常用这种方法划分。

② 按安装次数划分　以一次安装完成的那一部分工艺过程为一道工序。这种方法适用于工件的加工内容不多的工件，加工完成后就能达到待检状态。

③ 按粗、精加工划分　即粗加工中完成的那一部分工艺过程为一道工序，精加工中完成

的那一部分工艺过程为一道工序。这种划分方法适用于加工后变形较大，需粗、精加工分开的零件，如毛坯为铸件、焊接件或锻件。

④ 按加工部位划分　即以完成相同型面的那一部分工艺过程为一道工序，对于加工表面多而复杂的零件，可按其结构特点（如内形、外形、曲面和平面等）划分成多道工序。

7.1.4.4　加工顺序的安排

在选定加工方法、划分工序后，工艺路线拟定的主要内容就是合理安排这些加工方法和加工工序的顺序。零件的加工工序通常包括切削加工工序、热处理工序和辅助工序（包括表面处理、清洗和检验等），这些工序的顺序直接影响到零件的加工质量、生产效率和加工成本。因此，在设计工艺路线时，应合理安排好切削加工、热处理和辅助工序的顺序，并解决好工序间的衔接问题。

(1) 切削加工工序的安排

切削加工工序通常按下列原则安排顺序。

① 基面先行原则　用作精基准的表面应优先加工出来，因为定位基准的表面越精确，装夹误差就越小。例如加工轴类零件时，总是先加工中心孔，再以中心孔为精基准加工外圆表面和端面。又如箱体类零件总是先加工定位用的平面和两个定位孔，再以平面和定位孔为精基准加工孔系和其他平面。

② 先粗后精原则　各个表面的加工顺序按照粗加工—半精加工—精加工—光整加工的顺序依次进行，逐步提高表面的加工精度，减小表面粗糙度。

③ 先主后次原则　零件的主要工作表面、装配基面应先加工，从而能及早发现毛坯中主要表面可能出现的缺陷。次要表面可穿插进行，放在主要加工表面加工到一定程度后、最终精加工之前进行。

④ 先面后孔原则　对箱体、支架类零件，平面轮廓尺寸较大，一般先加工平面，再加工孔和其他尺寸，这样安排加工顺序，一方面用加工过的平面定位，稳定可靠；另一方面在加工过的平面上加工孔，比较容易，并能提高孔的加工精度，特别是钻孔，孔的轴线不易偏斜。

(2) 热处理工序的安排

为提高材料的力学性能、改善材料的切削加工性和消除工件的内应力，在工艺过程中要适当安排一些热处理工序。热处理工序在工艺路线中的安排主要取决于零件的材料和热处理的目的。

① 预备热处理　目的是改善材料的切削性能，消除毛坯制造时的残余应力，改善组织。其工序位置多在机械加工之前，常用的有退火、正火等。

② 消除残余应力热处理　由于毛坯在制造和机械加工过程中产生的内应力，会引起工件变形，影响加工质量，因此要安排消除残余应力热处理。消除残余应力热处理最好安排在粗加工之后精加工之前，对精度要求不高的零件，一般将消除残余应力的人工时效和退火安排在毛坯进入机加工车间之前进行。对精度要求较高的复杂铸件，在机加工过程中通常安排两次时效处理：铸造—粗加工—时效—半精加工—时效—精加工。对高精度零件，如精密丝杠、精密主轴等，应安排多次消除残余应力热处理，甚至采用冰冷处理以稳定尺寸。

③ 最终热处理　目的是提高零件的强度、表面硬度和耐磨性，常安排在精加工工序（磨削加工）之前。常用的有淬火、渗碳、渗氮和碳氮共渗等。

(3) 辅助工序的安排

辅助工序主要包括：检验、清洗、去毛刺、去磁、倒棱边、涂防锈油和平衡等。其中检验工序是主要的辅助工序，是保证产品质量的主要措施之一，一般安排在粗加工全部结束后精加工之前、重要工序之后、工件在不同车间之间转移前后和工件全部加工结束后。

(4) 数控加工工序与普通工序的衔接

数控工序前后一般都穿插有其他普通工序，如衔接不好就容易产生矛盾，因此要解决好数控工序与非数控工序之间的衔接问题。最好的办法是建立相互状态要求，例如： 要不要为后道工序留加工余量，留多少；定位面与孔的精度要求及形位公差等。其目的是达到相互能满足加工需要，且质量目标与技术要求明确，交接验收有依据。关于手续问题，如果是在同一个车间，可由编程人员与主管该零件的工艺员协商确定，在制定工序工艺文件中互审会签，共同负责；如果不是在同一个车间，则应用交接状态表进行规定，共同会签，然后反映在工艺规程中。

7.1.5 数控加工工序设计

当数控加工工艺路线确定之后，各道工序的加工内容已基本确定，接下来便可以着手数控加工工序的设计。

数控加工工序设计的主要任务是：为每一道工序选择机床、夹具、刀具及量具，确定定位夹紧方案、走刀路线与工步顺序、加工余量、工序尺寸及其公差、切削用量和工时定额等，为编制加工程序做好充分准备。下面就主要问题进行讨论。

7.1.5.1 走刀路线和工步顺序的确定

走刀路线是刀具在整个加工工序中相对于工件的运动轨迹，它不但包括了工步的内容，而且也反映出工步的顺序。走刀路线是编写程序的依据之一。因此，在确定走刀路线时最好画一张工序简图，将已经拟定出的走刀路线画上去（包括进、退刀路线），这样可为编程带来不少方便。

工步顺序是指同一道工序中，各个表面加工的先后次序。它对零件的加工质量、加工效率和数控加工中的走刀路线有直接影响，应根据零件的结构特点和工序的加工要求等合理安排。工步的划分与安排一般可随走刀路线来进行，在确定走刀路线时，主要考虑以下几点。

① 对点位加工的数控机床，如钻、铣床，要考虑尽可能缩短走刀路线，以减少空程时间，提高加工效率。

② 为保证工件轮廓表面加工后的粗糙度要求，最终轮廓应安排最后一次走刀连续加工。

③ 刀具的进退刀路线须认真考虑，要尽量避免在轮廓处停刀或垂直切入切出工件，以免留下刀痕（切削力发生突然变化而造成弹性变形）。在车削和铣削零件时，应尽量避免如图 7-17（a）所示的径向切入或切出，而应按如图 7-17（b）所示的切向切入或切出，这样加工后的表面粗糙度较小。

④ 铣削轮廓的加工路线要合理选择，一般采用图 7-18 所示的三种走刀方式。图 7-18（a）为 Z 字形双方向走刀方式，图 7-18（b）为单方向走刀方式，图 7-18（c）为环形走刀方式。在铣削封闭的凹轮廓时，刀具的切入或切出不允许外延，最好选在两面的交界处，否则，会产生刀痕。为保证表面质量，最好选择图 7-19（b）和（c）所示的走刀路线。

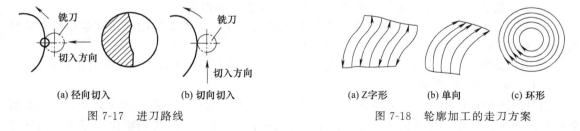

(a) 径向切入　(b) 切向切入

图 7-17　进刀路线

(a) Z字形　(b) 单向　(c) 环形

图 7-18　轮廓加工的走刀方案

⑤ 旋转体类零件的加工一般采用数控车或数控磨床加工，由于车削零件的毛坯多为棒料或锻件，加工余量大且不均匀，因此合理制定粗加工时的加工路线，对于编程至关重要。

图 7-20 所示为手柄加工实例，其轮廓由三段圆弧组成，由于加工余量较大而且又不均匀，因此比较合理的方案是先用直线和斜线程序车去图中虚线所示的加工余量，再用圆弧程序精加工成形。

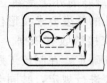
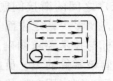

(a) Z字形　　　　　　　　(b) 单向　　　　　　　(c) Z字形+环形

图 7-19　轮廓加工的走刀路线

图 7-21 所示的零件表面形状复杂，毛坯为棒料，加工时余量不均匀，其粗加工路线应按图中 1～4 依次分段加工，然后再换精车刀一次成形，最后用螺纹车刀粗、精车螺纹。至于粗加工走刀的具体次数，应视每次的切削深度而定。

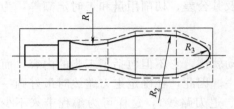

图 7-20　直线、斜线走刀路线

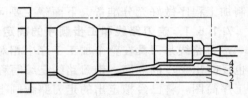

图 7-21　矩形走刀路线

7.1.5.2　定位与夹紧方案的确定

工件的定位基准与夹紧方案的确定，应遵循有关定位基准的选择原则与工件夹紧的基本要求。此外，还应该注意下列三点。

① 力求设计基准、工艺基准与编程原点统一，以减少基准不重合误差和数控编程中的计算工作量。

② 设法减少装夹次数，尽可能做到一次定位装夹后能加工出工件上全部或大部分待加工表面，以减少装夹误差，提高加工表面之间的相互位置精度，充分发挥数控机床的效率。

③ 避免采用占机人工调整式方案，以免占机时间太多，影响加工效率。

7.1.5.3　夹具的选择

数控加工的特点对夹具提出了两个基本要求：一是保证夹具的坐标方向与机床的坐标方向相对固定；二是要能协调零件与机床坐标系的尺寸。除此之外，重点考虑以下几点。

① 单件小批量生产时，优先选用组合夹具、可调夹具和其他通用夹具，以缩短生产准备时间和节省生产费用。

② 在成批生产时，才考虑采用专用夹具，并力求结构简单。

③ 零件的装卸要快速、方便、可靠，以缩短机床的停顿时间。

④ 夹具上各零部件应不妨碍机床对零件各表面的加工，即夹具要敞开，其定位、夹紧机构元件不能影响加工中的走刀（如产生碰撞等）。

⑤ 为提高数控加工的效率，批量较大的零件加工可以采用多工位、气动或液压夹具。

7.1.5.4　刀具的选择

刀具的选择是数控加工工序设计的重要内容之一，它不仅影响机床的加工效率，而且直接影响加工质量。另外，数控机床主轴转速比普通机床高 1～2 倍，且主轴输出功率大，因此与传统加工方法相比，数控加工对刀具的要求更高，不仅要求精度高、强度大、刚度好、耐用度高，而且要求尺寸稳定、安装调整方便。这就要求采用新型优质材料制造数控加工刀具，并合理选择刀具结构、几何参数。

刀具的选择应考虑工件材质、加工轮廓类型、机床允许的切削用量和刚性以及刀具耐用度等因素。一般情况下应优先选用标准刀具（特别是硬质合金可转位刀具），必要时也可采用各种高生产率的复合刀具及其他一些专用刀具。对于硬度大的难加工工件，可选用整体硬质合金、陶瓷刀具、CBN 刀具等。刀具的类型、规格和精度等级应符合加工要求。

7.1.5.5 机床的选择

当工件表面的加工方法确定之后，机床的种类也就基本上确定了。但是，每一类机床都有不同的形式，其工艺范围、技术规格、加工精度、生产率及自动化程度都各不相同。为了正确地为每一道工序选择机床，除了充分了解机床的性能外，尚需考虑以下几点。

① 机床的类型应与工序划分的原则相适应。数控机床或通用机床适用于工序集中的单件小批生产；对大批大量生产，则应选择高效自动化机床和多刀、多轴机床。若工序按分散原则划分，则应选择结构简单的专用机床。

② 机床的主要规格尺寸应与工件的外形尺寸和加工表面的有关尺寸相适应。即小工件用小规格的机床加工，大工件用大规格的机床加工。

③ 机床的精度与工序要求的加工精度相适应。粗加工工序，应选用精度低的机床；精度要求高的精加工工序，应选用精度高的机床。但机床精度不能过低，也不能过高。机床精度过低，不能保证加工精度；机床精度过高，会增加零件制造成本。应根据零件加工精度要求合理选择机床。

7.1.5.6 量具的选择

数控加工主要用于单件小批生产，一般采用通用量具，如游标卡尺、百分表等。对于成批生产和大批大量生产中部分数控工序，应采用各种量规和一些高生产率的专用检具与量仪等。量具精度必须与加工精度相适应。

7.1.5.7 工序加工余量的确定

(1) 加工余量的概念

加工余量是指加工过程中，所切去的金属层厚度。加工余量有工序加工余量和加工总余量之分。相邻两工序的工序尺寸之差为工序加工余量 Z_t。毛坯尺寸与零件图设计尺寸之差为加工总余量 Z_Σ，它等于各工序加工余量之和，即

$$Z_\sum = \sum_{i=1}^{n} Z_i \tag{7-2}$$

式中　n——工序数量。

由于工序尺寸有公差，所以实际切除的工序余量是一个变值。因此，工序余量分为基本余量 Z（公称余量）、最大工序余量 Z_{max} 和最小工序余量 Z_{min}。工序余量与工序尺寸及其公差的关系如图 7-22 所示。图中 L_a、T_a 分别为上工序的基本尺寸与公差，L_b、T_b 分别为本工序的基本尺寸与公差。

注意：平面的加工余量是单边余量，而内孔与外圆的加工余量是双边余量。

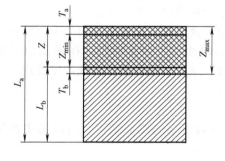
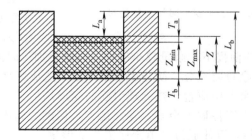

(a) 被包容面(轴)　　　　　　(b) 包容面(孔)

图 7-22　工序余量与工序尺寸及其公差的关系

(2) 影响加工余量的因素

余量太大，会造成材料及工时浪费，增加机床、刀具及动力消耗；余量太小，则无法消除

上一道工序留下的各种误差、表面缺陷和本工序的装夹误差。因此，应根据影响余量大小的因素合理地确定加工余量。影响加工余量的因素有下列几种。

① 工序表面粗糙度 Ra 和缺陷层 D_a，如图 7-23 所示，本工序余量应切到正常组织层。

② 工序的尺寸公差 T_a 由图 7-22 可知，本工序余量应包含上工序的尺寸公差 T_a。

③ 工序的形位误差 ρ_a 如图 7-24 所示的小轴，上工序轴线的直线度误差为 ω，须在本工序中纠正，则直径方向的加工余量应增加 2ω。

④ 本工序的装夹误差 ε_b，包括定位误差、装夹误差（夹紧变形）及夹具本身的误差。如图 7-25 所示，用三爪自定心卡盘夹持工件外圆磨削内孔时，由于三爪卡盘定心不准，使工件轴线偏离主轴回转轴线 e 值，导致内孔磨削余量不均匀，甚至有可能造成局部表面无加工余量的情况。为保证待加工表面有足够的加工余量，孔的直径余量应增加 $2e$。

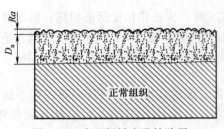

图 7-23　表面粗糙度及缺陷层

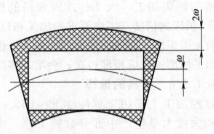

图 7-24　轴线弯曲对加工余量的影响

(3) 确定加工余量的方法

① 经验估算法　凭借工艺人员的实践经验估计加工余量，所估余量一般偏大，仅用于单件小批生产。

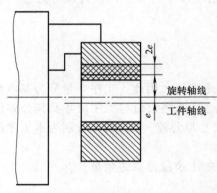

图 7-25　装夹误差对加工余量的影响

② 查表修正法　先从加工余量手册中查得所需数据，然后再结合工厂的实际情况进行适当修正。此方法目前应用最广。注意：查表所得余量为基本余量，对称表面的加工余量是双边余量，非对称表面的加工余量是单边余量。

③ 分析计算法　是指根据加工余量的计算公式和一定的试验对影响加工余量的各项因素进行综合分析和计算来确定加工余量的一种方法。用这种方法确定的加工余量比较经济合理，但必须有比较全面和可靠的试验资料。适用于贵重材料和军工生产。

确定加工余量时，应该注意的几个问题如下。

① 采用最小加工余量原则。在保证加工精度和加工质量的前提下，余量越小越好，以缩短加工时间、减少材料消耗、降低加工费用。

② 余量要充分，防止因余量不足而造成废品。

③ 余量中应包含热处理引起的变形。

④ 大零件取大余量。零件越大，切削力、内应力引起的变形越大。因此工序加工余量应取大一些，以便通过本道工序消除变形量。

⑤ 总加工余量（毛坯余量）和工序余量要分别确定。总加工余量的大小与所选择的毛坯制造精度有关。粗加工工序的加工余量不能用查表法确定，应等于总加工余量减去其他各工序的余量之和。

7.1.5.8　工序尺寸及其偏差的确定

零件上的设计尺寸一般要经过几道加工工序才能得到，每道工序尺寸及其偏差的确定，不仅取决于设计尺寸、加工余量及各工序所能达到的经济精度，而且还与定位基准、工序基准、测量基准、编程原点的确定及基准的转换有关。因此，确定工序尺寸及其公差时，应具体情况具体分析。

（1）基准重合时工序尺寸及其公差的计算

当定位基准、工序基准、测量基准、编程原点与设计基准重合时，工序尺寸及其公差直接由各工序的加工余量和所能达到的精度确定。其计算方法是由最后一道工序开始向前推算，具体步骤如下。

① 确定毛坯总余量和工序余量。

② 确定工序公差。最终工序公差等于零件图上设计尺寸公差，其余工序尺寸公差按经济精度确定。

③ 计算工序基本尺寸。从零件图上的设计尺寸开始向前推算，直至毛坯尺寸。最终工序尺寸等于零件图的基本尺寸，其余工序尺寸等于后道工序基本尺寸加上或减去后道工序余量。

④ 标注工序尺寸公差。最后一道工序的公差按零件图设计尺寸公差标注，中间工序尺寸公差按"入体原则"标注，毛坯尺寸公差按双向标注。

例 7-1 某车床主轴箱主轴孔的设计尺寸为 $\phi 100^{+0.035}_{0}$ mm，表面粗糙度为 $Ra = 0.8\mu m$，毛坯为铸铁件。已知其加工工艺过程为粗镗—半精镗—精镗—镗—浮动镗。用查表法或经验估算法确定毛坯总余量和各工序余量，其中粗镗余量由毛坯余量减去其余各工序余量之和确定，各道工序的基本余量为：

浮动镗	$Z = 0.1$mm
精镗	$Z = 0.5$mm
半精镗	$Z = 2.4$mm
毛坯	$Z = 8$mm
粗镗	$Z = 8 - (2.4 + 0.5 + 0.1) = 5$mm

最后一道工序为浮动镗的公差等于设计尺寸公差，其余各工序按所能达到的经济精度查表确定，各工序尺寸公差分别为：

浮动镗	$T = 0.035$mm
精镗	$T = 0.054$mm
半精镗	$T = 0.23$mm
粗镗	$T = 0.46$mm
毛坯	$T = 2.4$mm

各工序的基本尺寸计算如下。

浮动镗	$D = 100$mm
精镗	$D = 100 - 0.1 = 99.9$mm
半精镗	$D = 99.9 - 0.5 = 99.4$mm
粗镗	$D = 99.4 - 2.4 = 97$mm
毛坯	$D = 97 - 5 = 92$mm

工艺要求分布公差，最终得到各工序尺寸及其偏差为：毛坯 $\phi 92^{+1.2}_{-1.2}$；粗镗 $\phi 97^{+0.46}_{0}$；半精镗 $\phi 94.4^{+0.23}_{0}$；精镗 $\phi 99.9^{+0.54}_{0}$；浮动镗 $\phi 100^{+0.035}_{0}$。

孔加工余量、公差及工序尺寸分布如图 7-26 所示。

（2）基准不重合时工序尺寸及其公差的确定

当工序基准、测量基准、定位基准或编程原点与设计基准不重合时，工序尺寸及其公差的确定，需要借助工艺尺寸链的基本尺寸和计算方法才能确定。

① 工艺尺寸链的概念 在机器装配或零件加工过程中，由互相联系且按一定顺序排列的

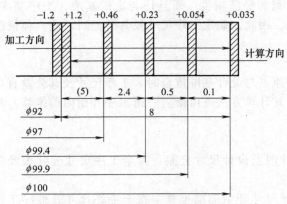

图 7-26 余量、公差及工序尺寸分布

尺寸组成的封闭链环，称为尺寸链。图 7-27 所示用零件的表面 1 定位加工表面 3，保证尺寸 A_0，于是 A_1—A_2—A_0 连接成了一个封闭的尺寸组，如图 7-27（b）所示，形成尺寸链。

a. 工艺尺寸链的特征。

• 关联性。任何一个直接保证的尺寸及其精度的变化，必将影响间接保证的尺寸及其精度。如图 7-27 所示，尺寸 A_1、A_2 是直接获得的，A_0 是自然形成的。其中，自然形成的尺寸大小和精度受直接获得的尺寸大小和精度的影响，并且，自然形成的尺寸精度必然低于任何一个直接获得的尺寸精度。

• 封闭性。尺寸链中的各个尺寸首尾相接组成封闭的链环。

b. 工艺尺寸链的组成。

组成工艺尺寸链的各个尺寸称为工艺尺寸链的环。如图 7-27 所示，尺寸 A_1、A_2、A_0 都是工艺尺寸链的环，它们可分为下列几种。

• 封闭环。加工（或测量）过程中最后自然形成的环称为封闭环。如图 7-27 所示的 A_0。每个工艺尺寸链只有一个封闭环。

• 组成环。加工（或测量）过程中直接获得的环称为组成环。在工艺尺寸链中，除封闭环外的其他环都是组成环。按其对封闭环的影响又可分为增环和减环。

增环：工艺尺寸链中由于该类组成环的变动而引起封闭环的同向变动，则该类组成环称为增环，如图 7-27 所示的 A_1，用 $\overrightarrow{A}$ 表示。

减环：工艺尺寸链中由于该类组成环的变动而引起封闭环的反向变动，则该类组成环称为减环，如图 7-27 所示的 A_2，用 $\overleftarrow{A}$ 表示。

c. 增、减环的判定方法。为了正确地判定增环与减环，可在工艺尺寸链图上，先给封闭环任意定出方向并画出箭头，然后沿此方向环绕工艺尺寸链回路，顺次给每一个组成环画出箭头。此时，凡箭头方向与封闭环相反的组成环为增环，相同的则为减环，如图 7-28 所示。

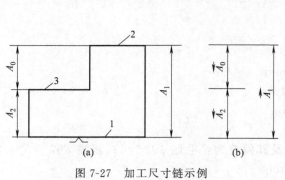

图 7-27 加工尺寸链示例

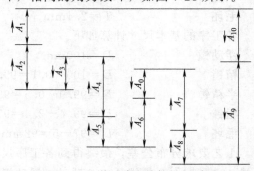

图 7-28 增、减环的简易判别图

② 工艺尺寸链的建立　工艺尺寸链的计算并不复杂，但在工艺尺寸链的建立中，封闭环的判定和组成环的查找却应引起初学者的足够重视。因为封闭环判定错了，整个工艺尺寸链的解算将得出错误的结果；组成环查找不对，将得不到最少链环的工艺尺寸链，解算出来的结果也是错误的。下面分别予以讨论。

a. 封闭环的判定。在工艺尺寸链中，封闭环是加工过程中自然形成的尺寸，如图 7-27 中的 A_0。但是，在同一零件加工的工艺尺寸链中，封闭环是随着零件加工方案的变化而变化的。仍以图 7-27 为例，若以 1 面定位加工 2 面的尺寸 A_1，然后以 2 面定位加工 3 面，则 A_0 为直接获得的尺寸，而 A_2 为自然形成的尺寸，即为封闭环。又如图 7-29 所示零件，当以表面 3 定位加工表面 1 而获得尺寸 A_1，然后以表面 1 为测量基准加工表面 2 而直接获得尺寸 A_2，则自然形成的尺寸 A_0 即为封闭环。但是，如果以加工过的表面 1 作为测量基准加工表面 2，直接获得尺寸 A_2，再以表面 2 为定位基准加工表面 3，直接获得尺寸 A_0，此时，尺寸 A_1 便为自然形成的封闭环。

所以，封闭环的判定必须根据零件的加工具体方案，紧紧抓住"自然形成"这一要领。

b. 组成环的查找。组成环的查找方法是：从构成封闭环的两表面开始，同步地按照工艺过程的顺序，分别向前查找各表面最近一次加工的加工尺寸，直到两条路线的工序基准重合（即两者的工序基准为同一表面），则上述尺寸系统形成的封闭轮廓，便构成了工艺尺寸链。

查找组成环必须掌握的基本特点为：组成环是加工过程中"直接获得"的，而且对封闭环有影响。

下面以图 7-30 为例，说明工艺尺寸链建立的具体过程。图 7-30（a）所示为一套类零件，为便于讨论问题，图中只标注出轴向设计尺寸，轴向尺寸的加工顺序如下。

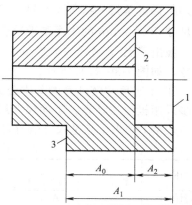

图 7-29 封闭环的判别示例

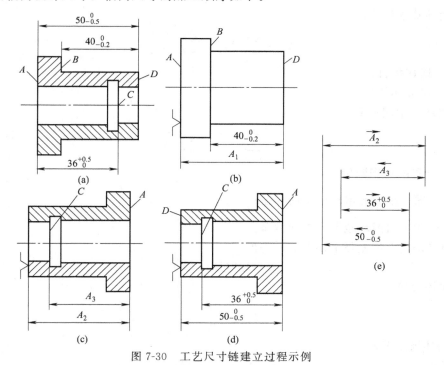

图 7-30 工艺尺寸链建立过程示例

• 以大端面 A 定位，车端面 D 获得尺寸 A_1；并车小外圆至 B 面，保证长度 $40_{-0.2}^{0}$ mm，如图 7-30（b）所示。

• 以端面 D 定位，精车大端面 A 获得尺寸 A_2，并在镗大孔时车端面 C，获得孔深尺寸 A_3，如图 7-30（c）所示。

·以端面 D 定位，磨大端面 A 保证全长尺寸 $50_{-0.5}^{\ 0}$mm，同时保证孔深尺寸为 $36_{\ 0}^{+0.5}$mm，如图 7-30（d）所示。

由以上工艺过程可知，孔深设计尺寸 $36_{\ 0}^{+0.5}$mm 是自然形成的，应为封闭环。从构成封闭环的两个界面 A 和 C 面开始查找组成环，A 面的最近一次加工是磨削，工序基准是 D 面，直接获得的尺寸是 $50_{-0.5}^{\ 0}$mm；C 面最近一次加工是镗孔时的车削，测量基准是 A 面，直接获得的尺寸为 A_3。显然上述两尺寸的变化都会引起封闭环的变化，是欲查找的组成环。但此两环的工序基准各为 D 面与 A 面，不重合，为此要进一步查找最近一次加工 D 面与 A 面的加工尺寸。A 面的最近一次加工是精车 A 面，直接获得的尺寸为 A_2，工序基准为 D 面，正好与加工尺寸 $50_{-0.5}^{\ 0}$mm 的工序基准重合，而且 A_2 的变化也会引起封闭环的变化，应为组成环。至此，找出了 A_2、A_3、$50_{-0.5}^{\ 0}$mm 为组成环，$36_{\ 0}^{+0.5}$mm 为封闭环，它们组成了一个封闭的尺寸链，如图 7-30（e）所示。

③ 工艺尺寸链计算的基本公式　工艺尺寸链的计算方法有两种：极值法和概率法。生产中多采用极值法计算，下面仅介绍极值法计算的基本公式。

表 7-1 列出了工艺尺寸链计算所用的符号。

表 7-1　工艺尺寸链计算所用的符号

环名	符号名称							
	基本尺寸	最大尺寸	最小尺寸	上偏差	下偏差	公差	平均尺寸	中间偏差
封闭环	A_0	$A_{0\max}$	$A_{0\min}$	ES_0	EI_0	T_0	A_{0av}	X_0
增环	A_i	$A_{i\max}$	$A_{i\min}$	ES_i	EI_i	T_i	A_{iav}	X_i
减环	A_i	$A_{i\max}$	$A_{i\min}$	ES_i	EI_i	T_i	A_{iav}	X_i

a. 封闭环基本尺寸。

$$A_0 = \sum_{i=1}^{n} \overrightarrow{A_i} - \sum_{i=n+1}^{m} \overleftarrow{A_i} \tag{7-3}$$

式中　n——增环数目；

m——组成环数目。

b. 封闭环的中间偏差。

$$\Delta_0 = \sum_{i=1}^{n} \overrightarrow{\Delta_i} - \sum_{i=n+1}^{m} \overleftarrow{\Delta_i} \tag{7-4}$$

式中　Δ_0——封闭环中间偏差；

$\overrightarrow{\Delta_i}$——第 i 组成环增环的中间偏差；

$\overleftarrow{\Delta_i}$——第 i 组成环减环的中间偏差。

中间偏差是指上偏差与下偏差的平均值：

$$\Delta = 1/2(ES + EI)$$

c. 封闭环公差。

$$T_0 = \sum_{i=0}^{m} T_i$$

d. 封闭环极限偏差。

上偏差：$\qquad\qquad ES_0 = \Delta_0 + 1/2T_0$

下偏差：$\qquad\qquad EI_0 = \Delta_0 - 1/2T_0$

e. 封闭环极限尺寸。

最大极限尺寸：$\qquad A_{0\max} = A_0 + ES_0$

最小极限尺寸：$\qquad A_{0\min} = A_0 + EI_0$

f. 组成环平均公差。

$$T_{iav} = T_0/m$$

g. 组成环极限偏差。

上偏差： $\qquad\mathrm{ES}_i = \Delta_i + 1/2T_i$

下偏差： $\qquad\mathrm{EI}_i = \Delta_i - 1/2T_i$

h. 组成环极限尺寸。

最大极限尺寸： $\qquad A_{i\max} = A_i + \mathrm{ES}_i$

最小极限尺寸： $\qquad A_{i\min} = A_i + \mathrm{EI}_i$

④ 工序尺寸及其公差计算实例　在零件的加工中，当加工表面的定位基准或测量基准与设计基准不重合时，就需要进行尺寸换算，以求得其工序尺寸及其公差。

a. 定位基准与设计基准不重合的尺寸换算。零件加工中，加工表面的定位基准与设计基准不重合时，也需要进行尺寸换算，以求得工序尺寸及其公差。

例7-2　图7-31所示零件，孔 D 的设计基准为 C 面。镗孔时，为了使工件装夹方便，选择表面 A 为定位基准，并按工序尺寸 A_3 进行加工。为了保证镗孔后自然形成的设计尺寸 A_0 符合图样上的要求，必须进行尺寸换算，以求得 A_3 及基公差值。

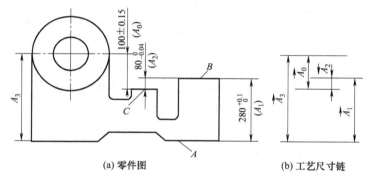

(a) 零件图　　　　(b) 工艺尺寸链

图7-31　定位基准与设计基准不重合的尺寸换算

经分析得知，设计尺寸 A_0 是本工序加工中自然形成的，即为封闭环。然后从封闭环的两边出发，查找出 A_1、A_2 和 A_3 为组成环。画出工艺尺寸链图，如图7-31（b）所示，用画箭头的方法判断出 A_2、A_3 为增环，A_1 为减环。

下面进行 A_3 的尺寸换算。

计算基本尺寸：

$$A_0 = A_3 + A_2 - A_1$$
$$A_3 = A_0 + A_1 - A_2 = 280 + 100 - 80 = 300\mathrm{mm}$$

计算中间偏差：

$$\Delta_0 = \Delta_2 + \Delta_3 - \Delta_1 \quad \Delta_0 = 1/2 \times (0.15 - 0.15) = 0\mathrm{mm}$$
$$\Delta_1 = 1/2 \times (0.1 + 0) = 0.05\mathrm{mm}$$
$$\Delta_2 = 1/2 \times (0 - 0.06) = -0.03\mathrm{mm}$$
$$\Delta_3 = \Delta_0 + \Delta_1 - \Delta_2 = 0 + 0.05 - (-0.03) = 0.08\mathrm{mm}$$

计算公差：

$$T_0 = T_1 + T_2 + T_3$$
$$T_3 = T_0 - T_1 - T_2 = 0.3 - 0.06 - 0.1 = 0.14\mathrm{mm}$$

计算上、下偏差：

$$\mathrm{ES}_{A_3} = \Delta_3 + 1/2T_3 = 0.08 + 1/2 \times 0.14 = 0.15\mathrm{mm}$$

$$\text{EI}_{A_3} = \Delta_3 - 1/2T_3 = 0.08 - 1/2 \times 0.14 = 0.01\text{mm}$$

最后得出镗孔的工序尺寸为：

$$A_3 = 300^{+0.15}_{+0.01}\text{mm}$$

b. 中间工序的工序尺寸换算。

在零件加工中，有些加工表面的定位基准或测量基准是一些尚需继续加工的表面。当加工这些表面时，不仅要保证本工序对该加工表面的尺寸要求，同时还要保证原加工表面的要求，即一次加工后要同时保证两个尺寸的要求，此时，即需进行工序尺寸的换算。

例 7-3 图 7-32（a）所示为一齿轮内孔的简图。内孔尺寸为 $\phi 85^{+0.035}_{0}\text{mm}$，键槽的深度尺寸 $90.4^{0.2}_{0}\text{mm}$。内孔及键槽的加工顺序如下。

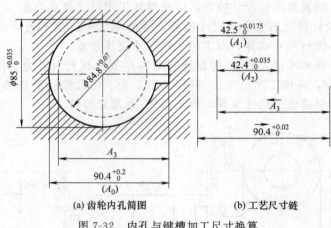

(a) 齿轮内孔简图   (b) 工艺尺寸链

图 7-32   内孔与键槽加工尺寸换算

- 精镗孔至 $\phi 84.8^{+0.07}_{0}\text{mm}$。
- 插键槽深至尺寸 A_3（通过尺寸换算求得）。
- 热处理。
- 磨内孔至尺寸 $\phi 85^{+0.035}_{0}\text{mm}$，同时保证键槽深度尺寸为 $90.4^{0.2}_{0}\text{mm}$。

根据以上加工顺序可以看出，磨孔后必须保证内孔尺寸，还要同时保证键槽的深度。为此必须计算出以镗孔后作为测量基准的键槽深式加工工序尺寸 A_3，图 7-32（b）中画出了尺寸链简图，其中精镗孔后的半径 $A_2 = 42.4^{+0.035}_{0}\text{mm}$、磨孔后的半径 $A_1 = 42.5^{+0.0175}_{0}\text{mm}$ 以及键槽加工的深度尺寸 A_3 都是直接获得的，为组成环。磨孔后所得的键槽深度尺寸 $A_0 = 90.4^{+0.2}_{0}\text{mm}$ 是自然形成的，为封闭环。根据工艺尺寸链的公式计算 A_3 值如下。

计算基本尺寸：

$$A_0 = A_3 + A_1 - A_2$$
$$A_3 = A_0 + A_2 - A_1 = 90.4 + 42.4 - 42.5 = 90.3\text{mm}$$

计算中间偏差：

$$\Delta_0 = \Delta_3 + \Delta_1 - \Delta_2 \qquad \Delta_0 = 1/2 \times (0 + 0.2) = 0.1\text{mm}$$
$$\Delta_1 = 1/2 \times (0.0175 + 0) = 0.00875\text{mm}$$
$$\Delta_2 = 1/2 \times (0.035 + 0) = 0.0175\text{mm}$$
$$\Delta_3 = \Delta_0 + \Delta_2 - \Delta_1 = 0.1 + 0.0175 - 0.00875 = 0.10875\text{mm}$$

计算公差：

$$T_0 = T_1 + T_2 + T_3$$
$$T_3 = T_0 - T_1 - T_2 = 0.2 - 0.0175 - 0.035 = 0.1475\text{mm}$$

计算上、下偏差：

$$ES_{A_3} = \Delta_3 + (1/2)T_3 = 0.10875 + 1/2 \times 0.1475\,\text{mm} = 0.1825\,\text{mm}$$
$$EI_{A_3} = \Delta_3 - (1/2)T_3 = 0.10875 - 1/2 \times 0.1475 = 0.035\,\text{mm}$$

最后得出插键槽的工序尺寸为：

$$A_3 = 90.3^{+0.1825}_{+0.035}\,\text{mm}$$

7.1.5.9 切削用量的确定

切削用量的确定应根据加工性质、加工要求、工件材料及刀具的材料和尺寸等查阅切削用量手册并结合实践经验确定。除了遵循前面所述原则与方法外，还应考虑如下因素。

（1）刀具差异

不同厂家生产的刀具质量差异较大，因此切削用量须根据实际所用刀具和现场经验加以修正。一般进口刀具允许的切削用量高于国产刀具。

（2）机床特性

切削用量受机床电动机的功率和机床刚性的限制，必须在机床说明书规定的范围内选取。避免因功率不够而发生闷车、刚性不足而产生大的机床变形或振动，影响加工精度和表面粗糙度。

（3）数控机床生产率

数控机床的工时费用较高，刀具损耗费用所占比重较低，应尽量用高的切削用量，通过适当降低刀具寿命来提高数控机床的生产率。

7.1.5.10 时间定额的确定

时间定额是指在一定生产条件下，规定生产一件产品或完成一道工序所需消耗的时间。它是安排生产计划、计算生产成本的重要依据，还是新建或扩建工厂（或车间）时计算设备和工人数量的依据。一般通过对实际操作时间的测定与分析计算相结合的方法确定。使用中，时间定额还应定期修订，以使其保持平均先进水平。完成一个零件的一道工序的时间定额，称为单件时间定额。包括下列几部分。

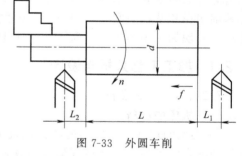

图 7-33　外圆车削

① 基本时间 T_b　是直接切除工序余量所消耗的时间（包括切入和切出时间），可通过计算求出。以图 7-33 所示外圆车削为例，其基本时间为：

$$T_b = (L + L_1 + L_2)i/(nf) \tag{7-5}$$

式中　i——进给次数。

② 辅助时间 T_a　是指装卸工件、开停机床等各种辅助动作所消耗的时间。

基本时间和辅助时间的总和称为作业时间 T_B，它是直接用于制造产品或零部件所消耗的时间。

③ 布置工作地时间 T_s　指为使加工正常进行，工人照管工作地（清理切屑、润滑机床、收拾工具等）所消耗的时间。一般按作业时间的 2%～7%计算。

④ 休息与生理需要时间 T_r　指工人在工作班内为恢复体力和满足生理需要所消耗的时间。一般按作业时间的 2%～4%计算。

上述时间的总和称为单件时间 T_p 即 $T_p = T_b + T_a + T_s + T_r = T_B + T_s + T_r$。

⑤ 准备与终结时间 T_e　为生产一批产品或零部件，进行准备和结束工作所消耗的时间。准备工作有：熟悉工艺文件、领料、领取工艺装备、调整机床等。结束工作有：拆卸和归还工艺装备、送交成品等。若批量为 N，分摊到每个零件上的时间则为 T_e/N。

单件时间定额 $T_c = T_p + T_e/N = T_b + T_a + T_s + T_r + T_e/N$。大量生产时，$T_e/N \approx 0$，可以忽略不计，此时单件时间定额为 $T_c = T_p = T_b + T_a + T_s + T_r$。

7.1.5.11 数控加工工艺文件的填写

(1) 数控加工工序卡片

这种卡片是编制数控加工程序的主要依据和操作人员配合数控程序进行数控加工的主要指导性文件。主要包括：工步顺序、工步内容、各工步所用刀具及切削用量等。当工序加工内容十分复杂时，也可把工序简图画在工序卡片上。

(2) 数控加工刀具卡片

刀具卡片是组装刀具和调整刀具的依据。内容包括刀具号、刀具名称、刀柄型号、刀具直径和长度等。

(3) 数控加工进给路线图

进给路线（走刀路线）主要反映加工过程中刀具的运动轨迹，其作用一方面是方便编程人员编程；另一方面是帮助操作人员了解刀具的进给轨迹，以便确定夹紧位置和夹紧元件的高度。

当前，数控加工工序卡片、数控加工刀具卡片及数控加工进给路线图还没有统一的标准格式，都是由各个单位结合具体情况自行确定。

7.2 数控铣床加工工艺分析

数控铣削加工工艺是以普通铣床的加工工艺为基础，结合数控铣床的特点，综合运用多方面的知识解决数控铣削加工过程中面临的工艺问题，其内容包括金属切削原理、刀夹具、加工工艺等方面的基础知识和基本原则。本章从工程实际操作出发，介绍数控铣床加工工艺所涉及的基础知识和基本原则，以便在生产过程中科学、合理地设计加工工艺，充分发挥数控铣床的特点，实现加工中的优质、高效和低耗能。

7.2.1 加工工艺分析与设计

7.2.1.1 加工准备

(1) 机床的准备

① 类型的选择 不同类型的数控铣床，其使用范围也有一定的局限性，只有加工与工作条件相适合的工件，才能达到最佳的效果。一般来说，立式数控铣床适用于加工平面凸轮、样板、箱盖、壳体等形状复杂单面加工零件，以及模具的内、外型腔等；卧式铣床配合回转工作台，适用于加工箱体、泵体、壳体有多面加工任务的零件。

如果在立式铣床上加工适合卧式铣床的典型零件，则当对零件的多个加工面、多工位加工时，需要更换夹具和倒换工艺基准，这样会降低加工精度和生产效率。如果将适合在立式铣床的典型工件在卧式铣床上加工，则常常需要增加弯板夹具，从而降低工件加工工艺系统的刚性。

为了保持数控铣床及镗铣加工中心的精度，降低生产成本，延长使用寿命，又通常把零件的粗加工，零件基准面、定位面的加工安排在普通机床上进行。

② 规格的选择 应根据被加工典型工件大小尺寸选用相应规格的数控机床。数控机床的主要规格包括工作台尺寸、几个数控进给坐标的行程范围和主轴电动机功率。选用合适的工作台尺寸保证工件在其上面能顺利装夹；选择合适的进给坐标行程保证工件的加工尺寸在各坐标有效行程内。加工前对机床主要的技术参数认识是确定机床能否满足加工的重要依据。

③ 精度的选择 选择机床的精度等级应根据被加工工件关键部位的加工精度要求来确定，一般来说，批量生产零件时，实际加工出的精度公差数值为机床定位精度公差数值的 $1.5 \sim 2$ 倍。数控铣床按精度分为普通型和精密型，其主要精度项目如表 7-2 所示。普通型 CNC 机床可批量加工 IT8 级精度的工件；精密型 CNC 铣床加工精度可达 IT5～IT6 级，但对使用环境

要求较严格，以及要有恒温等工艺措施。

表 7-2　数控铣床和加工中心主要精度项目　　　　　　　　　　mm

精度项目	普通型	精密型
直线定位精度	±0.01/全程	±0.005/全程
重复定位精度	±0.006	±0.002
铣圆精度	0.03～0.04	0.02

④ **加工的准备**　认真检查电网电压、油泵、润滑、油量是否正常，检查压力、冷却、油管、刀具、工装夹具是否完好，并做好机床的定期保养工作。

（2）夹具的准备

① 根据加工的零件，选择和使用通用夹具、组合夹具和专用夹具。

② 能够使用专用夹具装夹异形零件。

③ 若零件需要辅具，能设计与自制装夹辅具（如轴、套、定位件等）。

④ 分析并计算夹具的定位误差。

（3）刀具的准备

① 根据铣削加工工艺选择、安装和调整数控铣床常用刀具。

② 根据数控铣床特性、零件材料、加工精度、工作效率等选择刀具材料和刀具几何参数，并确定数控加工需要的切削参数和切削用量。

③ 根据刀具选择、安装和使用刀柄。

④ 刃磨常用刀具。

（4）程序的准备

编程员编好程序后，在机床运行之前，要利用相应的编程软件（如 CAXA 制造工程师、MasterCAM、UG）进行轨迹仿真，最好将生成的代码导入数控加工仿真软件（如宇龙、VNUC、Vericut 等）模拟真实环境进行加工，对程序进行校验和验证，全部合适后，才能在机床上运行。

（5）量具的准备

根据零件需要检测的内容准备相应的量具，如表 7-3 所示。根据测量结果分析产生加工误差的主要原因，并提出改进措施，或通过修正刀具补偿值和修正程序来减少加工误差，提高加工精度。

表 7-3　检测项目与量具对应表

检测项目	使用量具
内、外径检验	游标卡尺、内径百（千）分表
长度检验	游标卡尺、外径千分尺
深（高）度检验	深度尺、高度尺
角度检验	角度尺
型面检验	量块、正弦规、卡规、塞规
机内检验	利用控制系统提供的自动检测功能检测零件
复杂、畸形零件的精度检验	杠杆千分尺、齿轮卡尺、公法线长度千分尺、样板、刀具万能角度尺、扭簧比较仪、水平仪、光学分度头等精密量具和量仪

7.2.1.2　工艺设计与规则

工艺设计是对工件进行数控加工的前期准备工作，它必须在程序编制之前完成。只有在工艺设计方案确定以后，编程才有依据。否则，由于工艺方面的考虑不周，将可能造成数控加工的错误。工艺设计不好，往往要成倍增加工作量，有时甚至要推倒重来。可以说，数控加工工艺设计决定了数控程序的质量。

（1）工艺设计的步骤和内容

数控铣削加工工艺设计步骤如图 7-34 所示，内容总结如下。

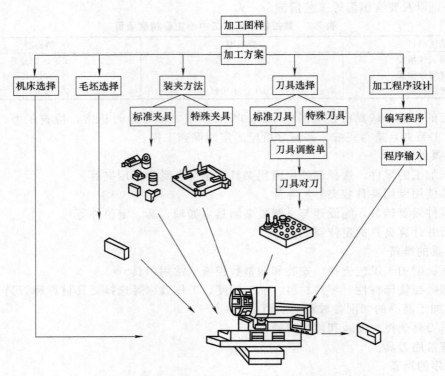

图 7-34　数控铣削加工工艺过程示意图

① 选择并决定零件的数控加工内容。分析毛坯，了解加工条件，对适合数控加工的工件图样进行分析，以明确数控铣削加工内容和加工要求。

② 确定加工方案：设计各结构的加工方法，合理规划数控加工工序过程。

③ 确定加工设备：确定适合工件加工的数控铣床或加工中心类型、规格、技术参数；确定装夹设备、刀具、量具等加工用具；确定装夹方案、对刀方案。

④ 设计各刀具路线，确定刀具路线数据，确定刀具切削用量等内容。

⑤ 根据工艺设计内容，填写规定格式的加工程序；根据工艺设计调整机床，对编制好的程序必须经过校验和试切，并验证工艺、改进工艺。

⑥ 编写数控加工专用技术文件，作为管理数控加工及产品验收的依据。不同的数控机床，工艺文件的内容也有所不同。一般来讲，数控铣床的工艺文件应包括：a. 编程任务书；b. 数控加工工序卡片；c. 数控机床调整单；d. 数控加工刀具卡片；e. 数控加工进给路线图；f. 数控加工程序单。

（2）工艺分析及实施

① 零件图形分析

a. 检查零件图的完整性和正确性。由于加工程序是以准确的坐标点来编制的，要满足以下几点：各图形几何要素间的相互关系（如相切、相交、垂直、平行和同心等）应明确；各种几何要素的条件要充分，应无引起矛盾的多余尺寸或影响工序安排的封闭尺寸等。

b. 检查自动编程时的零件数学模型。建立复杂表面数学模型后，须仔细检查数学模型的完整性（指是否表达了设计者的全部意图）、合理性（指生成的数学模型中的曲面是否满足曲面造型的要求）及几何拓扑关系的逻辑性 [指曲面与曲面之间的相互关系（如位置连续性、切失连续性、曲率连续性等）是否满足指定的要求，曲面的修剪是否干净、彻底等]。

要生成合理的刀具运动轨迹，必须首先生成准确无误的数学模型。因此，数控编程所需的数学模型必须满足以下要求：数学模型是完整的几何模型，不能有多余的或遗漏的曲面；数学模型不能有多义性，不允许有曲面重叠现象存在；数学模型应是光滑的几何模型；对外表面的数学模型，必须进行光顺处理，以消除曲面内部的微观缺陷；数学模型中的曲面参数曲线应分布合理、均匀，曲面不能有异常的凸起或凹坑。

② 零件结构工艺性分析及处理

a. 零件图纸上的尺寸标注应方便编程。

在实际生产中，零件图纸上尺寸标注对工艺性影响较大，为此对零件设计图纸应提出不同的要求。

b. 分析零件的变形情况，保证获得要求的加工精度。过薄的底板或肋板，在加工时由于产生的切削拉力及薄板的弹力退让极易产生切削面的振动，使薄板厚度尺寸公差难以保证，其表面粗糙度也增大。零件在数控铣削加工时的变形，不仅影响加工质量，而且当变形较大时，将使加工不能继续下去。

预防措施：对于大面积的薄板零件，改进装夹方式，采用合适的加工顺序和刀具；采用适当的热处理方法，如对钢件进行调质处理，对铸铝件进行退火处理；采用粗、精加工分开及对称去除余量等措施来减小或消除变形的影响。

c. 尽量统一零件轮廓内圆弧的有关尺寸。在一个零件上，凹圆弧半径在数值上一致性的问题对数控铣削的工艺性显得相当重要。零件的外形、内腔最好采用统一的几何类型或尺寸，这样可以减少换刀次数。即使不能寻求完全统一，也要力求将数值相近的圆弧半径分组靠拢，达到局部统一，以尽量减少铣刀规格和换刀次数，并避免因频繁换刀增加零件加工面上的接刀阶差，降低表面质量。

d. 保证基准统一原则。有些零件需要在加工中重新安装，而数控铣削不能使用"试切法"来接刀，这样往往会因为零件的重新安装而接不好刀。这时，最好采用统一基准定位，因此零件上应有合适的孔作为定位基准孔。如果零件上没有基准孔，也可以专门设置工艺孔作为定位基准。

③ 零件毛坯的工艺性分析

a. 毛坯应有充分、稳定的加工余量。毛坯主要指锻件、铸件。锻件在锻造时，欠压量与允许的错模量会造成余量不均匀；铸件在铸造时，会因砂型误差、收缩量及金属液体的流动性差不能充满型腔等造成余量不均匀。此外，毛坯的挠曲和扭曲变形量的不同也会造成加工余量不充分、不稳定。

为此，在对毛坯的设计时，就加以充分考虑，即在零件图样注明的非加工面处增加适当的余量。

b. 分析毛坯的装夹适应性。主要考虑毛坯在加工时定位和夹紧的可靠性与方便性，以便在一次安装中加工出较多表面。对不便装夹的毛坯，可考虑在毛坯另外增加装夹余量或工艺凸台、工艺凸耳等辅助基准。

c. 分析毛坯的变形、余量大小及均匀性。分析毛坯加工中与加工后的变形程度，考虑是否应采取预防性措施和补救措施。如对于热轧中、厚铝板，经淬火时效后很容易加工变形，这时最好采用经欲拉伸处理的淬火板坯。

对毛坯余量大小及均匀性，主要考虑在加工中要不要分层铣削，分几层铣削。在自动编程中，这个问题尤为重要。

④ 零件图形的数学处理

a. 零件手工编程尺寸及自动编程时建模图形尺寸的确定。数控铣削加工零件时，手工编程尺寸及自动编程零件建模图形的尺寸不能简单地直接取零件图上的基本尺寸，要进行分析，有关尺寸应按下述步骤进行调整。

- 精度高的尺寸的处理：将基本尺寸换算成平均尺寸。

- 精度低的尺寸的调整：通过修改一般尺寸，保持零件原有几何关系。

- 几何关系的处理：保持原重要的几何关系，如角度、相切等不变。

- 节点坐标尺寸的计算：按调整后的尺寸计算有关未知节点的坐标尺寸。

- 编程尺寸的修正：按调整后的尺寸编程并加工一组工件，测量关键尺寸的实际分散中心并求出常值系统性误差，再按此误差对程序尺寸进行调整，修改程序。

b. 圆弧参数计算误差的处理。按零件图纸计算圆弧参数时，一般会产生误差，特别是在两个或两个以上的圆连续相交时，会产生较大误差累积，其结果使圆弧起点相对于圆心的增量值 I、J 的误差较大。此时，可以根据实际零件图形改动一下圆弧半径值或圆心坐标（在许可范围内），或采用互相"借"一点误差的方法来解决。

⑤ 加工工序的划分　在数控铣床上加工零件，其工序划分的方法有以下几种。

a. 刀具集中分序法。按所用刀具划分工序，用同一把刀加工完零件上所有可以完成的部位，再用第二把刀、第三把刀完成它们可以完成的其他部位。这种分序法可以减少换刀次数，压缩空程时间，减少不必要的定位误差。

b. 粗、精加工分序法。根据零件的形状、尺寸精度等因素，按照粗、精加工分开的原则进行分序。对单个零件或一批零件先进行粗加工、半精加工，而后精加工。粗精加工之间，最好隔一段时间，以使粗加工后零件的变形得到充分恢复，再进行精加工，以提高零件的加工精度。

c. 按加工部位分序法。即先加工平面、定位面，再加工孔；先加工简单的几何形状，再加工复杂的几何形状；先加工精度比较低的部位，再加工精度要求较高的部位。

综上所述，在划分工序时，一定要视零件的结构与工艺性、机床的功能、零件数控加工内容的多少、安装次数及本单位生产组织状况灵活掌握。什么零件宜采用工序集中的原则还是采用工序分散的原则，也要根据实际需要和生产条件确定，要力求合理。

⑥ 加工顺序的安排　根据零件的结构和毛坯状况，以及定位安装与夹紧的需要来考虑，重点是工件的刚性不被破坏。加工顺序的安排除了遵循"基面先行、先粗后精、先主后次、先面后孔"的一般加工原则外，还应遵循下列原则。

a. 上道工序的加工不能影响下道工序的定位与夹紧，中间穿插有通用机床加工工序的也要综合考虑。

b. 先进行内型腔加工工序，后进行外型腔加工工序。

c. 在同一次安装中进行的多道工序，应先安排对工件刚性破坏小的工序。

d. 以相同定位、夹紧方式或同一把刀具加工的工序，最好连接进行，以减少重复定位次数、换刀次数与挪动压板次数。

(3) 刀具路径的设计

刀具路径一般包括：从起始点快速接近工件加工部位，然后以工进速度加工工件结构，完成加工任务后，快速离开工件，回到某一设定的终点。可归纳为两种典型的运动：点到点的快速定位运动—空行程；工作进给速度的切削加工运动—切削行程。

① 设计安全的刀具路径

a. 快速定位路线起点、终点的安全设定。在设计刀具快速趋近工件的定位路径时，趋向点与工件实体表面的安全间隙大小应有谨慎的考虑。如图 7-35 所示，刀具在 Z 向趋近点相对工件的安全间隙设置多少为宜？间隙量小可缩短加工时间，但间隙量太小对操作工来说却是不太安全和方便，容易带来潜在的撞刀危险。对间隙量大小设定时，应考虑到加工面是否已经加工到位，若没有加工，还应考虑可能的最大毛坯余量。若程序控制是批量生产，还应考虑更换新工件后 Z 向尺寸带来的新变化，以及操作员是否有足够的经验。

在铣削加工中，刀具从 X、Y 向趋近工件时，因为刀具 X、Y 向刀位点在圆心，始终与刀具切削工件的点相差一个半径，因此设计刀具趋近工件点与工件的安全间隙时，除了要考虑毛坯余量的大小，又应考虑刀具半径值的大小。起始切削的刀具中心点与工件的安全间隙大于刀具半径与毛坯切削余量之和。刀具切出工件的安全间隙同样应大于刀具半径与毛坯切削余量之和，如图 7-36 所示。

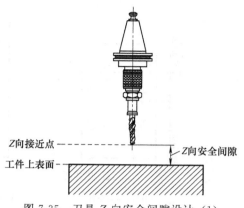

图 7-35 刀具 Z 向安全间隙设计（1）

b. 避免点定位路径中有障碍物。设计刀具路径必须使刀具移动路线中没有障碍物，一些常见的障碍物，如机床工作台和安装其上的卡盘、分度头、虎钳、夹具、压板、螺栓及工件的非加工结构等。对各种影响路线设计因素的考虑不周，将容易引起撞刀危险的情况。

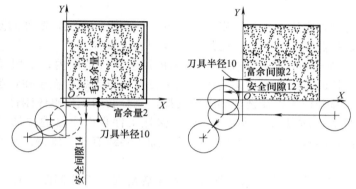

图 7-36 刀具 Z 向安全间隙设计（2）

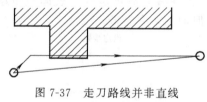

图 7-37 走刀路线并非直线

G00 指令是把刀具从相对工件的一个位置点快速移动到另一个位置点，但不可忽视的是两点间点定位路线不一定是直线，如图 7-37 所示，定位路线往往是先几轴等速移动，然后单轴趋近目标点的折线。G28～G30、G81～G89、G73 等的点定位路线也应该考虑同样的问题。还应注意撞刀不仅仅是刀头与障碍物的碰撞，还可能是刀具其他部分（如刀柄）与他物的碰撞。

② 设计保证加工质量的刀具路径

a. 设计有利于保证尺寸精度的定位路线。定位精度是影响工件加工结构定形尺寸、定位尺寸的主要因素，对于采用全闭环伺服系统的机床，其定位精度取决于其检测装置的测量精度，但对于大多数半闭环进给伺服系统的机床，丝杆副、齿轮副的传动间隙对定位精度的影响较大，对于尺寸精度要求高的工件加工时，刀具路线的设计应考虑到如何避免传动间隙对加工尺寸精度的影响，并注意到传动间隙对定位精度的影响总是发生在某坐标轴向反方向运动的瞬间。

如图 7-38（a）所示，在该零件上加工六个尺寸相同孔，位置精度要求较高，若用具有开环或半闭环进给伺服系统的机床，要特别要注意孔的点定位路线的设计，避免坐标轴的反向间隙影响位置精度。若设计如图 7-38（b）所示路线加工时，由于 4、5、6 孔与 1、2、3 孔 Y 轴向定位方向相反，Y 轴传动系统的反向间隙影响 1、2、3 孔的位置精度。按图 7-38（c）所示路线，1、2、3、4、5、6 孔定位方向一致，可避免反向间隙的引入，提高孔加工的位置精度。

b. 设计有利于保持工艺系统刚度的刀具路线。刀具路线的设计，应考虑到刀具切削力对

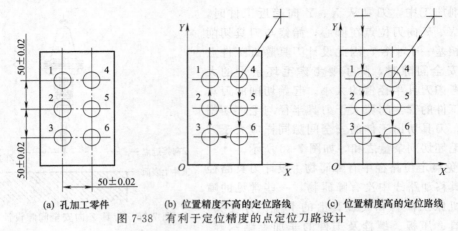

(a) 孔加工零件　　　(b) 位置精度不高的定位路线　　　(c) 位置精度高的定位路线

图 7-38　有利于定位精度的点定位刀路设计

工艺系统刚度的影响，尽量采用选择保证装夹刚度和工件加工变形小的路线，使加工平稳、振动小，提高切削的质量。

　　薄壁零件加工的难点在于工件加工变形。随着零件壁厚的降低，零件的刚性减小，加工变形增大，容易发生切削振颤，影响零件的加工质量和加工效率。

　　如图 7-39 所示，对于侧壁的铣削加工，在切削用量允许范围内，采用径向切深较大、轴向切深小，逐层往下切的分层铣削加工路线。这种刀路的设计思想在于在切削过程中，尽可能的应用零件的未加工部分作为正在铣削部分的支撑，充分利用零件整体刚性。

　　c. 设计保证工件表面质量的刀具路线。设计保证工件表面质量的精加工路线的要求，一是减少刀具相对工件运动轨迹形成的残留；二是精加工路线有利于维持工艺系统的稳定性，避免物理因素对精加工的干扰。

　　如图 7-40 所示，球头刀加工空间曲面和变斜角轮廓时，刀路间距设计，是影响切削残留的重要因素，由于球头刀具在走刀时，每两行刀位之间，加工表面不可能重叠，总存在没有被加工去除的部分，每两行刀位之间的距离越大，没有被加工去除残余高度越大，表面质量越差。切削行距越小，残余高度越小，有利于提高表面质量，但加工效率越低。

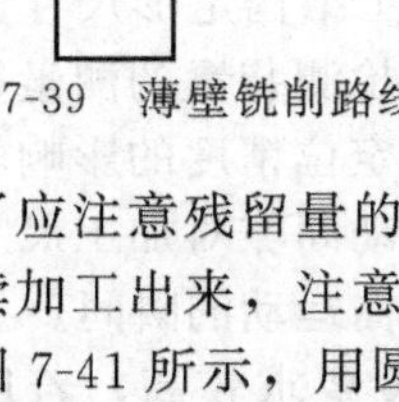

图 7-39　薄壁铣削路线

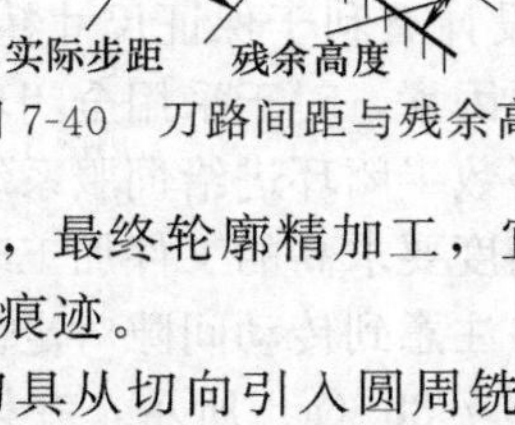

图 7-40　刀路间距与残余高

　　除了应注意残留量的控制和保证精加工时的工艺系统稳定性，最终轮廓精加工，宜在一次走刀连续加工出来，注意精加工进、退刀路线设计，以减少接刀痕迹。

　　如图 7-41 所示，用圆弧插补方式精铣削外整圆时，宜安排刀具从切向引入圆周铣削加工，当整圆加工完毕后，又沿切线方向退出。铣削内圆弧时，也要遵守从切向切入的原则，安排切入、切出过渡圆弧，如图 7-42 所示。

　　d. 合理设计螺纹加工升、降速段路线。螺纹加工时，必须控制主轴旋转与刀具进给保持一定的协调关系。当主轴处于特定转速时，进给运动的速度必须达到相应的定值才能正确加工螺纹。如当主轴 500r/min 时，加工螺距为 2mm 的螺纹，进给速度必须达到 $2 \times 500 =$

1000mm/min 的速度时加工的螺纹才是正确的。因此，在拟定螺纹加工路线时，须设置足够长的进给运动的升速段和降速段，如图 7-41 所示，这样可避免因刀具升降而影响螺距的稳定。

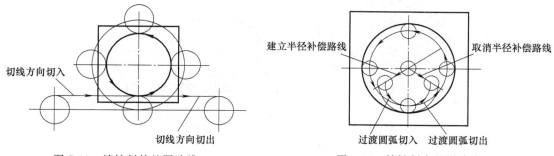

图 7-41 精铣削外整圆路线   图 7-42 精铣削内整圆路线

③ 设计高效率的刀具路径 设计高效率的刀具路径，是保证路线的安全性和满足质量要求的前提下，寻求最短刀具路线。

a. 设计尽量短的点定位路线。刀具切削工件前，要从某初始点开始快速运动接近工件，刀具初始点通常是换刀点或对刀点；刀具完成切削任务后，又离开工件回到适当的归宿点位置，通常是换刀点或机床参考点。因此，要缩短刀具接近工件的路线和切削后的回归路线，换刀点、对刀点、机床参考点的设置，要尽量靠近工件的加工部位，但要保证换（转）刀及其他操作的方便和安全。

若同一刀具可对同次装夹工件的多个结构，或同次装夹的多个工件加工，应设计好刀具从一个结构到另一个结构，从一个工件到另一个工件的点定位路线，使各结构加工连贯进行，衔接自然合理，减少重复定位次数，并使定位路线总长最短。如图 7-43 所示，可以用同一把钻头把不在同一高度的相同孔一次加工完的点定位路线。

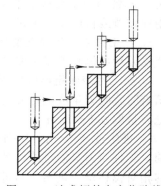

图 7-43 追求短的点定位路线

b. 设计尽量短的进给切削路线。在安排粗加工或半精加工的切削进给路线时，切削进给路线短，可有效地提高生产效率，降低刀具损耗等。如图 7-44（a）所示，对于矩形型腔区域的粗加工，当刀具循 Z 字形刀路行切时，刀路较短，有利于提高切削效率；如图 7-44（b）所示，环切走刀路线，刀路较长，不利于提高切削效率；如图 7-44（c）所示，采用 Z 字形粗加工和环切精加工组合，不仅能保证加工精度，也提高了加工效率。

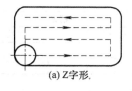   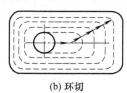   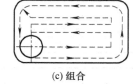

(a) Z 字形   (b) 环切   (c) 组合

图 7-44 追求短的进给切削路线

（4）切削用量的选择

如图 7-45 所示，铣削加工切削用量包括主轴转速（切削速度）、进给速度、背吃刀量和侧吃刀量。切削用量的大小对切削力、切削功率、刀具磨损、加工质量和加工成本均有显著影响。数控加工中选择切削用量时，就是在保证加工质量和刀具耐用度的前提下，充分发挥机床性能和刀具切削性能，使切削效率最高，加工成本最低。

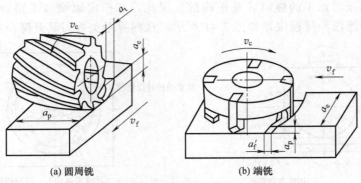

图 7-45　铣削用量

为保证零件的精度和刀具的耐用度，铣削用量的选择方法是：选取背吃刀量或侧吃刀量，其次确定进给速度，最后确定切削速度。

① 背吃刀量（端铣）或侧吃刀量（圆周铣）的选择　背吃刀量 a_p 为平行于铣刀轴线测量的切削层尺寸，单位为 mm。端铣时，a_p 为切削层深度；而圆周铣削时，a_p 为被加工表面的宽度。

侧吃刀量 a_e 为垂直于铣刀轴线测量的切削层尺寸，单位为 mm。端铣时，a_e 为被加工表面宽度；而圆周铣削时，a_e 为切削层的深度。

背吃刀量或侧吃刀量的选取主要由加工余量和对表面质量的要求决定。

a. 在工件表面粗糙度值要求为 $Ra = 12.5 \sim 25\mu m$ 时，如果圆周铣削的加工余量小于 5mm，端铣的加工余量小于 6mm，则粗铣一次进给就可以达到要求。但在余量较大，工艺系统刚性较差或机床动力不足时，可分两次进给完成。

b. 在工件表面粗糙度值要求为 $Ra = 3.2 \sim 12.5\mu m$ 时，可分粗铣和半精铣两步进行。粗铣时背吃刀量或侧吃刀量选取同前。粗铣后留 0.5~1.0mm 余量，在半精铣时切除。

c. 在工件表面粗糙度值要求为 $Ra = 0.8 \sim 3.2\mu m$ 时，可分粗铣、半精铣、精铣三步进行。半精铣时背吃刀量或侧吃刀量取 1.5~2mm；精铣时圆周铣侧吃刀量取 0.3~0.5mm，面铣刀背吃刀量取 0.5~1mm。

② 进给量 f（mm/r）与进给速度 v_f（mm/min）的选择　铣削加工的进给量是指刀具转一周，工件与刀具沿进给运动方向的相对位移量；进给速度是单位时间内工件与铣刀沿进给方向的相对位移量。进给量与进给速度是数控铣床加工切削用量中的重要参数，根据零件的表面粗糙度、加工精度要求、工具及工件材料等因素，参考切削用量手册选取或参考表 7-4 选取。工件刚性差或刀具强度低时，应取小值。

表 7-4　铣刀每齿进给量 f_z

工件材料	每齿进给量 f_z/(mm/r)			
	粗铣		精铣	
	高速钢铣刀	硬质合金铣刀	高速钢铣刀	硬质合金铣刀
钢	0.10~0.15	0.10~0.25	0.02~0.05	0.10~0.15
铸铁	0.12~0.20	0.15~0.30		

③ 切削速度 v_c（m/min）的选择　根据已经选定的背吃刀量、进给量及刀具耐用度选择切削速度。可用经验公式计算，也可根据生产实践经验，在机床说明书允许的切削速度范围内查阅有关切削用量手册或参考表 7-5 选取。

实际编程中，切削速度 v_c 确定后，还要计算出铣床主轴转速 n（r/min，对有级变速的铣床，须按铣床说明书选择与所计算转速 n 接近的转速），并填入程序单中。

7.2.1.3　典型工件的铣削工艺分析

如图 7-46 所示，要求加工出图纸所示各项尺寸，毛坯为 160mm×118mm×40mm。

表 7-5　铣削速度参考值

工件材料	硬度（HBS）	铣削速度 v_c/(m/min)	
		高速钢铣刀	硬质合金铣刀
钢	＜225	18～42	66～150
	225～325	12～36	54～120
	325～425	6～21	36～75
铸铁	＜190	21～36	66～150
	190～260	9～18	45～90
	160～320	4.5～10	21～30

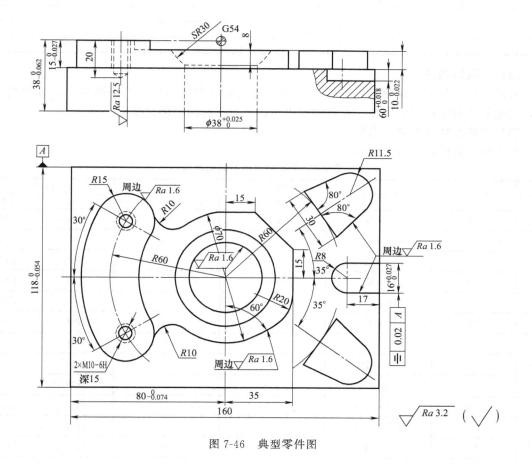

图 7-46　典型零件图

(1) 工艺分析

图中零件材料为 45，切削性能良好，零件结构工艺性好，毛坯为 160mm×118mm×40mm 长方体，有充分、稳定的加工余量。图纸中可以看到轮廓的周边曲线圆弧和粗糙度要求都较高，故将粗、精加工分开。铣平面切削路线采用 Z 字形，铣轮廓切削路线采用环切。铣外轮廓时，刀具从毛坯外垂直下刀，采用切向方式进、退刀具。将工件坐标系 G54 建立在工件上表面，零件的对称中心处。针对零件图纸要求，安排的加工工序如表 7-6 所示。

表 7-6　加工工序表

工序号	工序内容
1	铣大平面,保证尺寸 38
2	铣月形外形及平台面
3	铣整个外形

工序号	工序内容
4	铣两个凸台
5	铣边角料
6	粗铣键槽 16
7	精铣键槽 16
8	钻孔 $\phi 8.5$
9	钻孔 $\phi 32$
10	铣孔 $\phi 37.6$
11	镗孔 $\phi 38$
12	铣凹圆球面
13	钻两螺纹底孔 $\phi 8.5$
14	攻螺纹 M10

（2）夹具的选择

采用平口钳装夹。在安装工件时，工件要放在钳口中间部位，工件被加工部分要高出钳口，避免刀具与钳口发生干涉，安装台虎钳时，要对它的固定钳口找正。

（3）刀具及切削参数的选择

各工序刀具的切削参数见表 7-7。

表 7-7　各工序刀具的切削参数

工序号	刀具号	刀具类型	主轴转速 $S/(\mathrm{r/min})$	进给速度 $F/(\mathrm{mm/min})$	刀具补偿号 长度	刀具补偿号 半径
1	T1	$\phi 80$ 面铣刀	800	100	H01	D11
2	T2	$\phi 32$ 立铣刀	200	50	H02	D12
3	T3	$\phi 16$ 立铣刀	350	40	H03	D13
4	T3	$\phi 16$ 立铣刀	350	40	H03	D13
5	T3	$\phi 16$ 立铣刀	350	40	H03	D13
6	T4	$\phi 12$ 键铣刀	600	45	H04	D14
7	T3	$\phi 16$ 立铣刀	350	40	H03	D13
8	T5	$\phi 8.5$ 钻头	600	35	H05	
9	T6	$\phi 32$ 钻头	150	30	H06	
10	T3	$\phi 16$ 立铣刀	350	40	H03	D13
11	T7	$\phi 38$ 精镗刀	900	25	H07	
12	T3	$\phi 16$ 立铣刀	800	200	H03	D13
13	T5	$\phi 8.5$ 钻头	600	35	H05	
14	T8	M10 机用丝锥	100		H10	D20

7.2.2　数控铣削工具系统

7.2.2.1　旋转刀具系统

（1）铣刀的刀柄

我国除了已制定的标准刀具系列外，还建立了铣镗类数控工具系统——TSG82，其是一个连接数控机床（含加工中心）的主轴与刀具之间的辅助系统。编程人员可以根据数控机床的加工范围，按照标准刀具目录和标准工具系统选取和配置所需的刀具和辅具，以供加工时使用。TSG82 工具系统包括多种加长杆，连接刀柄，镗、铣刀柄，莫氏锥孔刀柄，钻夹头刀柄，攻丝夹头刀柄，钻孔、扩孔、铰孔等类刀柄和接长杆，以及镗刀头等少量的刀具。用这些搭配,数控机床就可以完成铣、钻、镗、扩、铰、攻螺纹等加工工艺。

① 刀柄的作用 刀具通过刀柄与主轴相连,刀柄通过拉钉和主轴内的拉刀装置固定在主轴上,由刀柄夹持传递速度、扭矩,如图 7-47 所示。刀柄的强度、刚性、耐磨性、制造精度以及夹紧力等对加工有直接的影响。

刀柄与主轴孔的配合锥面一般采用 7:24 的锥度,这种锥柄不自锁,换刀方便,与直柄相比有较高的定心精度和刚度。为了保证刀柄与主轴的配合与连接,刀柄与拉钉的结构和尺寸均已标准化和系列化,在我国应用最为广泛的是 BT40 和 BT50 系列刀柄和拉钉,如图 7-48 所示。

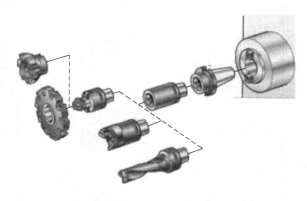

图 7-47 刀柄作用示意图

其中,BT 表示采用日本标准 MAS403 的刀柄,其后数字为相应的 ISO 锥度号,如 50 和 40 分别代表大端直径 69.85 和 44.45 的 7:42 锥度。

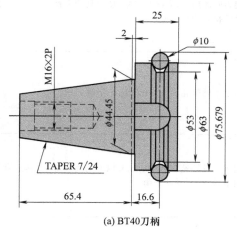

(a) BT40刀柄

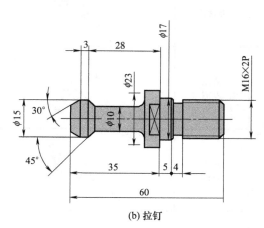

(b) 拉钉

图 7-48 刀柄及拉钉

② 刀柄的分类 常见刀柄的分类及功能见表 7-8。

表 7-8 刀柄的分类及功能

分类		图例	功能特点
结构分类	整体式		这种刀柄直接夹住刀具,刚性好,但需针对不同的刀具分别配备,其规格、品种繁多,给管理和生产带来不便
	模块式		模块式刀柄比整体式多出中间连接部分,装配不同刀具时更换连接部分即可,克服了整体式刀柄的缺点,但对连接精度、刚性、强度等都有很高的要求

续表

分类		图例	功能特点
夹紧方式分类	弹簧夹头式		使用较多。采用 ER 型卡簧,适用于夹持 16mm 以下直径的铣刀进行铣削加工;若采用 KM 型卡簧,则称为强力夹头刀柄,可以提供较大夹紧力,适用于夹持 16mm 以上直径的铣刀进行强力铣削
	侧固式		采用侧向夹紧,适用于切削力大的加工,但一种尺寸的刀具需对应配备一种刀柄,规格较多
	液压夹紧式		采用液压夹紧,可提供较大夹紧力
	冷缩夹紧式		装刀时加热孔,靠冷却夹紧,使刀具和刀柄合二为一,在不经常换刀的场合使用
转速分类	低速刀柄		用于主轴转速在 8000r/min 以下的刀柄
	高速刀柄		用于主轴转速在 8000r/min 以上的高速加工,其上有平衡调整环,必须经动平衡
夹持的刀具分类	圆柱铣刀刀柄		用于夹持圆柱铣刀
	面铣刀刀柄		用于与面铣刀盘配套使用
	锥柄钻头刀柄		用于夹持莫氏锥度刀杆的钻头、铰刀等,带有扁尾槽及装卸槽
	直柄钻头刀柄		

续表

分类		图例	功能特点
夹持的刀具分类	镗刀刀柄		用于各种尺寸孔的镗削加工,有单刃、双刃以及重切削等类型
	丝锥刀柄		用于自动攻螺纹时装夹丝锥,一般具有切削力限制功能
其他刀柄	增速刀柄		当加工所需的转速超过机床主轴的最高转速时,可以采用这种刀柄将刀具转速增大 4~5 倍,扩大机床的加工范围
	中心冷却刀柄	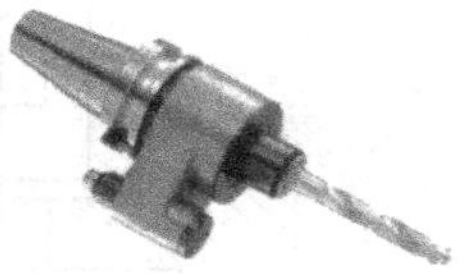	采用这种刀柄可以将切削液从刀具中心喷入切削区域,极大地提高了冷却效果,并有利于排屑。使用这种刀柄要求机床具有相应的中心冷却功能
	多轴刀柄		当同一方向的加工内容较多时,如位置相近的孔系,采用多轴刀柄可以有效地提高加工效率
	角度刀柄		除了使用回转工作台进行五面加工以外,还可以采用角度刀柄实现立、卧转换,达到同样的目的。转角一般有 30°、45°、60°、90°等

③ 刀柄的选择

a. 刀柄结构形式的选择,需要考虑多种因素。对一些长期反复使用,不需要装拼的简单刀柄,如在零件外廓上加工用的装面铣刀刀柄、弹簧夹头刀柄及钻夹头刀柄等以配备整体式刀柄为宜。当加工孔径、孔深经常变化的多品种、小批量零件时,以选用模块式工具为宜。

b. 刀柄数量应根据要加工零件的规格、数量、复杂程度以及机床的负荷等配置。一般是所需刀柄的 2~3 倍。这是因为要考虑到机床工作的同时,还有一定数量的刀柄正在预调或刀具修理。

c. 刀柄的柄部应与机床相配。机床主轴孔多选定为不自锁的 7∶24 锥度。但是,与机床相配的刀柄柄部(除锥度角以外)并没有完全统一。因此,在选择刀柄时,应弄清楚选用的机床应配用符合哪个标准的工具柄部,要求工具的柄部应与机床主轴孔的规格(40 号、45 号还是 50 号)相一致;工具柄部抓拿部位要能适应机械手的形态位置要求;拉钉的形状、尺寸要与主轴里的拉紧机构相匹配。

d. 坚持选择加工效率高的刀柄。

e. 综合考虑合理选用模块式和复合式刀柄。

(2) 铣刀的种类和结构

与普通铣床的刀具相比，数控铣床刀具要求制造精度更高，高速、高效率加工，刀具使用寿命更长等特点。根据加工内容一般可分为以下几种。

① 面铣刀　面铣刀常用的是硬质合金面铣刀，是通过夹紧元件将可转位刀片夹固在刀体上，具有刚性好、切削效率高、加工质量好等特点，适用于高速铣削平面，故得到广泛使用。可转位面铣刀如图 7-49 所示，图 7-49（a）为硬质合金可转位式面铣刀（$\kappa_r = 45°$），图 7-49（b）为硬质合金可转位 R 型面铣刀。

硬质合金可转位面铣刀已标准化，其标准直径系列：16mm、20mm、25mm、32mm、40mm、50mm、63mm、80mm、100mm、125mm、160mm、200mm、250mm、315mm、400mm、500mm、630mm。齿数分为粗齿、细齿和密齿。

粗齿铣刀用于粗铣钢件；细齿铣刀用于平稳条件下的铣削加工；密齿铣刀用于薄壁件的加工。

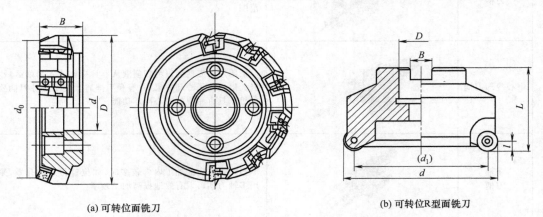

(a) 可转位面铣刀　　　　　　　(b) 可转位R型面铣刀

图 7-49　硬质合金可转位面铣刀

② 立铣刀　立铣刀主要用于平面轮廓零件的加工，该立铣刀的主切削刃分布在铣刀的圆柱面上，副切削刃分布在铣刀的端面上，且端面中心有顶尖孔，因此，铣削时一般不能沿铣刀轴向作进给运动，只能沿铣刀径向作进给运动。从结构上可分为整体式（小尺寸刀具）和机械夹固式（尺寸较大刀具）。立铣刀主要有高速钢立铣刀和硬质合金立铣刀两种。如图 7-50 所示，图 7-50（a）为硬质合金立铣刀，图 7-50（b）为高速钢立铣刀。

根据立铣刀刀齿数目，可分为粗齿、中齿和细齿。粗齿用于粗加工，细齿用于精加工，中齿介于两者之间。国标规定直径 $\phi 271$mm 的立铣刀制成直柄或削平型直柄；直径 $\phi 6 \sim 63$mm 的立铣刀制成莫氏锥柄；直径 $\phi 25 \sim 80$mm 的立铣刀制作成 7 : 24 锥柄。

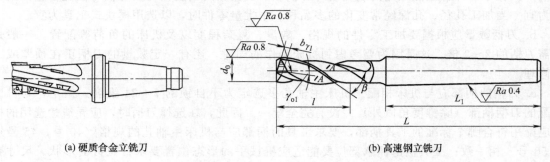

(a) 硬质合金立铣刀　　　　　　　(b) 高速钢立铣刀

图 7-50　立铣刀

③ 键槽铣刀 键槽铣刀主要用于加工圆头封闭键槽等，如图 7-51 所示。该铣刀外形似立铣刀，端面无顶尖孔，端面刀齿从外圆开至轴心，且螺旋角较小，增强了端面刀齿强度。端面刀齿上的切削刃为主切削刃，圆柱面上的切削刃为副切削刃。加工键槽时，每次先沿铣刀轴向进给较小的量，然后再沿径向进给，这样反复多次，就可完成键槽的加工。由于该铣刀的磨损是在端面和靠近端面的外圆部分，所以修磨时只要修磨端面切削刃。这样，铣刀直径可保持不变，使加工键槽精度较高，铣刀寿命较长。键槽铣刀的直径范围为 $\phi 263mm$。

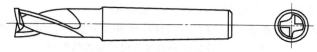

图 7-51 键槽铣刀

④ 模具铣刀 模具铣刀主要用于加工模具型腔、三维成形表面等。模具铣刀按工作部分形状不同，分为圆柱形球头铣刀、圆锥形球头铣刀和圆锥形立铣刀。图 7-52 所示是圆柱形球头铣刀，图 7-53 所示是圆锥形球头铣刀。在该两种铣刀的圆柱面、圆锥面和球面上的切削刃均为主切削刃，铣削时不仅能沿铣刀轴向作进给运动，也能沿铣刀径向作进给运动，而且球头与工件接触往往为一点。这样，该铣刀在数控铣床的控制下，就能加工出各种复杂的成形表面。图 7-54 所示为圆锥形立铣刀，其作用与立铣刀基本相同，只是该铣刀可以利用本身的圆锥体，方便地加工出模具型腔的出模角。

图 7-52 圆柱形球头

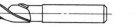

图 7-53 圆锥形球头

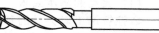

图 7-54 圆锥形立铣刀

⑤ 球头铣刀 球头铣刀主要用于曲面加工，在加工曲面时，一般采用三坐标联动，其运动方式具有多样性，可根据刀具性能和曲面特点选择或设计。适用于加工空间曲面零件，有时也用于平面类零件较大的转接凹圆弧的补加工。图 7-55 所示是一种常见的球头铣刀。

⑥ 鼓形铣刀 鼓形铣刀主要用于对变斜角类零件的变斜角面的近似加工。图 7-56 所示是一种典型的鼓形铣刀。

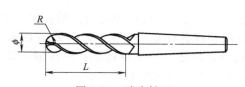

图 7-55 球头铣刀

图 7-56 鼓形铣刀

⑦ 成形铣刀 成形铣刀一般都是为特定的工件或加工内容专门设计制造的，适用于加工平面类零件的特定形状（如角度面、凹槽面等），也适用于特形孔或台。图 7-57 所示是几种常用的成形铣刀。

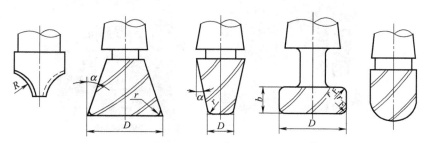

图 7-57 成形铣刀

(3) 铣刀的选择

针对各种加工表面，在考虑刀具选择时，应根据机床的加工能力、工件材料的性能、加工工序、切削用量以及其他相关因素正确选用刀具及刀柄。一般对刀具形式（整体、机夹及其方式）、刀具形状（刀具类型、刀片形状及刀槽形状）、刀具直径大小、刀具材料等方面作出选择，主要考虑加工表面形状、加工要求、加工效率等几个方面。

刀具选择的原则及步骤：①根据加工表面特点及尺寸选择刀具类型；②根据工件材料及加工要求选择刀片材料及尺寸；③根据加工条件选取刀柄。

数控铣刀种类和尺寸一般根据加工表面的形状特点和尺寸选择，可参照表 7-9 所示来选择。

表 7-9 铣削加工部位及所使用铣刀的类型

序号	加工部位	可使用铣刀类型	序号	加工部位	可使用铣刀类型
1	平面	可转位平面铣刀	9	较大曲面	多刀片可转位球头铣刀
2	带倒角的开敞槽	可转位倒角平面铣刀	10	大曲面	可转位圆刀片面铣刀
3	T形槽	可转位 T形槽铣刀	11	倒角	可转位倒角铣刀
4	带圆角开敞深槽	加长柄可转位圆刀片铣刀	12	型腔	可转位圆刀片立铣刀
5	一般曲面	整体硬质合金球头铣刀	13	外形粗加工	可转位螺旋立铣刀
6	较深曲面	加长整体硬质合金球头铣刀	14	台阶平面	可转位直角平面铣刀
7	曲面	多刀片可转位球头铣刀	15	直角腔槽	可转位立铣刀
8	曲面	单刀片可转位球头铣刀	16	键槽	两刃键槽铣刀

7.2.2.2 铣削加工夹具的选择

(1) 夹具的基本要求

数控铣加工对夹具的基本要求有以下几点。

① 夹具应能保证在机床上实现定向安装，以保持零件安装方向与机床坐标系及编程坐标系方向的一致性，同时还要求能协调零件定位面与机床之间的坐标尺寸联系。

② 夹具要求尽可能地开敞，以保证工件在本工序中所要完成的待加工面充分暴露在外。夹紧机构元件与加工面之间保持一定的安全距离，夹紧机构元件要尽可能地低，防止夹具与铣床主轴套筒或刀套、刀具在加工过程中发生碰撞。

③ 夹具要满足一定的刚性与稳定性要求。尽量不采用在加工过程中更换夹紧点的设计，如果必须更换夹紧点，要注意不能因更换夹紧点而破坏夹具或工件的定位精度。

④ 零件的装卸要快速、方便、可靠，以缩短机床的停顿时间，提高生产效率。

(2) 夹具的种类及选择

① 万能组合夹具　它是机床夹具中一种标准化、系列化、通用化程度很高的新型工艺装备。它可以根据工件的工艺要求，采用搭积木的方式组装成各种专用夹具，如图 7-58 所示。

组合夹具的特点：灵活多变，为生产迅速提供夹具，缩短生产准备周期；保证加工质量，提高生产效率；节约人力、物力和财力；减少夹具存放面积，改善管理工作。

组合夹具的不足之处：比较笨重，刚性也不如专用夹具好，组装成套的组合夹具，必须有大量元件储备，开始投资的费用较大。

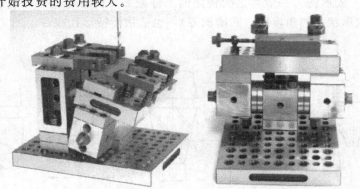

图 7-58　组合夹具的使用（钻孔、铣削）

② 专用铣切夹具　专用夹具是为零件的某一道工序加工而设计制造的，在产品相对稳定、批量较大的生产中使用；在生产过程中，它能有效地降低工作时的劳动强度，提高劳动生产率，并获得较高的加工精度。但设计周期较长，投资较大。

③ 多工位夹具　可同时装夹多个工件，减少换刀次数，也便于一面加工，一面装卸工件，有利于缩短辅助时间，提高生产效率，如图 7-59 所示。

④ 气动或液压夹具　气动或液压夹具就是利用液（气）压元件替代机械零件实现对工件的定位支撑与夹紧。其特点是极大地减少了夹紧和释放工件的时间。定位精度高，夹紧力的重复性保证了定位和夹紧的精确性。尽可能地充分利用空间，提高了夹具的空间利用率，如图 7-60 所示。

图 7-59　多工位夹具

图 7-60　气动或液压夹具

⑤ 真空夹具　数控加工中使用的真空夹具是通过真空泵将工件与夹具接触面间的空气抽出，形成真空，在大气压的作用下将工件夹紧在夹具上。它适用于有较大定位平面或具有较大可密封面积的工件。有的数控铣床（如壁板铣床）自身带有通用真空平台，在安装工件时，对形状规则的矩形毛坯，可直接用特制的橡胶条（有一定尺寸要求的空心或实心圆形截面）嵌入夹具的密封槽内，再将毛坯放上，开动真空泵，就可以将毛坯夹紧。对形状不规则的毛坯，用橡胶条已不太适应，须在其周围抹上腻子（常用橡皮泥）密封，这样做不但很麻烦，而且占机时间长，效率低。为了克服这种困难，可以采用特制的过渡真空平台，将其叠加在通用真空平台上使用。数控加工常用于板类、箱体、壳体、缸体等零件的加工，这些零件中很多都适于使用真空夹具。

除上述几种夹具外，数控铣削加工中也经常采用虎钳、分度头和三爪夹盘等通用夹具。如图 7-61 所示。

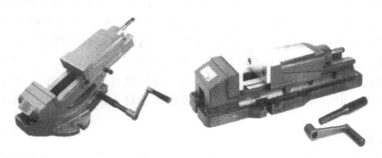

图 7-61　通用夹具

(3) 夹具的选择原则

在选用夹具时，通常需要考虑产品的生产批量、生产效率、质量保证及经济性等，选用时可参照下列原则。

① 对于批量较小，特别是对于试制产品或者单件生产的产品，数控铣床一般选用通用夹具或者万能组合夹具，只有在组合夹具无法解决工件装夹时才可放弃。

② 小批或成批生产时，可考虑采用专用夹具，但应尽量简单。

③ 在生产批量较大时，可考虑采用多工位夹具和气动、液压夹具。

④ 夹具上各零部件应不妨碍机床对零件各表面的加工，即夹具要开敞，其定位、夹紧机构元件不能影响加工中的走刀（如产生碰撞等）。

7.3 数控车床加工工艺分析

7.3.1 加工工艺分析与设计

数控车削的工艺与普通车床加工工艺相比较，有相同之处，也有相异之处。相同之处在于两者都是车削，都有着工件高速转动、刀具按照一定的规律平动进给这样相同的工艺特点。相异之处是两者驱动原理有本质的区别：前者可以随时接收由控制系统发出的进给指令，并可以数个进给同时进行（联动）；而后者只能在完成一次驱动啮合后，以一个固定的速率进行进给移动。这一点从在普通车床和数控车削上加工锥面和螺纹的工艺过程中体现得尤为突出。由于这个本质区别，使得两者的工艺原则也有较大的不同。需要说明的是：数控车削的工艺是以普通车削工艺为基础的，如果对后者不甚了解，那么对数控车削工艺的理解和应用也会有一定的困难。因此，一位对工艺比较了解的技术人员是比较容易掌握数控车削工艺设计的。

工艺分析是数控车削编程前期的一项重要准备工作。工艺制订得合理与否，对程序编制、机床的加工效率和零件的加工精度等都有重要影响。因此，编制加工程序前，应结合数控车床的特点，遵循一般的工艺原则，认真而详细地制定好零件的数控车削加工工艺。其主要内容有：确定工序和工件在数控车床上的装夹方式、确定刀具走刀路线，以及刀具、夹具和切削用量的选择等。

7.3.1.1 加工准备——分析零件图

在制定车削工艺之前，必须首先对被加工零件的图样进行分析，分析零件图的结果将直接影响加工程序的编制及加工效果，它主要包括以下内容。

(1) 构成零件轮廓的几何要素

由于设计等各种原因，在图纸上可能出现加工轮廓的数据不充分、尺寸模糊不清及尺寸封闭等缺陷，从而增加编程的难度，有时甚至无法编写程序，如图 7-62 所示。

在图 7-62 （a）中，两圆弧的圆心位置是不确定的，不同的理解将得到完全不同的结果。再如图 7-62 （b），圆弧与斜线的关系要求为相切，但经计算后的结果却为相交割关系，而非相切。这种由于图样上的图线位置模糊或尺寸标注不清，使编程工作无从下手。在图 7-62 （c）中，标注的各段长度之和不等于其总长尺寸，而且漏掉了倒角尺寸。在图 7-62 （d）中，圆锥体的各尺寸已经构成封闭尺寸链。这些问题都给编程计算造成困难，甚至产生不必要的误差。

当发生以上缺陷时，应向图样的设计人员或技术管理人员及时反映，解决后方可进行程序的编制工作。

(2) 尺寸公差要求

在确定控制零件尺寸精度的加工工艺时，必须分析零件图样上的公差要求，从而正确选择刀具及确定切削用量等。

在尺寸公差要求的分析过程中，还可以同时进行一些编程尺寸的简单换算，如中值尺寸及尺寸链的解算等。在数控编程时，常常对零件要求的尺寸取其最大和最小极限尺寸的平均值（即"中值"）作为编程的尺寸依据。

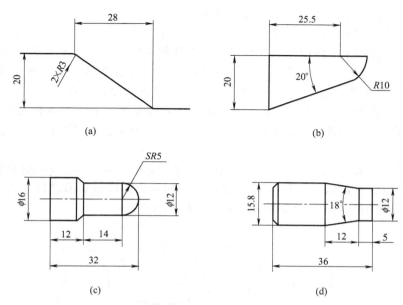

图 7-62 几何要素缺陷示意图

（3）形状和位置公差要求

图样上给定的形状和位置公差是保证零件精度的重要要求。在工艺准备过程中，除了按其要求确定零件的定位基准和检测基准，并满足其设计基准的规定外，还可以根据机床的特殊需要进行一些技术性处理，以便有效地控制其形状和位置误差。

（4）表面粗糙度要求

表面粗糙度是保证零件表面微观精度的重要要求，也是合理选择机床、刀具及确定切削用量的重要依据。

（5）材料要求

图样上给出的零件毛坯材料及热处理要求，是选择刀具（材料、几何参数及使用寿命）及加工工序、切削用量和选择机床的重要依据。

（6）加工数量

零件的加工数量，对工件的装夹和定位、刀具的选择、工序的安排及走刀路线的确定等都是不可忽视的参数。

7.3.1.2　工艺设计与规则

（1）确定工序与装夹方式

① 工序的划分　一般数控机床都可安装 4～12 把刀，有些甚至 20 把刀，所以无论轮廓怎么复杂，也无论毛坯是棒料还是铸、锻件，一般都能用两道工序完成车削加工。在数控车床上加工零件应按工序集中的原则划分工序，在批量生产中，常用下列两种方法来划分工序。

a. 按粗、精加工划分。数控加工要求工序尽可能集中，通常粗、精加工可在一次装夹下完成。为减少热变形和切削力变形对工件的尺寸形状、位置精度和表面粗糙度的影响，应将粗、精加工分开进行，对轴类或盘类零件，将待加工面先粗加工，留少量余量精加工，来保证工件表面质量要求。对轴上有孔、螺纹加工的工件，应先加工表面而后加工孔、螺纹。要求较高时，可将粗车安排在精度较低、功率较大的数控车床上，将精车安排在精度较高的数控机床上进行，以保证零件的加工精度。

b. 按所用刀具划分。数控车削加工中，为减少换刀次数，节省换刀时间，应尽量将需要通过一把刀的加工部位全部完成后，再换另一把刀来加工其他部位。同时应尽量减少空行程，用同一把刀加工工件的多个部位时,应以最短的路线到达各加工部位。

工序的划分还有其他方法,如以一次装夹、加工作为一道工序;以加工部位划分工序等。在实际生产中,数控加工工序的划分要根据具体零件的结构特点、技术要求等情况综合考虑。下面以车削图 7-63 (a) 所示手柄零件为例,说明工序的划分方法。该零件加工所用坯料为 $\phi32$mm 棒料,批量生产,加工时用一台数控车床。工序的划分方式如下。

第一道工序:按图 7-63 (b) 所示,将一批工件全部车出,工序内容有先车出 $\phi12$mm 和 $\phi20$mm 两圆柱面及 20°圆锥面(粗车掉 $R42$mm 圆弧的部分余量),转刀后按总长要求留下加工余量切断。

第二道工序(调头):按图 7-63 (c) 所示,用 $\phi12$mm 外圆及 $\phi20$mm 端面装夹工件,工序内容有先车削包络 $SR7$mm 球面的 30°圆锥面,然后对全部圆弧表面进行半精车(留少量的精车余量),然后换精车刀,将全部圆弧表面一刀精车成形。

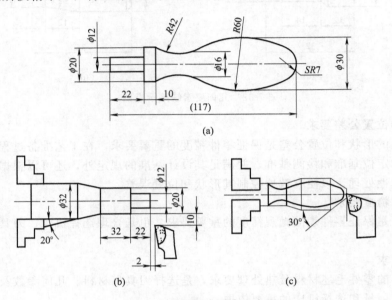

图 7-63　手柄加工工序示意图

② 工件的装夹　在数控车床上零件的安装方式与普通车床相似,在确定装夹方式时,力求在一次装夹中尽可能完成大部分甚至全部表面的加工。工件的装夹应根据零件图样的技术要求和数控车削的特点来选定。根据零件的结构形状不同,通常选择外圆、端面或内孔端面装夹工件,并力求设计基准、工艺基准和编程原点的统一。

对于一个具体的零件,方案往往有好几种,编制工艺应尽可能选择最佳方案。图 7-64 列出了各种方案的第一工序装夹示意图。其第一种方案为卡大外径,如图 7-64 (a) 所示。大端面通过定位块定位。此方案大部分轮廓在第一工序内完成,调头后的第二工序为卡内径、小端面定位,只用车大外径、大端面和上下两个倒角,此方案的优点是内

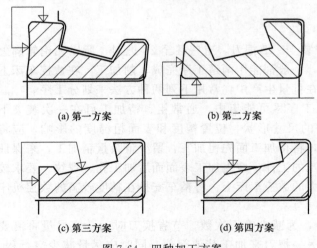

(a) 第一方案　　　(b) 第二方案

(c) 第三方案　　　(d) 第四方案

图 7-64　四种加工方案

径对小端面的垂直度误差小，滚道和大挡边对内径回转中心的角度差小，滚道与内径间的壁厚差小。它的缺点是大挡边的厚度误差、大挡边对端面的平行度误差及内径对大端面的垂直度误差等相对来说不易控制。另外，两道工序所用的加工时间很不均匀。其他三种方案也各有利弊。总之，应根据各种情况综合考虑后选定一种。但是，无论选择哪种方案，原点都应选在光坯端面上，而不要选在毛坯料的端面上。本例选用第一方案。

（2）进给路线的确定

刀具刀位点相对于工件的运动轨迹和方向称为进给路线，即刀具从对刀点开始运动起，直至加工结束所经过的路径，包括切削加工的路径及刀具切入、切出等切削空行程。

在数控车削加工中，因精加工的进给路线基本上都是沿零件轮廓的顺序进行，因此确定进给路线的工作重点主要在于确定粗加工及空行程的进给路线。加工路线的确定必须在保证被加工零件的尺寸精度和表面质量的前提下，按最短进给路线的原则确定，以减少加工过程的执行时间，提高工作效率。在此基础上，还应考虑数值计算的简便，以方便程序的编制。

下面是数控车削加工零件时常用的加工路线。

① 轮廓粗车进给路线　在确定粗车进给路线时，根据最短切削进给路线的原则，同时兼顾工件的刚性和加工工艺性等要求，来选择确定最合理的进给路线。

图 7-65 给出了三种不同的轮廓粗车削进给路线，其中图 7-65（a）表示利用数控系统的循环功能控制车刀沿着工件轮廓线进行进给的路线；图 7-65（b）为三角形循环（车锥法）进给路线；图 7-65（c）为矩形循环进给路线，其路线总长最短，因此在同等切削条件下的切削时间最短，刀具损耗最少。

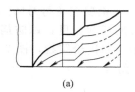 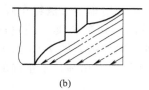 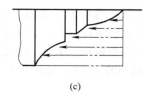

(a)　　　　　　　　　　(b)　　　　　　　　　　(c)

图 7-65　粗车进给路线示意图

在确定轮廓粗车进给路线时，车削圆锥、圆弧是我们常见的车削内容，除使用数控系统的循环功能以外，还可以使用下列方法进行。

a. 车削圆锥的加工路线。在数控机床上车削外圆锥可以分为车削正圆锥和车削倒圆锥两种情况，而每一种情况又有两种加工路线。图 7-66 所示为车削正圆锥的两种加工路线。按图 7-66（a）车削正圆锥时，需要计算终刀距 S。设圆锥大径为 D，小径为 d，锥长为 L，背吃刀量为 a_p，则由相似三角形可知：

$$(D-d)/(2L)=a_p/S \tag{7-6}$$

由此，便可计算出终刀距 S 的大小。

当按图 7-66（b）的走刀路线车削正圆锥时，则不需要计算终刀距 S，只要确定背吃刀量为 a_p，即可车出圆锥轮廓。

按第一种加工路线车削正圆锥，刀具切削运动的距离较短，每次切深相等，但需要通过计算。按第二种方法车削，每次切削背吃刀量是变化的，而且切削运动的路线较长。

图 7-67（a）、（b）为车削倒圆锥的两种加工路线，分别与图 7-66（a）、（b）相对应，其车锥原理与正圆锥相同。

粗车圆锥的方法简称车锥法，其不仅在粗车圆锥时使用，在粗车圆弧时也经常使用。

b. 车削圆弧的加工路线。在粗加工圆弧时，因其切削余量大，且不均匀，经常需要进行多刀切削。在切削过程中，可以采用多种不同的方法，现将常用方法介绍如下。

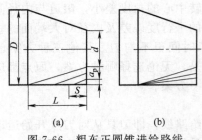

图 7-66　粗车正圆锥进给路线

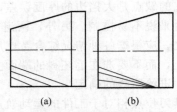

图 7-67　粗车倒圆锥进给路线

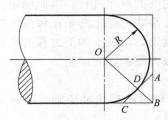

图 7-68　车锥法粗车圆弧

- 车锥法粗车圆弧。图 7-68 所示为车锥法粗车圆弧的切削路线，即先车削一个圆锥，再车圆弧。在采用车锥法粗车圆弧时，要注意车锥时的起点和终点的确定。若确定不好，则可能会损坏圆弧表面，也可能将余量留得过大。确定方法是连接 OB 交圆弧于 D 点，过 D 点作圆弧的切线 AC。由几何关系得：

$$BD = OB - OD = 0.414R$$

此为车锥时的最大切削余量，即车锥时，加工路线不能超过 AC 线。由 BD 和 $\triangle ABC$ 的关系即可算出 BA、BC 的长度，即圆锥的起点和终点。当 R 不太大时，可取 $AB = BC = 0.5R$。

此方法数值计算较为烦琐，但其刀具切削路线较短。

- 车矩形法粗车圆弧。在一些不超过 1/4 圆弧中，当圆弧半径较大时，其切削余量往往较大，此时可采用车矩形法粗车圆弧。在采用车矩形法粗车圆弧时，关键要注意每刀切削所留的余量应尽可能保持一致，严格控制后面的切削长度不超过前一刀的切削长度，以防崩刀。图 7-69 所示是车矩形法粗车圆弧的两种进给路线，图 7-69（a）是错误的进给路线，图 7-69（b）按 1→5 的顺序车削，每次车削所留余量基本相等，是正确的进给路线。

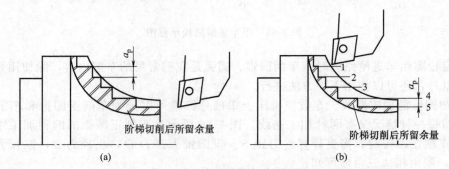

图 7-69　车矩形法粗车圆弧

- 车圆法粗车圆弧。

前两种方法粗车圆弧，所留的加工余量都不能达到一致，用 G02（或 G03）指令粗车圆弧，若用一刀就把圆弧加工出来，这样吃刀量太大，容易打刀。所以，实际切削时，常常可以采用多刀粗车圆弧，先将大部分余量切除，最后才车得所需圆弧，如图 7-70 所示。此方法的优点在于每次被吃刀量相等，数值计算简单，编程方便，所留的加工余量相等，有助于提高精加工

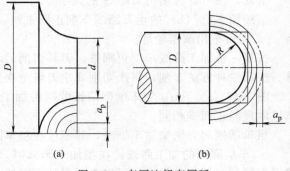

图 7-70　车圆法粗车圆弧

质量。缺点是加工的空行程时间较长。加工较复杂的圆弧，常常采用此类方法。

② 空行程进给路线

a. 合理安排"回零"路线。在手工编制较为复杂轮廓零件的加工程序时，为简化其计算过程，既不出错，又便于校核，编制者（特别是初学者）有时将每一刀加工完后的刀具终点通过执行"回零"指令，使其每次都返回参考点位置，然后再执行后续程序段。这样会增加空行程进给路线的距离，从而降低生产效率。因此，在合理安排退刀路线时，应使其前一刀终点与后一刀起点间的距离尽量简短，或者为零，以满足进给路线为最短的要求。另外，在选择返回参考点指令时，在不发生加工干涉现象的前提下，宜尽量采用 X、Z 坐标轴同时返回参考点指令，该指令的返回路线将是最短的。

b. 巧用起刀点和换刀点。

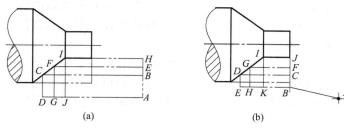

图 7-71　巧用起刀点

图 7-71（a）为采用矩形循环方式粗车的一般情况。考虑到精车等加工过程中换刀的方便，故将对刀点 A 设置在离坯件较远的位置处，同时将起刀点与对刀点重合在一起，按三刀粗车的进给路线安排如下。

第一刀为：$A \to B \to C \to D \to A$。

第二刀为：$A \to E \to F \to G \to A$。

第三刀为：$A \to H \to I \to J \to A$。

图 7-71（b）则是将起刀点与对刀点分离，并设于 B 点位置，仍按相同的切削用量进行三刀粗车，其进给路线安排如下。

车刀先由对刀点 A 运行至起刀点 B。

第一刀为：$B \to C \to D \to E \to B$。

第二刀为：$B \to F \to G \to H \to B$。

第三刀为：$B \to I \to J \to K \to B$。

显然，图 7-71（b）所示的进给路线短。该方法也可用在其他循环（如螺纹车削）的切削加工中。

为考虑换刀的方便和安全，有时将换刀点也设置在离坯件较远的位置处（图 7-71 中的 A 点），那么，当换刀后，刀具的空行程路线也较长。如果将换刀点都设置在靠近工件处，则可缩短空行程距离。换刀点的设置，必须确保刀架在回转过程中，所有的刀具不与工件发生碰撞。

③ 轮廓精车进给线路　在安排轮廓精车进给路线时，应妥善考虑刀具的进、退刀位置，避免在轮廓中安排切入和切出，避免换刀及停顿，以免因切削力突然发生变化而造成弹性变形，致使在光滑连续的轮廓上产生表面划伤、形状突变或滞留刀痕等缺陷。合理的轮廓精车进给路线应是一刀连续加工而成。

零件加工的进给路线，应综合考虑数控系统的功能、数控车床的加工特点及零件的特点等多方面的因素，灵活使用各种进给方法，从而提高生产效率。

④ 加工顺序的安排　加工路线的确定，还应遵循零件车削加工顺序的一般原则，具体

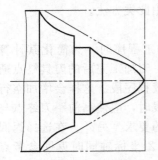

图 7-72　先粗后精实例

如下。

a. 先粗后精的原则。在数控车床上加工零件，一般按照粗车—半精车—精车的加工顺序进行，逐步提高加工精度。粗车要求在较短的时间内车削掉工件表面上的大部分加工余量，如图7-72中的双点画线内部分，一方面提高车削效率，另一方面满足精车的余量均匀性要求。若粗车后所留余量的均匀性不能满足精加工的要求，则要求安排半精车，以此为精车做准备。精车要保证加工精度，按图样尺寸一刀车出零件轮廓。

b. 先近后远的原则。为缩短刀具移动距离，减少空行程时间，同时又能保持坯件或半成品的刚性，改善其切削条件。在确定加工顺序时，一般先加工离对刀点较近的部位，后加工离对刀点远的部位。

在实际加工过程中，当零件不是很长，刚性能够得到保证时，为方便程序的编制，有时也采用先大后小的顺序进行车削。

c. 先内后外、内外交叉的原则。对既有内表面（内型腔），又有外表面需要加工的零件，在安排加工顺序时，通常应先加工内型、内腔，后加工外形表面。先进行内外表面粗加工，后进行内外表面精加工。切不可将零件上一部分表面（外表面和内表面）加工完毕后，再加工其他表面。

(3) 切削用量的选择

切削用量（a_p、v、f）选择是否合理，对于能否充分发挥数控车床的潜力与刀具的切削性能，实现优质、高产、降低成本和安全操作具有很重要的作用。数控编程时，编程人员必须确定每道工序的切削用量，并以指令的形式写入程序中。

对于不同的加工方法，需要选用不同的切削用量，数控车床切削用量的选择原则如下。

粗车时，首先应选择一个较可能大的背吃刀量 a_p；其次选择一个较大的进给量 f；最后确定一个合理的切削速度 v。增大背吃刀量，可以减少进给次数，增大进给量，有利于断削。根据以上原则选择粗车车削用量，有利于提高生产效率，减少刀具损耗，降低加工成本。

精车时，对工件精度和表面粗糙度有着较高要求，加工余量不大且较均匀，因此选择精车切削用量时，应着重考虑如何保证工件的加工质量，并在此基础上尽量提高生产效率。因此精车时，应选用较小（但不能太小）的背吃刀量 a_p（一般取 0.1～0.5mm）和进给量 f，并选用切削性能高的刀具材料和合理的几何参数，以尽可能提高切削速度 v。

切削用量应在机床说明书给定的允许范围内选择，并应考虑机床工艺系统的刚性和机床功率的大小。下面介绍几个常用车削用量的选择方法。

① 切削速度（v）或主轴转速（n）的确定　在车削加工中，切削速度一般用主轴转速来表示。主轴转速应根据工件被加工部分的直径 d 和允许的切削速度 v 来选择。切削速度可按公式计算或查表选取，还可根据实践经验确定。表 7-10 所示为硬质合金外圆车刀切削速度的参考值，供参考。

表 7-10　硬质合金外圆车刀切削速度参考

工件材料	热处理状态	$a_p=0.3～2mm$ $f=0.08～0.3mm/r$	$a_p=2～6mm$ $f=0.3～0.6mm/r$	$a_p=6～10mm$ $f=0.6～1mm/r$
		$v_c/(m/min)$		
低碳钢、易切钢	热轧	140～180	100～120	70～90
中碳钢	热轧	130～160	90～110	60～80
	调质	100～130	70～90	50～70
合金结构钢	热轧	100～130	70～90	50～70
	调质	80～110	50～70	40～60

工件材料	热处理状态	$a_p=0.3\sim2\text{mm}$ $f=0.08\sim0.3\text{mm/r}$	$a_p=2\sim6\text{mm}$ $f=0.3\sim0.6\text{mm/r}$	$a_p=6\sim10\text{mm}$ $f=0.6\sim1\text{mm/r}$
		$v_c/(\text{m/min})$		
工具钢	退火	$90\sim120$	$60\sim80$	$50\sim70$
灰铸铁	HBS<190	$90\sim120$	$60\sim80$	$50\sim70$
	HBS=190～225	$80\sim110$	$50\sim70$	$40\sim60$
高锰钢 Mn13%			$10\sim20$	
铜、铜合金		$200\sim250$	$120\sim180$	$90\sim120$
铝、铝合金		$300\sim600$	$200\sim400$	$150\sim200$
铸铝合金		$100\sim180$	$80\sim150$	$60\sim100$

注：切削钢、灰铸铁时的刀具耐用度约为 60min。

数控车床加工螺纹时，车床的主轴转速受到螺纹的螺距（或导程）大小，驱动电动机的升、降频特性及螺纹插补运算速度等多种因素的影响，故对于不同的数控系统，车削螺纹时推荐使用不同的主轴转速范围。大多数经济型数控车床的数控系统推荐车螺纹时的主轴转速 n 为：

$$n \leqslant 1200/P - k \tag{7-7}$$

式中　P——被加工螺纹的螺距，mm；

　　　k——保险系数，一般为 80。

② 进给量的确定　进给量是指在单位时间内，刀具沿进给方向移动的距离，其单位为 mm/min 或 mm/r。进给量是数控机床切削用量中的重要参数之一，其大小将直接影响工件表面粗糙度值和车削的效率。在选用时要根据零件的加工精度和表面粗糙要求以及刀具、工件的材料性质等选取。进给量的确定原则如下。

a. 当工件的质量要求能够得到保证时，为提高生产效率，可选择较高的进给量，粗加工时，进给量可选择得高些。

b. 在精加工、切断或加工深孔时，宜选择较低的进给量，尤其当加工精度、表面粗糙度较高时，进给量应选得更小一些。

c. 刀具空行程，特别是远距离"回零"时，可以设定尽量高的进给量。

d. 进给量应与主轴转速和背吃刀量相适应。

进给量的选择应根据各种要求综合考虑，并在实践工作中不断总结或通过试切削来确定。表 7-11 所示为硬质合金车刀粗车外圆及端面的进给量参考值，表 7-12 所示为按工件表面粗糙度要求选择进给量的参考值。

表 7-11　硬质合金车刀粗车外圆、端面的进给量

工件材料	刀杆尺寸 $B \times H$/mm	工件直径 d_w/mm	背吃刀量 a_p/mm				
			≤3	>3～5	>5～8	>8～12	>12
			进给量 f/(mm/r)				
碳素结构钢、 合金结构钢、 耐热钢	16×25	20	$0.3\sim0.4$	—	—	—	—
		40	$0.4\sim0.5$	$0.3\sim0.4$	—	—	—
		60	$0.5\sim0.7$	$0.4\sim0.6$	$0.3\sim0.5$	—	—
		100	$0.6\sim0.9$	$0.5\sim0.7$	$0.5\sim0.6$	$0.4\sim0.5$	—
		400	$0.8\sim1.2$	$0.7\sim1.0$	$0.6\sim0.8$	$0.5\sim0.6$	—
	20×30 25×25	20	$0.3\sim0.4$	—	—	—	—
		40	$0.4\sim0.5$	$0.3\sim0.4$	—	—	—
		60	$0.5\sim0.7$	$0.5\sim0.7$	$0.4\sim0.6$	—	—
		100	$0.8\sim1.0$	$0.7\sim0.9$	$0.5\sim0.7$	$0.4\sim0.7$	—
		400	$1.2\sim1.4$	$1.0\sim1.2$	$0.8\sim1.0$	$0.6\sim0.9$	$0.4\sim0.6$
铸铁铜 合金	16×25	40	$0.4\sim0.5$	—	—	—	—
		60	$0.5\sim0.8$	$0.5\sim0.8$	$0.4\sim0.6$	—	—
		100	$0.8\sim1.2$	$0.7\sim1.0$	$0.6\sim0.8$	$0.5\sim0.7$	—
		400	$1.0\sim1.4$	$1.0\sim1.2$	$0.8\sim1.0$	$0.6\sim0.8$	—

工件材料	刀杆尺寸 $B \times H$/mm	工件直径 d_w/mm	背吃刀量 a_p/mm				
			≤3	>3~5	>5~8	>8~12	>12
			进给量 f/(mm/r)				
铸铁、铜合金	20×30 25×25	40	0.4~0.5	—	—	—	—
		60	0.5~0.9	0.5~0.8	0.4~0.7	—	—
		100	0.9~1.3	0.8~1.2	0.7~1.0	0.5~0.8	—
		400	1.2~1.8	1.2~1.6	1.0~1.3	0.9~1.1	0.7~0.9

注：1. 加工断续表面及有冲击工件时，表中进给量应乘系数 $k=0.75\sim0.85$。

2. 在无外皮加工时，表中进给量应乘系数 $k=1.1$。

3. 在加工耐热钢及合金时，进给量不大于 1mm/r。

4. 加工淬硬钢时，进给量应减少。当钢的硬度为 44~56HRC 时，应乘系数 $k=0.8$；当钢的硬度为 57~62HRC 时，应乘系数 $k=0.5$。

表 7-12　按工件表面粗糙度要求选择进给量的参考值

工件材料	表面粗糙度 Ra/μm	切削速度范围 v_c/(m/min)	刀尖圆弧半径 r_e/mm		
			0.5	1	2
			进给量 f/(mm/r)		
铸铁、青铜、铝合金	>5~10	不限	0.25~0.40	0.40~0.50	0.50~0.60
	>2.5~5		0.15~0.25	0.25~0.40	0.40~0.60
	>1.25~2.5		0.10~0.15	0.15~0.20	0.20~0.35
碳钢及合金钢	>5~10	<50	0.30~0.50	0.45~0.60	0.55~0.70
		>50	0.40~0.55	0.55~0.65	0.65~0.70
	>2.5~5	<50	0.18~0.25	0.25~0.30	0.30~0.40
		>50	0.25~0.30	0.30~0.35	0.30~0.50
	>1.25~2.5	<50	0.1	0.11~0.15	0.15~0.22
		50~100	0.11~0.16	0.16~0.25	0.25~0.35
		>100	0.16~0.20	0.20~0.25	0.25~0.35

注：$r_e=0.5$mm，用于 12mm×12mm 及以下刀杆；$r_e=1$mm，用于 30mm×30mm 以下刀杆；$r_e=2$mm，用于 30mm×45mm 以下刀杆。

注意：按照上述方法确定的切削用量进行加工，工件表面的加工质量未必十分理想。因此，切削用量的具体数值还应根据机床性能、相关的手册并结合实际经验，通过试切削的方法确定，使机床主轴转速、背吃刀量及进给量三者能相互适应，以形成最佳切削效果。

7.3.1.3　典型零件的数控车削加工工艺分析

（1）轴类零件数控车削加工工艺

下面以图 7-73 所示零件为例，介绍其数控车削加工工艺。所用机床为 TND360 数控车床。

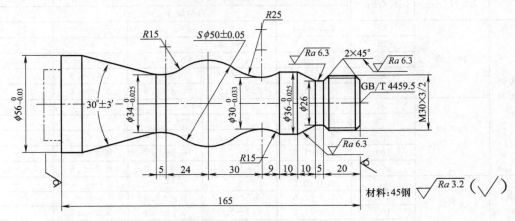

图 7-73　典型轴类零件

① 零件图工艺分析　该零件表面由圆柱、圆锥、顺圆弧、逆圆弧及双线螺纹等表面组成。其中多个直径尺寸有较严的尺寸精度和表面粗糙度等要求；球面 $\phi 50$mm 的尺寸公差兼有控制该球面形状（线轮廓）误差的作用。尺寸标注完整，轮廓描述清楚。零件材料为 45 钢，无热处理和硬度要求。

通过上述分析，采取以下几点工艺措施。

a. 对图样上给定的几个精度（IT7～IT8）要求较高的尺寸，因其公差数值较小，故编程时不必取平均值，而全部取其基本尺寸即可。

b. 在轮廓曲线上，有三处为过象限圆弧，其中两处为既过象限又改变进给方向的轮廓曲线，因此在加工时应进行机械间隙补偿，以保证轮廓曲线的准确性。

c. 为便于装夹，坯件左端应预先车出夹持部分（双点画线部分），右端面也应先车出并钻好中心孔。毛坯选 $\phi 60$mm 棒料。

② 确定装夹方案　确定坯件轴线和左端大端面（设计基准）为定位基准。左端采用三爪自定心卡盘定心夹紧、右端采用活动顶尖支承的装夹方式。

③ 确定加工顺序及进给路线　加工顺序按由粗到精、由近到远（由右到左）的原则确定。即先从右到左进行粗车（留 0.25mm 精车余量），然后从右到左进行精车，最后车削螺纹。

TND360 数控车床具有粗车循环和车螺纹循环功能，只要正确使用编程指令，机床数控系统就会自行确定其进给路线，因此，该零件的粗车循环和车螺纹循环不需要人为确定其进给路线。但精车的进给路线需要人为确定，该零件是从右到左沿零件表面轮廓进给，如图 7-74 所示。

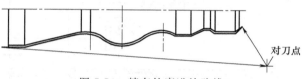

对刀点

图 7-74　精车轮廓进给路线

④ 选择刀具

a. 粗车选用硬质合金 90°外圆车刀，副偏角不能太小，以防与工件轮廓发生干涉，必要时应作图检验，本例取 $\kappa_r' = 35°$。

b. 精车和车螺纹选用硬质合金 60°外螺纹车刀，取刀尖角 $\varepsilon_r = 59°30'$，取刀尖圆弧半径 $r_\varepsilon = 0.15 \sim 0.2$mm。

⑤ 选择切削用量

a. 背吃刀量粗车循环时，确定其背吃刀量 $a_p = 3$mm；精车时 $a_p = 0.25$mm。

b. 主轴转速。

• 车直线和圆弧轮廓时的主轴转速　查表取粗车的切削速度 $v_c = 90$m/min，精车的切削速度 $v_c = 120$m/min，根据坯件直径（精车时取平均直径）计算，并结合机床说明书选取：粗车时，主轴转速 $n = 500$r/min；精车时，主轴转速 $n = 1200$r/min。

$$n \leq 1200/P - k \tag{7-8}$$

• 车螺纹时的主轴转速　用式（7-9）计算，取主轴转速 $n = 320$r/min。

c. 进给速度。先选取进给量，然后进行计算。粗车时，选取进给量 $f = 0.4$mm/r，精车时，选取 $f = 0.15$mm/r，计算得：粗车进给速度 $v_f = 200$mm/min；精车进给速度 $v_f = 180$mm/min。车螺纹的进给量等于螺纹导程，即 $f = 3$mm/r。短距离空行程的进给速度取 $v_f = 300$mm/min。

因该零件工步数及所用刀具较少，故工艺文件略。

（2）轴套类零件数控车削加工工艺

下面以在 MT-50 数控车床上加工一典型轴套类零件的一道工序为例说明其数控车削加工工艺设计过程。图 7-75 为该零件进行本工序数控加工前的工序图，图 7-76 为本工序的工序图。

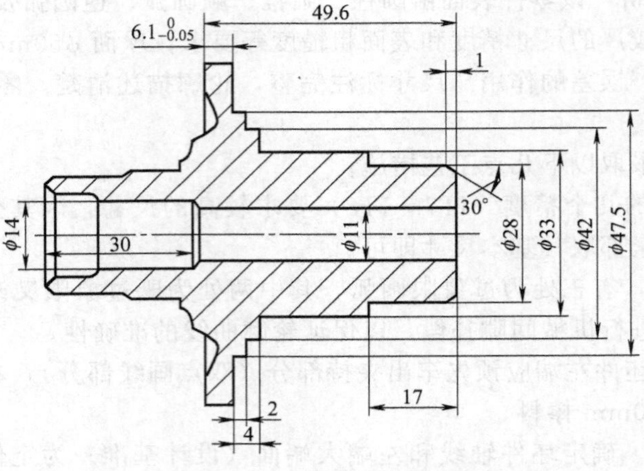

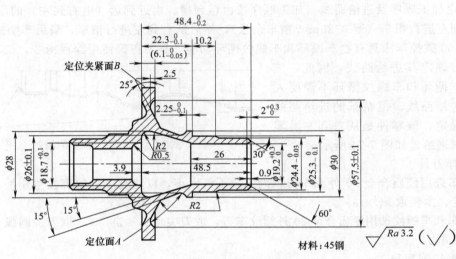

图 7-75　前工序简图

图 7-76　工序简图

材料：45钢

$\sqrt{Ra\,3.2}\;(\sqrt{\ })$

① 零件工艺分析　由图 7-76 可知，本工序加工的部位较多，精度要求较高，且工件壁薄易变形。

从结构上看，该零件由内、外圆柱面，内、外圆锥面，平面及圆弧等所组成，结构形状较复杂，很适合数控车削加工。

从尺寸精度上看，$\phi 24.4_{-0.03}^{\ 0}$ mm 和 $6.1_{-0.05}^{\ 0}$ mm 这两处加工精度要求较高，需仔细对刀和认真调整机床。此外，工件外圆锥面上有几处 $R\,2$mm 圆弧面，由于圆弧半径较小，可直接用成形刀车削而不用圆弧插补程序切削，这样既可减小编程工作量，又可提高切削效率。

此外，该零件的轮廓要素描述、尺寸标注均完整，且尺寸标注有利于定位基准与编程原点的统一，便于编程加工。

② 确定装夹方案　为了使工序基准与定位基准重合，减小本工序的定位误差，并敞开所有的加工部位，选择 A 面和 B 面分别为轴向和径向定位基础，以 B 面为夹紧表面。由于该工件属薄壁易变形件，为减少夹紧变形，采用如图 7-77 所示包容式软爪。这种软爪其底部的端齿在卡盘（液压或气动卡盘）上定位，能保持较高的重复安装精度。为了加工中对刀和测量的方便，可以在软爪上设定一个基准面，这个基准面是在数控车床上加工软爪的径向夹持表面和轴向支承表面时一同加工出来的。基准面至轴向支承面的距离可以控制很准确。

③ 确定加工顺序及进给路线　由于该零件比较复杂，加工部位比较多，因而需采用多把刀具才能完成切削加工。根据加工顺序和切削加工进给路线的确定原则，本零件具体的加工顺序和进给路线确定如下。

a. 粗车外表面。由于是粗车，可选用一把刀具将整个外表面车削成形，其进给路线如图7-78所示。图中虚线是对刀时的进给路线（用10mm的量规检查停在对刀点的刀尖至基准面的距离，下同）。

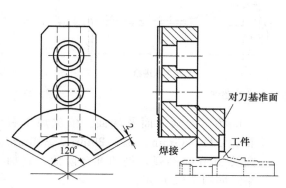

图 7-77　包容式软爪

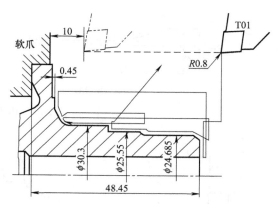

图 7-78　粗车外表面进给路线

b. 半精车外锥面25°、15°两圆锥面及三处R2mm的过渡圆弧，共用一把成形刀车削，图7-79所示为其进给路线。

c. 粗车内孔端部。本工步的进给路线如图7-80所示。

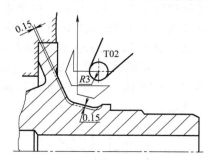

图 7-79　半精车外锥面及R2mm圆弧进给路线

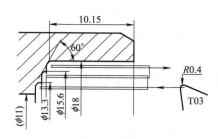

图 7-80　内孔端部粗车进给路线

d. 钻削内孔深部。进给路线见图7-81。

c.、d. 两个工步均为对内孔表面进行粗加工，加工内容相同，一般可合并为一个工步，或用车削，或用钻削，此处将其划分成两个工步的原因是：在离夹持部位较远的孔端部安排一个车削工步可减小切削变形，因为车削力比钻削力小；在孔深处安排一钻削工步可提高加工效率，因为钻削效率比车削高，且切屑易于排出。

e. 粗车内锥面及半精车其余内表面。其具体加工内容为半精车$\phi 19.2_{0}^{+0.3}$mm内圆柱面、R2mm圆弧面及左侧内表面，粗车15°内圆锥面。由于内锥面需切余量较多，故一共进给四次，进给路线如图7-82所示，每两次进给之间都安排一次退刀停车，以便操作者及时钩除孔内切屑。

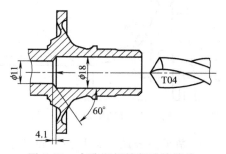

图 7-81　内孔深部钻削进给路线

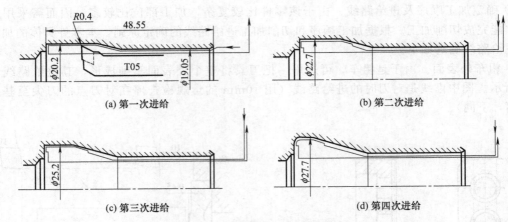

(a) 第一次进给　　　　　　　　　　(b) 第二次进给

(c) 第三次进给　　　　　　　　　　(d) 第四次进给

图 7-82　内表面半精车进给路线

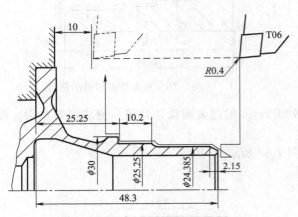

图 7-83　精车外圆及端面进给路线

f. 精车外圆柱面及端面。依次加工右端面，$\phi24.385$mm、$\phi25.25$mm、$\phi30$mm 外圆及 $2R$mm 圆弧，倒角和台阶面，其加工路线如图 7-83 所示。

g. 精车 25°外圆锥面及 $R2$mm 圆弧面。用带 $R2$mm 的圆弧车刀，精车外圆锥面，其进给路线如图 7-84 所示。

h. 精车 15°外圆锥面及 $R2$mm 圆弧面。其进给路线如图 7-85 所示。程序中同样在软爪基准面进行选择性对刀，但应注意的是，受刀具圆弧 $R2$mm 制造误差的影响，对刀后不一定能满足尺寸 $2.25_{-0.1}^{0}$mm 的公差要求。对于该刀具的轴向刀补量，还应根据刀具圆弧半径的实际值进行处理，不能完全由对刀决定。

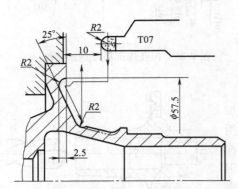

图 7-84　精车 25°外圆锥及 $R2$mm 圆弧进给路线

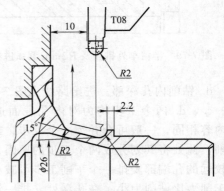

图 7-85　精车 15°外圆锥面进给路线

i. 精车内表面。其具体车削内容为 $\phi19.2_{0}^{+0.3}$mm 内孔、15°内锥面、$R2$mm 圆弧及锥孔端面。其进给路线如图 7-86 所示。该刀具在工件外端面上进行对刀，此时外端面上已无加工余量。

j. 加工最深处 $\phi18.7_{0}^{+0.1}$mm 内孔及端面　加工需安排二次进给，中间退刀一次以便钩除切屑，其进给路线如图 7-87 所示。

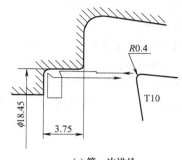

(a) 第一次进给

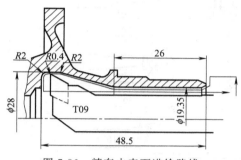

图 7-86　精车内表面进给路线

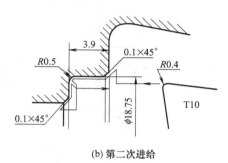

(b) 第二次进给

图 7-87　深内孔车削进给路线

在安排本工步进给路线时，要特别注意妥善安排内孔根部端面车削时的进给方向。因为刀具伸入较长，刀具刚性欠佳，如采用与图示反方向进给车削端面，则切削时容易产生振动。

在图 7-88 中可以看到两处 0.1mm×45° 的倒角加工，类似这样的小倒角或小圆弧的加工，是数控车削的程序编制中精心安排的，这样可使加工表面之间圆滑转接过渡。只要图样上无"保持锐角边"的特殊要求，均可照此处理。

④ 选择刀具和切削用量　根据加工要求和各工步加工表面形状选择刀具和切削用量。所选刀具除成形车刀外，都是机夹可转位车刀。

各工步所用刀片、成形车刀及切削用量（转速计算过程略）具体选择如下。

a. 粗车外表面刀片：80°的菱形车刀片，型号为 CCMT097308。切削用量：车削端面时主轴转速 $n=1400 \text{r/min}$，其余部位 $n=1000 \text{r/min}$，端部倒角进给量 $f=0.15 \text{mm/r}$，其余部位 $f=0.2 \sim 0.25 \text{mm/r}$。

b. 半精车外锥面刀片：$\phi 6 \text{mm}$ 的圆形刀片，型号为 RCMT060200。切削用量：主轴转速 $n=1000 \text{r/min}$，切入时的进给量 $f=0.1 \text{mm/r}$，进给时 $f=0.2 \text{mm/r}$。

c. 粗车内孔端部刀片：60°且带 $R0.4 \text{mm}$ 圆刃的三角形刀片，型号为 TCMT090204。切削用量：主轴转速 $n=1000 \text{r/min}$，进给量 $f=0.1 \text{mm/r}$。

d. 钻削内孔刀具：$\phi 18 \text{mm}$ 的钻头，切削用量：主轴转速 $n=550 \text{r/min}$，进给量 $f=0.15 \text{mm/r}$。

e. 粗车内锥面及半精车其余内表面刀片：55°且带 $R0.4 \text{mm}$ 圆弧刃的棱形刀片，型号为 DNMAl10404。切削用量：主轴转速 $n=700 \text{r/min}$，车削 $\phi 19.05 \text{mm}$ 内孔时，进给量 $f=0.2 \text{mm/r}$。车削其余部位时 $f=0.1 \text{mm/r}$。

f. 精车外端面及外圆柱面刀片：80°带 $R0.4 \text{mm}$ 圆弧刃的棱形刀片，型号为 CCMW080304。切削用量：主轴转速 $n=1400 \text{r/min}$，进给量 $f=0.15 \text{mm/r}$。

g. 精车 25°圆锥面及 $R2 \text{mm}$ 圆弧面刀具：$R2 \text{mm}$ 的圆弧成形车刀。切削用量：主轴转速 $n=700 \text{r/min}$，进给量 $f=0.1 \text{mm/r}$。

h. 精车 15°外圆锥面及 $R2\mathrm{mm}$ 圆弧面刀具：$R2\mathrm{mm}$ 的圆弧成形车刀。切削用量与精车 25°外圆锥面相同。

i. 精车内表面刀片：55°带 $R0.4\mathrm{mm}$ 圆弧刃的棱形刀片，刀片型号为 DNMA110404。切削用量：主轴转速 $n=1000\mathrm{r/min}$，进给量 $f=0.1\mathrm{mm/r}$。

j. 车削深处 $\phi18.7^{+0.1}_{0}\mathrm{mm}$ 内孔及端面刀片：80°带 $R0.4\mathrm{mm}$ 圆弧刃的棱形刀片，刀片型号为 CCMW060204。切削用量：主轴转速 $n=1000\mathrm{r/min}$，进给量 $f=0.1\mathrm{mm/r}$。

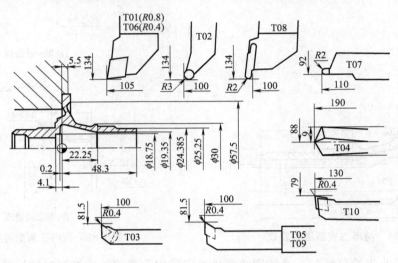

图 7-88　刀具调整图

在确定了零件的进给路线，选择了切削刀具之后，视所用刀具多少，若使用刀具较多，为直观起见，可结合零件定位和编程加工的具体情况，绘制一份刀具调整图。图 7-88 所示为本例的刀具调整图。

在刀具调整图中，要反映如下内容。

a. 本工序所需刀具的种类、形状、安装位置、预调尺寸和刀尖圆弧半径值等，有时还包括刀补组号。

b. 刀位点。若以刀具端点为刀位点时，则刀具调整图中 x 向和 z 向的预调尺寸终止线交点即为该刀具的刀位点。

c. 工件的安装方式及待加工部位。

d. 工件的坐标原点。

e. 主要尺寸的程序设定值（一般取为工件尺寸的中值）。

⑤ 填写工艺文件

a. 按加工顺序将各工步的加工内容、所用刀具及切削用量等填入表 7-13 数控加工工序卡片中。

表 7-13　数控加工工序卡片

零件名称	组合曲线轴	数量	1	工作场地	数控实习车间	日期	
零件材料	45 钢	刀具名称	包容式软三爪	使用设备及系统	MT-50	工作者	
工步号	工步内容	加工面	刀具号	刀具规格	主轴转速 $n/(\mathrm{r/min})$	进给量 $f/(\mathrm{mm/r})$	切削深度 a_p/mm	备注
1	① 粗车外表面分别至尺寸 $\phi24.68\mathrm{mm}$、$\phi25.55\mathrm{mm}$、$\phi30.3\mathrm{mm}$ ② 粗车端面		T01		1000 1400	0.2～0.25 0.15		

续表

工步号	工步内容	加工面	刀具号	刀具规格	主轴转速 $n/(\text{r/min})$	进给量 $f/(\text{mm/r})$	切削深度 a_p/mm	备注
2	半精车外锥面,留精车余量 0.15mm		T02		1000	0.1 0.2		
3	粗车深度 10.15mm 的 $\phi18$mm 内孔		T03		1000	0.1		
4	钻 $\phi18$mm 内孔深部		T04		550	0.15		
5	粗车内锥面及半精车内表面分别至尺寸 $\phi27.7$mm 和 $\phi19.05$mm		T05		700	0.1 0.2		
6	精车外圆柱面及端面至尺寸要求		T06		1400	0.15		
7	精车 25° 外锥面及 $R2$mm 圆弧面至尺寸要求		T07		700	0.1		
8	精车 15° 外锥面及 $R2$mm 圆弧面至尺寸要求		T08		700	0.1		
9	精车内表面至尺寸要求		T09		1000	0.1		
10	车削深处 $\phi18.7^{+0.1}_{0}$mm 及端面至尺寸要求		T10		1000	0.1		
编制		审核		批准		共 1 页	第 1 页	

b. 将选定的各工步所用刀具的刀具型号、刀片型号、刀片牌号及刀尖圆弧半径等填入表 7-14 数控加工刀具卡片中。

表 7-14 数控加工刀具卡片

产品名称或代号			零件名称		零件图号		程序编号		
工步号		刀具名称	刀具型号	刀片			刀尖半径 /mm	备注	
				型号	牌号				
1	T01	机夹可转位车刀	PCGCL2525-09Q	CCMT097308	GC435		0.8		
2	T02	机夹可转位车刀	PRJCL2525-06Q	RCMT060200	GC435		3		
3	T03	机夹可转位车刀	PTGCL1010-09Q	TCMT090204	GC435		0.4		
4	T04	$\phi18$mm 钻头							
5	T05	机夹可转位车刀	PDJNL1515-11Q	DNMA110404	GC435		0.4		
6	T06	机夹可转位车刀	PCGCL2525-08Q	CCMW080304	GC435		0.4		
7	T07	成形车刀					2		
8	T08	成形车刀					2		
9	T09	机夹可转位车刀	PDJNL1515-11Q	DNMA110404	GC435		0.4		
10	T10	机夹可转位车刀	PCJNL1515-06Q	CCMW060304	GC435		0.4		
编制		审核		批准		共 1 页		第 1 页	

注：刀具型号组成见国家标准 GB/T 5343.1—2007《可转位车刀及刀夹 第 1 部分 型号表示规则》和 GB/T 5343.2—2007《可转位车刀及刀夹 第 2 部分 可转位车刀型式尺寸和技术条件》；刀片型号和尺寸见有关刀具手册；GG435 为山特维克（SandVik）公司涂层硬质合金刀片牌号。

c. 将各工步的进给路线（图 7-78～图 7-87）绘成文件形式的进给路线图。本例因篇幅所限，故略去。

上述二卡一图是编制该轴套零件本工序数控车削加工程序的主要依据。

7.3.2 数控车削工具系统

7.3.2.1 车床工装夹具的概念

(1) 车床夹具的定义和分类

在车床上用来装夹工件的装置称为车床夹具。

车床夹具可分为通用夹具和专用夹具两大类。通用夹具是指能够装夹两种或两种以上工件的同一夹具，例如车床上的三爪卡盘、四爪卡盘、弹簧卡套和通用心轴等；专用夹具是专门为加工某一指定工件的某一工序而设计的夹具。

如按夹具元件组合特点划分，则有不能重新组合的夹具和能够重新组合的夹具，后者称为组合卡具。

数控车床通用夹具与普通车床及专用车床相同。

（2）夹具作用

夹具用来装夹被加工工件以完成加工过程，同时要保证被加工工件的定位精度，并使装卸尽可能方便、快捷。

选择夹具时通常先考虑选用通用夹具，这样可避免制造专用夹具。

专用夹具是针对通用夹具无法装夹的某一工件或工序而设计的，下面对专用夹具的作用做一总结。

① 保证产品质量　被加工工件的某些加工精度是由机床夹具来保证的。夹具应能提供合适的夹紧力，既不能因为夹紧力过小导致被加工件在切削过程中松动，又不能因夹紧力过大而导致被加工工件变形或损坏工件表面。

② 提高加工效率　夹具应能方便被加工件的装卸，例如采用液压装置能使操作者降低劳动强度，同时节省机床辅助时间，达到提高加工效率的目的。

③ 解决车床加工中的特殊装夹问题　对于不能使用通用夹具装夹的工件，通常需要设计专用夹具。

④ 扩大机床的使用范围　使用专用夹具可以完成非轴套、非轮盘类零件的孔、轴、槽和螺纹等的加工机床的使用范围。

（3）圆周定位夹具

在车床加工中大多数情况是使用工件或毛坯的外圆定位。

① 三爪卡盘　三爪卡盘（图7-89）是最常用的车床通用卡具，三爪卡盘最大的优点是可以自动定心，夹持范围大，但定心精度存在误差，不适于同轴度要求高的工件的二次装夹。

三爪卡盘常见的有机械式和液压式两种。液压卡盘装夹迅速、方便，但夹持范围变化小，尺寸变化大时需重新调整卡爪位置。数控车床经常采用液压卡盘，液压卡盘还特别适用于批量加工。

② 软爪　由于三爪卡盘定心精度不高，当加工同轴度要求高的工件二次装夹时，常常使用软爪。

软爪是一种具有切削性能的夹爪。通常三爪卡盘为保证刚度和耐磨性要进行热处理，硬度较高，很难用常用刀具切削。软爪是在使用前配合被加工工件特别制造的，加工软爪时要注意以下几方面的问题。

a. 软爪要在与使用时相同的夹紧状态下加工，以免在加工过程中松动和由于反向间隙而引起定心误差。加工软爪内定位表面时，要在软爪尾部夹紧一适当的棒料，以消除卡盘端面螺纹的间隙，如图7-90所示。

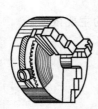

图7-89　三爪卡盘示意图

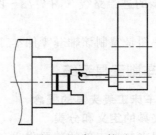

图7-90　加工软爪

　　b. 当被加工件以外圆定位时，软爪内圆直径应与工件外圆直径相同，略小更好，如图7-91所示，其目的是消除夹盘的定位间隙，增加软爪与工件的接触面积。软爪内径大于工件外径会导致软爪与工件形成三点接触，如图7-92所示，此种情况接触面积小，夹紧牢固程度差，应尽量避免。软爪内径过小（图7-93）会形成六点接触，一方面会在被加工表面留下压痕，同时也使软爪接触面变形。

　　软爪也有机械式和液压式两种。软爪常用于加工同轴度要求较高的工件的二次装夹。

（4）弹簧夹套

　　弹簧夹套定心精度高，装夹工件快捷方便，常用于精加工的外圆表面定位。弹簧夹套特别适用于尺寸精度较高、表面质量较好的冷拔圆棒料，若配以自动送料器，可实现自动上料。弹簧夹套夹持工件的内孔是标准系列，并非任意直径。

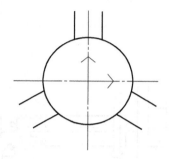

图7-91　理想的软爪内径

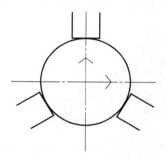

图7-92　软爪内径过大

　　加工精度要求不高、偏心距较小、零件长度较短的工件时，可采用四爪卡盘，如图7-94所示。

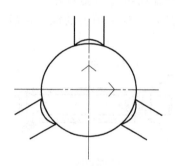

图7-93　软爪内径过小

图7-94　四爪卡盘

（5）中心孔定位夹具

　　① 两顶尖拨盘　两顶尖定位的优点是定心正确可靠，安装方便。顶尖作用是定心、承受工件的重量和切削力。顶尖分前顶尖和后顶尖。

　　前顶尖一种是插入主轴锥孔内的，如图7-95（a）所示；另一种是夹在卡盘上的，如图7-95（b）所示。前顶尖与主轴一起旋转，与主轴中心孔不产生摩擦。

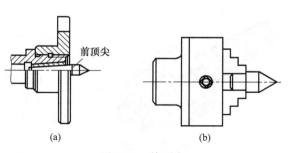

图7-95　前顶尖

　　后顶尖插入尾座套筒。后顶尖一种是固定的，如图7-96（a）所示；另一种是回转的，如图7-96（b）所示。回转顶尖使用较为广泛。

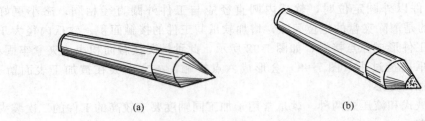

图 7-96　后顶尖

　　工件安装时用对分夹头或鸡心夹头夹紧工件一端，拨杆伸向端面。两顶尖只对工件有定心和支撑作用，必须通过对分夹头或鸡心夹头的拨杆带动工件旋转，如图 7-97 所示。

　　利用两顶尖定位还可加工偏心工件，如图 7-98 所示。

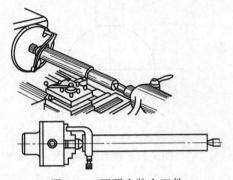

图 7-97　两顶尖装夹工件

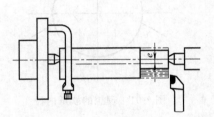

图 7-98　两顶尖车偏心轴

　　② 拨动顶尖　拨动顶尖常用有内、外拨动顶尖和端面拨动顶尖两种。

　　a. 内、外拨动顶尖。内、外拨动顶尖如图 7-99 所示，这种顶尖的锥面带齿，能嵌入工件，拨动工件旋转。

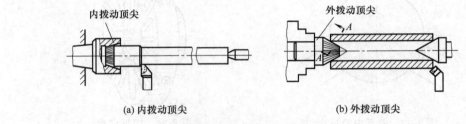

(a) 内拨动顶尖　　　　　　　　(b) 外拨动顶尖

图 7-99　内、外拨动顶尖

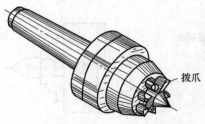

图 7-100　端面拨动顶尖

　　b. 端面拨动顶尖。端面拨动顶尖如图 7-100 所示。这种顶尖利用端面拨爪带动工件旋转，适合装夹工件的直径在 $\phi 50 \sim 150mm$。

　　(6) 其他车削工装夹具

　　数控车削加工中有时会遇到一些形状复杂和不规则的零件，不能用三爪卡盘或四爪卡盘装夹，需要借助其他工装夹具，如花盘、角铁等。

　　① 花盘　加工表面的回转轴线与基准面垂直，外形复杂的零件可以装夹在花盘上加工。图 7-101 是用花盘装夹双孔连杆的方法。

　　② 角铁　加工表面的回转轴线与基准面平行，外形复杂的工件可以装夹在角铁上加工。图 7-102 为角铁的安装方法。

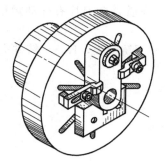

图 7-101　在花盘上装夹双孔连杆

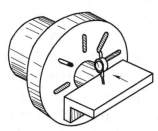

图 7-102　角铁的安装方法

7.3.2.2　车床刀具系统

(1) 刀具的选择

数控车床使用的刀具从切削方式上分为三类：圆表面切削刀具、端面切削刀具和中心孔类刀具。各类刀具又具有不同的形状和材质。

① 车削刀具类型　数控车床一般使用标准的机夹可转位刀具。机夹可转位刀具的刀片和刀体都有标准，刀片材料采用硬质合金、涂层硬质合金以及高速钢。

数控车床机夹可转位刀具类型有外圆刀具、外螺纹刀具、内圆刀具、内螺纹刀具、切断刀具、孔加工刀具（包括中心孔钻头、镗刀、丝锥等）。

机夹可转位刀具在固定不重磨刀片时通常采用螺钉、螺钉压板、杠销或楔块等结构。

常用外圆可转位车刀类型如图 7-103 所示。

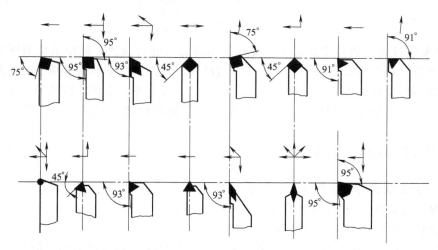

图 7-103　常见车刀类型

选择刀具类型主要应考虑如下几个方面的因素。

a. 一次连续加工表面尽可能多。

b. 在切削过程中，刀具不能与工件轮廓发生干涉。

c. 有利于提高加工效率和加工表面质量。

d. 有合理的刀具强度和耐用度。

② 选择刀片材料　常用的车削刀具有高速钢和硬质合金两大类。高速钢通常是型坯材料，韧性较硬质合金好，硬度、耐磨性和红硬性较硬质合金差，不适于切削硬度较高的材料，也不适于进行高速切削。高速钢刀具使用前需生产者自行刃磨，且刃磨方便，适于各种特殊需要的非标准刀具。

硬质合金刀片切削性能优异，在数控车削中被广泛使用。硬质合金刀片有标准规格系列，具体技术参数和切削性能由刀具生产厂家提供。

硬质合金刀片按国际标准分为三大类：P——钢类，M——不锈钢类，K——铸铁类。

P——适于加工钢、铸铁、长屑可锻铸铁。

M——适于加工奥氏体不锈钢、铸铁、高锰钢、合金铸铁等。

M-S——适于加工耐热合金和钛合金。

K——适于加工铸铁、冷硬铸铁、短屑可锻铸铁、非钛合金。

K-N——适于加工铝、非铁合金。

K-H——适于加工淬硬材料。

此外，还有硬度和耐磨性均超过硬质合金的刀具材料，如陶瓷、立方氮化硼和金刚石等。在此不再赘述。

③ 刀片编号规则　了解刀片的编号规则及符号意义对刀具的选择和使用有很大的帮助。刀片的国际编号通常由九个编号组成（包括第 8 和第 9 编号），例如：

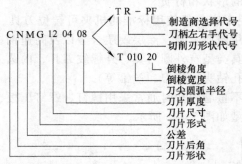

④ 刀具参数设置　数控车床加工前要对使用的刀具进行设置，数控系统根据刀具参数修正刀尖切削轨迹，检查刀具在加工过程中是否与已加工表面发生干涉或过切。较为重要的刀具参数有：刀尖圆弧半径、刀具主偏角、刀尖角、刀长、刀宽等，系统能够从刀具参数中识别所用刀具类型，当刀具类型使用错误时，数控系统则拒绝执行加工程序，并给出刀具使用错误报警。

下面介绍几种常用刀具的参数。

a. 外圆车刀。

外圆车刀刀尖圆弧参数如图 7-104 所示。

X——理想刀尖在 X 轴方向的位置。

Z——理想刀尖在 Z 轴方向的位置。

（对基准刀，X、Z 值可均为 0，其他刀的 X、Z 值则是相对基准刀的差值）

A——主偏角。

B——刀尖角。

I——以理论刀尖为坐标原点，刀尖圆心 X 向坐标。

K——以理论刀尖为坐标原点，刀尖圆心 Z 向坐标。

b. 内孔镗刀。

内孔镗刀参数如图 7-105 所示。

X——理想刀尖在 X 轴方向的位置。

Z——理想刀尖在 Z 轴方向的位置。

（对基准刀，X、Z 值可均为 0，其他刀的 X、Z 值则是相对基准刀的差值）

A——主偏角。

B——刀尖角。

I——以理论刀尖为坐标原点，刀尖圆心 *X* 向坐标。

K——以理论刀尖为坐标原点，刀尖圆心 *Z* 向坐标。

D——刀宽。

L——刀长。

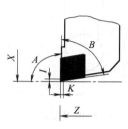

图 7-104 外圆车刀刀尖圆弧参数

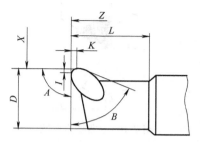

图 7-105 内孔镗刀参数

数控系统对外圆车刀和内圆镗孔刀的左、右偏刀是通过标注圆弧圆心坐标 *I*、*J* 的正负号来区分的，如图 7-106 所示。

c. 外切槽刀。

外切刀参数如图 7-107 所示。

X——理想刀尖在 *X* 轴方向的位置。

Z——理想刀尖在 *Z* 轴方向的位置。

（对基准刀，*X*、*Z* 值可均为 0，其他刀的 *X*、*Z* 值则是相对基准刀的差值）

L——刀头长。

K——刀头宽。

I——倒角。

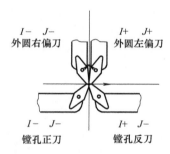

图 7-106 左、右偏刀的区分

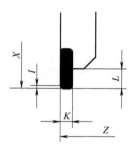

图 7-107 外切刀参数

d. 螺纹刀。

螺纹刀参数如图 7-108 所示。

X——刀尖在 *X* 轴方向的位置。

Z——刀尖在 *Z* 轴方向的位置。

B——刀尖角。

e. 圆弧刀。

圆弧刀参数如图 7-109 所示。

X——刀尖在 *X* 轴方向的位置。

Z——刀尖在 *Z* 轴方向的位置。

I——刀尖半径。

L——刀头长。

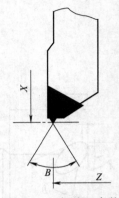

图 7-108 螺纹刀参数

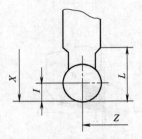

图 7-109 圆弧刀参数

第 8 章

数控加工实例

8.1 数控铣削系统加工实例

8.1.1 平面凸轮类零件（心形凸轮）的加工实例

图 8-1 所示为心形凸轮零件，材料为 HT200，毛坯加工余量为 5mm。

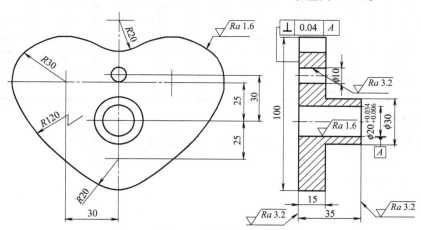

图 8-1 心形凸轮零件

（1）工艺分析

从零件图可以看出，零件轮廓形状为圆弧过渡。图中尺寸精度和表面粗糙度要求较高的是凸轮外轮廓、安装孔和定位孔，位置精度要求较高的是底面和基准轴线之间的平行度，加工首先以上面为基准加工底面、安装孔和定位孔，然后，以底面和两孔定位，一次装夹，将所有表面和轮廓全部加工完成，保证了图纸要求的尺寸精度和位置精度。

（2）工件装夹

根据工艺分析，我们主要加工凸轮轮廓，当加工底面安装孔和定位孔时采用平口虎钳装夹。平口虎钳装夹工件时，应首先找正虎钳固定钳口，注意工件应安装在钳口中间部位，工件被加工部分要高出钳口，避免刀具与钳口发生干涉，夹紧工件时，注意工件上浮。加工轮廓和其他表面时，用压板、螺栓装夹，此时应避免与被加工表面发生干涉。

（3）加工顺序及路线

工件坐标原点设在基准上面的中心，按照底面—安装孔—定位孔—上表面—凸轮轮廓的顺序加工。采用钻—扩—铰—精铰的加工方案加工安装孔和定位孔；根据工件的基准边，用百分表将工件找正后用压板将工件压紧，用偏心碰触寻边器对刀，采用切线进、退刀方式铣削凸轮轮廓。

(4) 选择刀具及切削用量

切削条件的好坏直接影响加工的效率和经济性，这主要取决于编程人员的经验，工件的材料及性质，刀具的材料及形状，机床、刀具、工件的刚性，加工精度、表面质量要求，冷却系统等，具体如表 8-1 所示。

表 8-1　加工心形凸轮数控加工工艺卡片

（工厂）	数控加工工艺卡片		产品名称或代号	零件名称	材料	零件图号
				心形凸轮	HT200	
工序号	程序编号	夹具名称	夹具编号	使用设备		车间
		通用夹具		XK713		
工步号	工 步 内 容		刀具号	刀具规格 /mm	主轴转速 /(r/min)	进给速度 /(mm/min)	背吃刀量 /mm	备注
1	铣 A 面		面铣刀	φ80	400	25	2	
2	钻 φ20H 孔、φ10 孔中心孔		中心钻	φ3	1200	40		
3	钻 φ20H7 孔至 φ19		麻花钻	φ19	350	30		
4	扩 φ20H7 孔至 φ19.85		扩孔钻	φ19.85	150	15		
5	铰 φ20H7 孔		铰刀	φ20 AH7	100	40		
6	钻 φ10 孔至 φ9.3		麻花钻	φ9.3	600	70		
7	扩 φ10 孔		扩孔钻	φ10	200	20		
8	铣上面		面铣刀	φ80	400	25	2	
9	粗铣心形轮廓		立铣刀	φ20	600	40	4.5	
10	精铣心形轮廓		立铣刀	φ14	900	20	0.5	
11	精铣 φ60×12mm			φ32T	600	45		
编　制		审核		批准		共 1 页	第 1 页

(5) 加工程序

心形凸轮外轮廓加工采取圆弧切入切出方式，其精加工程序如下。

```
O0002
G54 G90 G00 X0 Y0；
M03 S900；
M08；
Z10；
X-71.5 Y7.6；
G01 Z-21 F20；
G41 X-65.7 Y-6.223 D01；
G03 X-57.667 Y13.400 R15；
G02 X-12.000 Y49.000 R30；
G03 X12.000 Y49.000 R20；
G02 X-57.667 Y13.400 R30；
G02 X10.600 Y-41.960 R120；
G02 X-10.600 Y-41.960 R20；
G02 X-57.667 Y13.400R120；
G03 X-77.300 Y21.433 R15；
G40G01 X-71.5Y7.6；
```

G00Z150；

X0Y0；

M05M09；

M30；

8.1.2　支承套类零件的加工实例

8.1.2.1　基本知识

(1) 套类零件的特点

零件主要由有较高同轴要求的内外圆表面组成，零件的壁厚较小，易产生变形，轴向尺寸一般大于外圆直径，在机器中主要起支承和导向作用。孔与外圆一般要达到以下要求：较高的同轴度要求；端面与孔轴线（亦有外圆的情况）的垂直度要求；内孔表面本身的尺寸精度、形状精度及表面粗糙度要求；外圆表面本身的尺寸、形状精度及表面粗糙度要求等。

(2) 套类零件的加工工艺

① 毛坯选择　套类零件的毛坯主要根据零件材料、形状结构、尺寸大小及生产批量等因素来选。孔径较小时，可选棒料，也可采用实心铸件；孔径较大时，可选用带预孔的铸件或锻件，壁厚较小且较均匀时，还可选用管料。当生产批量较大时，还可采用冷挤压和粉末冶金等先进毛坯制造工艺，可在提高毛坯精度的基础上提高生产率，节约用材。

② 套类零件的基准与安装　套类零件的主要定位基准毫无疑问应为内外圆中心。外圆表面与内孔中心有较高同轴度要求，加工中常互为基准反复加工保证图纸要求。

零件以外圆定位时，可直接采用三爪卡盘安装；当壁厚较小时，直接采用三爪卡盘装夹会引起工件变形，可通过径向夹紧、软爪安装、采用刚性开口环夹紧或适当增大卡爪面积等方法解决；当外圆轴向尺寸较小时，可与已加工过的端面组合定位，如采用反爪安装，工件较长时，可采用"一夹一托"法安装。

零件以内孔定位时，可采用心轴安装（圆柱心轴、可胀式心轴）；当零件的内、外圆同轴度要求较高时，可采用小锥度心轴和液塑心轴安装。当工件较长时，可在两端孔口各加工出一小段60°锥面，用两个圆锥对顶定位。

当零件的尺寸较小时，尽量在一次安装下加工出较多表面，既减小装夹次数及装夹误差，并容易获得较高的位置精度。

零件也可根据工件具体的结构形状及加工要求设计专用夹具安装。

③ 主要表面的加工　套类零件的主要表面为内孔。内孔加工方法很多。孔的精度、光度要求不高时，可采用扩孔、车孔、镗孔等；精度要求较高时，尺寸较小的可采用铰孔；尺寸较大时，可采用磨孔、珩孔、滚压孔；生产批量较大时，可采用拉孔（无台阶阻挡）；有较高表面贴合要求时，采用研磨孔；加工有色金属等软材料时，采用精镗（金刚镗）。

④ 典型工艺路线　典型工艺路线为：备坯—去应力处理—基准面加工—孔加工粗加工—外圆等粗加工—组织处理—孔半精加工—外圆等半精加工—其他非回转面加工—去毛刺—中检—零件最终热处理—精加工孔—精加工外圆—清洗—终检。

8.1.2.2　支承块

图 8-2 所示为支承块，材料为 45 钢。

(1) 工艺分析

该零件由两端面、外圆面、中间孔及沉孔、安装孔、侧面、十字槽、倒角等组成。两端面起支承作用，端面粗糙度要求 $Ra0.4\mu m$，轴向尺寸小，两端面保证平行。为确保零件安装平整，安装孔应与端面垂直，在加工安装孔、铣十字槽前，先铣好平面，孔及槽等表面加工后再磨平面。侧面采用铣削，安装孔、中间孔及沉孔采用铣削。

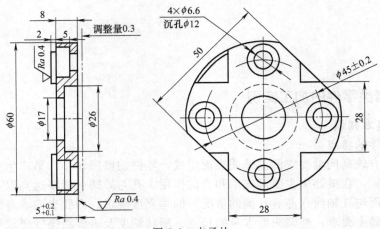

图 8-2 支承块

(2) 工件装夹

该零件的主要基准无疑为两端面，安装孔及十字槽等表面加工均为端面作定位基准，侧表面位置，孔的中心考虑精度要求不高，两平面的平行度则采用互为基准的方法保证。由于圆盘轴向尺寸较小，采用三爪卡盘直接装夹易使工件不平（定位不足），往往采用反爪安装，并保证与另一端面的平行度。

(3) 加工顺序及路线

工件坐标原点设在中心孔上平面的中心，按照铣上表面—铣外形轮廓—铣槽—钻 $4 \times \phi 6.6$ 孔—铣 $4 \times \phi 12$ 沉孔—调头装夹—铣上表面—铣 $\phi 26$ 和 $\phi 17$ 孔。在数控铣床完成后，再平面磨床互为基准磨削两端面。

(4) 选择刀具及切削用量

刀具及切削用量如表 8-2 所示。

表 8-2 加工支承块数控加工工艺卡片

（工厂）	数控加工工艺卡片		产品名称或代号		零件名称		材料		零件图号
					支承块		45 钢		
工序号	程序编号	夹具名称	夹具编号		使用设备			车间	
		通用夹具			XK713				
工步号	工 步 内 容		刀具名称	刀具规格/mm	主轴转速/(r/min)	进给速度/(mm/min)	背吃刀量/mm	备 注	
1	铣上表面		面铣刀	$\phi 80$	400	25			
2	粗铣外形轮廓		立铣刀	$\phi 20$	600	40			
3	粗铣槽		立铣刀	$\phi 20$	600	40			
4	精铣外形轮廓		立铣刀	$\phi 14$	900	20	0.5		
5	精铣槽		立铣刀	$\phi 14$	900	20	0.5		
6	钻 $4 \times \phi 6.6$ 中心孔		中心钻	$\phi 3$	1200	40			
7	钻 $4 \times \phi 6.6$ 孔		麻花钻	$\phi 6.6$	350	30			
8	调头安装								
9	铣表面		面铣刀	$\phi 80$	400	25			
10	铣 $\phi 26$ 孔		键槽刀	$\phi 14$	600	20	1		
11	铣 $\phi 17$ 孔		键槽刀	$\phi 14$	600	20	1		
12	磨平面								
编 制		审核		批准				共 1 页	第 1 页

(5) 加工程序

铣平面和外形轮廓程序比较简单，给出铣槽及 $\phi 26$ 孔的精加工程序，如表 8-3 所示。

表 8-3　加工支承块程序代码（参考）

铣槽程序	
O0010	Y40
G90 G54 G00 X0 Y0	X-14
Z50	Y14
S900 M03	X-40
M08	Y-14
Y-60	X-14
Z10	Y-40
G01 Z-2 F20	G01 G40 Y-60
G41 X14 Y-40 D01	G00 Z100
G01 Y-14	M09
X40	M05
Y14	M30
X14	

铣 $\phi26$ 孔程序	
O0011	G03 I-14 Z-1 L5
G90 G54 G00 X0 Y0	I-14
Z50	G01 G40 X0
S600 M03 M08	G00 Z100
G01 Z0 F20	M05 M09
G41 X14 D01	M30

8.1.2.3　支撑套

图 8-3 所示为升降台铣床的支撑套，材料为 45 钢。

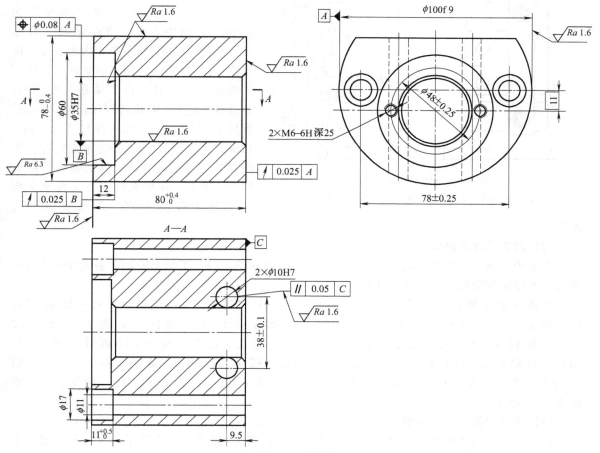

图 8-3　支撑套

(1) 工艺分析

支撑套的材料为 45 钢, 毛坯选棒料。支撑套 ϕ35H7 孔对 ϕ100f9 外圆、ϕ60mm 孔底平面对 ϕ35H7 孔, 2×ϕ10H7 孔对端面 C、端面 C 对内 ϕ100f9 外圆均有位置精度要求。为便于在数控机床上定位和夹紧, 将 ϕ100f9 外圆、$80^{+0.5}_{0}$ mm 尺寸两端面、$78^{0}_{-0.5}$ mm 尺寸上平面均安排在前面工序中由普通机床完成。其余加工表面 (2×ϕ10H7 孔、ϕ35H7 孔、ϕ60mm 孔、2×ϕ11mm 孔、2×ϕ17mm 孔、2×M6-6H 螺孔) 确定在数控铣床上一次安装完成。

所有孔都是在实体上加工, 为防钻偏, 均先用中心钻引正孔, 再钻孔。为保证 ϕ35H7 及 2×ϕ10H7 孔的精度, 根据其尺寸, 选择铰削作为其最终加工方法。对 ϕ60mm 的孔, 根据孔径精度, 孔深尺寸和孔底平面要求, 用铣削方法同时完成孔壁和孔底平面的加工。

各加工表面选择的加工方案如下。

ϕ35H7 孔: 钻中心孔—钻孔—粗镗—半精镗—铰孔。

ϕ10H7 孔: 钻中心孔—钻孔—扩孔—铰孔。

ϕ60mm 孔: 粗铣—精铣。

ϕ11mm 孔: 钻中心孔—钻孔。

ϕ17mm 孔: 锪孔 (在 ϕ11mm 底孔上)。

M6-6H 螺孔: 钻中心孔—钻底孔—孔端倒角—攻螺纹。

(2) 工件装夹

ϕ35H7 孔、ϕ60mm 孔、2×ϕ11mm 孔及 2×ϕ17mm 孔的设计基准均为 ϕ100f9 外圆中心线, 遵循基准重合原则, 选择 ϕ100f9 外圆中心线为主要定位基准。因 ϕ100f9 外圆不是整圆, 故用 V 形块作定位元件。在支承套长度方向, 若选右端面定位, 则难以保证 ϕ17mm 孔深尺寸 $11^{+0.5}_{0}$ mm (因工序尺寸 80mm—11mm 无公差), 故选择左端面定位。所用夹具为专用夹具, 工件的装夹简图如图 8-4 所示。在装夹时应使工件上平面在夹具中保持垂直, 以消除转动自由度。

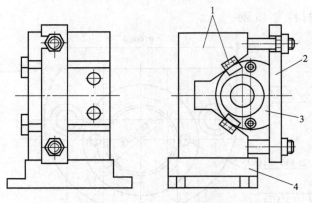

图 8-4 支撑套装夹示意图
1—定位元件; 2—夹紧机构; 3—工件; 4—夹具体

(3) 加工顺序及路线

为减少变换工位的辅助时间和工作台分度误差的影响, 各个工位上的加工表面在工作台一次分度下按先粗后精的原则加工完毕。

具体的加工顺序是: 第一工位 (B0°): 钻 ϕ35H7、2×ϕ11mm 中心孔—钻 ϕ35H7 孔—钻 2×ϕ11mm 孔—锪 2×ϕ17mm 孔—粗镗 ϕ35H7 孔—粗铣、精铣 ϕ60mm×12 孔—半精镗 ϕ35H7 孔—钻 2×M6—6H 螺纹中心孔—钻 2×M6—6H 螺纹底孔—2×M6—6H 螺纹孔端倒角—攻 2×M6—6H 螺纹—铰 ϕ35H7 孔; 第二工位 (B90°): 钻 2×ϕ10H7 中心孔—钻 2×ϕ10H7 孔—扩 2×ϕ10H7 孔—铰 2×10H7 孔。详见表 8-4 数控加工工序卡片。

(4) 选择刀具及切削用量

各工步刀具直径根据加工余量和孔径确定, 详见表 8-4 数控加工工序卡片。刀具长度与工件在机床工作台上的装夹位置有关, 在装夹位置确定之后, 再计算刀具长度。

表 8-4 加工支撑套数控加工工序卡片

（工厂）	数控加工工艺卡片		产品名称或代号	零件名称		材料		零件图号	
				支撑套		45钢			
工序号	程序编号	夹具名称	夹具编号	使用设备				车间	
		专用夹具		XH754					
工步号	工 步 内 容		刀具名称	刀具规格/mm	主轴转速/(r/min)	进给速度/(mm/min)	背吃刀量/mm	备 注	
	B0°								
1	钻 φ35H 孔、2×φ17mm×11mm 孔中心孔		中心钻	φ3	1200	40			
2	钻 φ35H 孔至 φ31mm		锥柄麻花钻	φ31	150	30			
3	钻 φ11mm 孔		锥柄麻花钻	φ11	500	70			
4	锪 2×φ17mm		锥柄埋头钻	φ17	150	15			
5	粗镗 φ35H7 孔至 φ34mm		粗镗刀	φ34	400	30			
6	粗铣 φ60×12mm 至 φ59mm×11.5mm		硬质合金立铣刀	φ32T	500	70			
7	精铣 φ60×12mm			φ32T	600	45			
8	半精镗 φ35H7 孔至 φ34.85mm		镗刀	φ34.85	450	35			
9	钻 2×M6-6H 螺纹中心孔				1200	40			
10	钻 2×M6-6H 底孔至 φ5 mm		直柄麻花钻	φ5	650	35			
11	2×M6-6H 孔端倒角				500	20			
12	攻 2×M6-6H 螺纹		机用丝锥	M6	100	100			
13	铰 φ35H7 孔		套式铰刀	φ35AH7	100	50			
	B90°								
14	钻 2×φ10H7 中心孔			φ3	1200	40			
15	钻 2×φ10H7 至 φ9.4			φ9.4	450	60			
16	扩 2×φ10H7 至 φ9.85			φ9.85	200	40			
17	铰 2×φ10H7 孔			φ10AH7	100	60			
编 制		审核		批准			共 页	第 页	

注："B0°"和"B90°"表示加工中心上两个互成90°的工位。

（5）加工程序

根据零件的结构特点，要在带转台的卧式数控铣床上加工，其加工内容主要是孔，程序较简单，在此不再列举。

8.1.3 孔类零件的加工实例

8.1.3.1 基本知识

（1）孔加工的特点

孔一般作为轴承、轴、定位销、螺栓等零件的装配部位，起到固定、定位、连接等作用。孔按形状一般可分为圆柱孔、圆锥孔、螺纹孔，常见的圆柱孔主要有通孔、盲孔、台阶孔及深孔，在零件上按孔之间的相互位置可分为平行孔系、同轴孔系和交叉孔系。

孔加工的常用方法有钻孔、扩孔、铰孔、锪孔、镗孔等。由于数控机床的定位精度和重复定位精度高，工序集中，加工精度高，且孔加工动作循环已经典型化，所以孔的加工正向数控加工方向发展。

（2）孔加工方案的选择

在数控铣床上，内孔表面的加工方法有钻孔、扩孔、铰孔、镗孔、攻丝及铣孔等，应根据被加工孔的尺寸、加工要求、生产条件、批量大小以及毛坯上是否有预制孔等因素合理选用，可参照表 8-5 所示方案。

表 8-5　孔加工方案

精度等级	孔径/mm	加工方案
IT9	$D<10$	钻—铰
	$10<D<30$	钻—扩
	$30<D$	钻—镗
IT8	$D<20$	钻—铰
	$20<D<80$	钻—扩—铰
IT7	$D<12$	钻—粗铰—精铰
	$12<D<60$	钻—扩—粗铰—精铰
	若毛坯上已有预制孔	粗镗—半精镗—精镗
IT6	最终工序	手铰、精细镗、研磨或珩磨

(3) 进退刀方式的选择

通孔：加工完毕后，可直接退刀。

盲孔：加工完毕后，孔底需要暂停，暂停后退刀。

钻孔：孔加工完毕后，可直接退刀。

镗孔：孔加工完毕后，须沿着刀尖反向退出一段距离，然后退刀。

螺纹孔：加工完毕退刀时，主轴转向与进刀时正好相反，退刀速度必须与进刀速度相等。

深孔：（深径比值大于 5）间歇进给。

(4) 孔加工路线

加工路线的选择参照第 7 章加工工艺。铣孔走刀路线如图 8-5 所示。

铣削内孔时也要遵循从切向切入的原则，最好安排从圆弧过渡到圆弧的加工路线，这样可以提高内孔表面的加工精度和加工质量。

钻孔、扩孔、铰孔、锪孔、镗孔加工动作如图 8-6 所示，其顺序为：XY 面定位—快速下降到中间平面（R 平面）—孔加工—孔底动作—退刀至中间平面—返回起始平面。

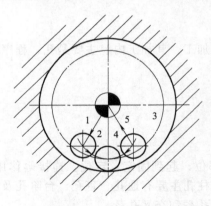

图 8-5　内孔走刀路线

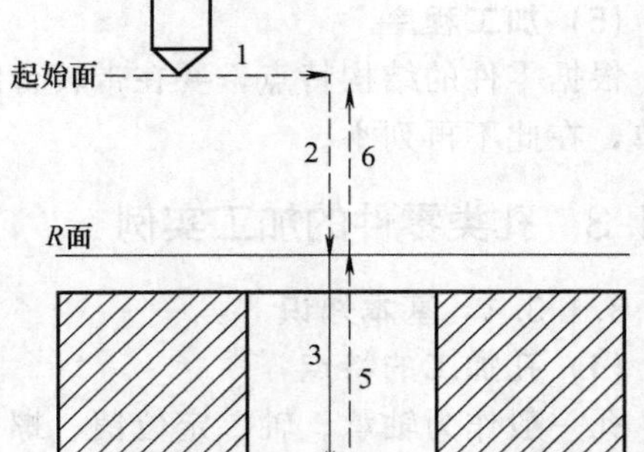

图 8-6　孔加工动作路线

8.1.3.2　单孔加工

加工如图 8-7 中 $\phi20$ 的孔，工件材料为 45 钢。

(1) 工艺分析

针对零件图纸要求给出三种加工方案。一是采用钻、扩、铰；二是采用钻、铣、铰；三是采用钻、粗镗、精镗。由于考虑到镗刀刀具直径尺寸偏小，刀具难取，故采用方案 1 或方案 2。如图 8-7 所示将工件坐标系 G54 建立在工件上表面，$\phi20$ 的孔中心处。

（2）工件装夹

从图 8-7 中可以看到，孔的尺寸要求和粗糙度要求较高，而孔的位置要求不高。所采用的装夹为平口钳或置于工作台面上，下面两侧用等高垫块，上面用压板压紧。

（3）刀具选择

方案 1：所选择刀具为 $\phi18$ 钻头、$\phi19.8$ 扩孔钻、$\phi20H7$ 铰刀。

方案 2：所选择刀具为 $\phi18$ 钻头、$\phi16$ 立铣刀、$\phi20H7$ 铰刀。

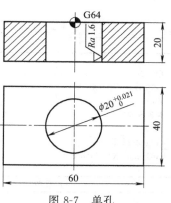

图 8-7　单孔

（4）加工顺序及路线

方案 1：钻—扩—铰。

方案 2：钻—铣—铰，铣孔路线如图 8-5 所示。

（5）加工程序

单孔加工方案 1 程序代码如表 8-6 所示。

表 8-6　单孔加工方案 1 程序代码（参考）

钻 孔 程 序	扩 孔 程 序
O0020	O0021
G00 G90 G80 G40 G17	G90 G54 G00 X0 Y0
G00 G53 G49 Z0	M03 S160
M03 S180	M8
G54 G00 X0 Y0	G98 G83 X0 Y0 Z-28 R3 Q8 F30
M8	G80 G00Z30
G98 G83 X0 Y0 Z-29 R3 Q8 F35	G00 Z100
G80 G0 Z30	M05
G00Z100	M09
M05	M30
M09	
M30	

铰孔程序	
O0022	G00 Z50
G90 G54 G0 X0 Y0	Y150
M03 S150	M09
M8	M05
G98 G85 X0 Y0 Z-28 R3 F15	M30
G80 G00 Z30	

单孔加工方案 2 程序代码如表 8-7 所示。

表 8-7　单孔加工方案 2 程序代码（参考）

钻 孔 程 序	钻孔子程序
O0020	O0023
G00 G90 G40 G80 G17	G0 Z2
G00 G53 G49 Z0	G1 Z-28 F35
G00 G54 X0 Y0	G0 Z50
M03 S180	M99
M08	
M98 P0023	
G00 G90 Z50	
M05	
M09	
M30	

钻 孔 程 序	钻孔子程序
铣孔程序	
O0024 G90 G54 G00 X0 Y0 Z50 M3 S350 M08 G01 Z-22 F500 G01 G42 X10 D13 F50	G02 I-10 G01 Z5 F200 G00 G40 X0 G00 Z50 M05 M09 M30
铰 孔 程 序	铰孔子程序
O0025 G90 G54 G00 X0 Y0 Z50 M03 S150 M08 M98 P0026 G00 Z50 Y150 M09 M05 M30	O0026 G00 Z2 G01 Z-23 F15 G00 Z50 M99

8.2 数控车削系统加工实例

8.2.1 轴类零件加工实例

8.2.1.1 编程加工轴类零件

如图 8-8 所示零件，材料为 45 钢，毛坯为 $\phi50mm \times 110mm$ 棒材，完成数控车削工艺分析及编程并加工。

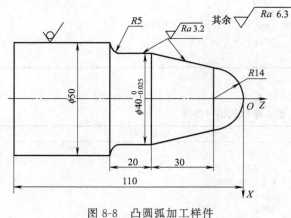

图 8-8 凸圆弧加工样件

(1) 工艺分析及处理

① 零件图分析 该工件是由圆弧面、圆锥面、外圆柱面构成的特型面工件。其中 $\phi50$ 外圆柱面处不加工，而 $\phi40$ 外圆柱面处加工精度较高。

② 确定加工方案及加工路线 以零件右端面中心 O 作为坐标原点建立工件坐标系。

根据零件尺寸精度及技术要求，将粗、精加工分开来考虑。确定的加工工艺路线为：车削端面—粗车 $\phi44$、$\phi40.5$、$\phi34.5$、$\phi28.5$、$\phi22.5$、$\phi16.5$ 外圆柱面—粗车圆弧面 $R14.25$—粗车外圆锥面—粗车圆弧面

$R4.75$—精车圆弧面 $R14$—精车外圆锥面—精车外圆柱面 $\phi40$—精车圆弧面 $R5$。

③ 零件的装夹及夹具的选择 以轴心线为工艺基准，用三爪自定心卡盘夹持外圆，工件伸出卡盘 75mm，找正并夹紧。

④ 选择刀具　根据加工要求，选用一把刀具：T01选90°硬质合金机夹偏刀。试切对刀，以工件右端面中心点为工件坐标原点，把它们的刀偏值输入相应的刀具参数中。

⑤ 确定切削用量　采用切削用量主要考虑加工精度并兼顾提高刀具耐用度、机床寿命等因素，具体见表8-8。

表8-8　加工凸圆弧工艺流程

单位名称	数控加工工序卡片		产品名称或代号		零件名称	材料	零件图号
					凸圆弧	45钢	
工序号	程序编号	夹具名称		夹具编号	使用设备	车间	
		三爪卡盘				数控中心	
工步号	工步内容	刀具号	刀具规格/mm	主轴转速/(r/min)	进给量/(mm/r)	背吃刀量/mm	备注
1	① 车削端面 ② 粗车 $\phi44$、$\phi40.5$、$\phi34.5$、$\phi28.5$、$\phi22.5$、$\phi16.5$ 外圆柱面 ③ 粗车圆弧面 $R14.25$ ④ 粗车外圆锥面 ⑤ 粗车圆弧面 $R4.75$ ⑥ 车削倒角 $2\times45°$	T01	25×25	1200	0.2	3	刀尖圆弧半径0.4mm
2	① 精车圆弧面 $R14$ ② 精车外圆锥面 ③ 精车外圆柱面 $\phi40$ ④ 精车圆弧面 $R5$	T01	25×25	1600	0.1	0.25	
编制		审核		批准		共1页	第1页

（2）尺寸计算

$R14$mm 圆弧的圆心坐标是：$X=0$，$Z=-14$mm。

$R5$mm 圆弧的圆心坐标是：$X=50$mm，$Z=-(44+20-5)$mm$=-59$mm。

（3）机床准备及加工

略。

（4）加工程序（以 FANUC 0i-T 数控系统为例）

FANUC 0i-T 数控系统加工凸圆弧参考程序见表8-9。

表8-9　加工凸圆弧参考程序

程序内容	程序说明
O1101	程序名
G21 G97 G99	公制输入,转速控制,每转进给
T0101	调用1号刀及其刀补值
M03 S800	主轴正转,转速800r/min
G00 X100 Z50	快速定位至起刀点
G00 X52 Z2	快速定位接近工件
G94 X0 Z0 F0.2	端面粗车固定循环,进给量0.2mm/r
G71 U2.0 R2.0	定义粗车循环,切削深度2mm,退刀量2mm
G71 P1 Q2 U0.5 W0.1 F0.25	粗车路线由数控系统根据N1~N2描述的精车轮廓指定,留精车余量X向0.5mm,Z向0.1mm。粗车进给量0.25mm/r
N1 G42 G01 X0 Z0 F0.2	精加工程序首句,直线插补定位,加入刀尖半径右补偿
G03 X28.5 Z-14.0 R14.0	精车圆弧面 $R14$
G01 X40.0 Z-44.0	精车外圆锥面
Z-59	精车外圆柱面 $\phi40$
G02 X50.0 Z-64 R5	精车圆弧面 $R5$
G1 X52.0	退刀
N2 G40 G0 X55	取消刀尖半径补偿,快速退刀

续表

程序内容	程序说明
G00 X100 Z100	粗加工循环结束退回起刀点
M05	主轴停转
M00	程序停止(可测量粗加工留的余量,及时修调刀补误差)
T0101	重新调用刀具补偿值
M03 S1300	主轴正转,转速 1300r/min
G00 X52 Z2.0	快速定位接近工件
G70 P1 Q2	定义 G70 精车循环,精车轮廓
G00 X100 Z100	粗加工循环结束退回起刀点
M05	主轴停转
M30	程序结束

8.2.1.2 编程加工哑铃状轴

编程加工图 8-9 所示哑铃状轴,已知材料为 45 钢,毛坯为 $\phi65mm \times 125mm$。

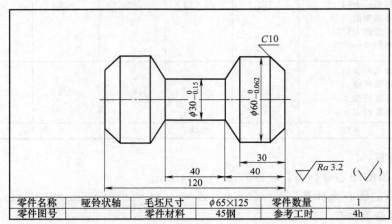

零件名称	哑铃状轴	毛坯尺寸	$\phi65 \times 125$	零件数量	1
零件图号		零件材料	45钢	参考工时	4h

图 8-9 哑铃状轴

(1) 制定零件加工工艺规程

① 零件图分析 该零件为哑铃状轴,材料为 45 钢,加工内容全部由直线轮廓组成,用两把外圆车刀、一把尖头刀和一把割刀可完成。尺寸精度最高为 IT8~IT9 级公差要求,表面粗糙度值为 $Ra3.2\mu m$,分粗车、精车、切槽与调头加工四个工步,粗车去除大部分加工余量,直径留下 0.5mm 精车加工余量;精车时要求沿零件外形轮廓连续走刀,一次加工成形;接着切哑铃状槽,然后调头平端面,保证长度尺寸,最后切倒角。最后两个工步的切削加工是本任务的难点。

② 确定加工工艺路线

a. 钻中心孔,采用一夹一顶装夹方式。

b. 循环粗车外圆。

c. 循环精车轮廓至尺寸要求。

d. 加工哑铃状槽。

e. 调头,平端面,切倒角。

③ 选择刀具 选 90°硬质合金车刀置于 T01 号刀位。

选 93°硬质合金车刀置于 T02 号刀位;刀尖半径为 0.2mm,刀尖方位 T 为 3。

选刀尖角为 55°尖头车刀置于 T03 号刀位;刀尖半径为 0.2mm,刀尖方位 T 为 8。

④ 确定切削用量 哑铃状轴加工切削用量见表 8-10。

表 8-10　哑铃状轴加工切削用量

序号	工步	加工面	刀具号	刀具类型	主轴转速 n/(r/min)	进给量 f/(mm/r)	切削深度 a_p/mm
1	粗车	外圆面	T01	90°硬质合金车刀	600	0.2	1.5
2	精车	外圆轮廓	T02	93°硬质合金车刀	1000	0.1	0.25
3	切槽	粗精车外槽	T03	55°尖头车刀	600/1000	0.2/0.1	1.5/0.25
4	调头加工	左端面及倒角	T01	90°硬质合金车刀	600	0.2	1.5

⑤ 加工工序卡　哑铃状轴加工工序卡见表 8-11。

表 8-11　哑铃状轴加工工序卡

零件名称	哑铃状轴	数量	1	工作场地		日期	
零件材料	45 钢	尺寸单位	mm	使用设备及系统	CKA6150 FANUC 0i-T	工作者	
毛坯规格/mm		$\phi 65\times125$				备注	
工序	名称			工艺要求			
1	锯床下料			$\phi 65mm\times125mm$ 棒料			

		工步	工步内容	刀具号	刀具类型	主轴转速 n/(r/min)	进给量 f/(mm/r)	切削深度 a_p/mm
2	数控车削	1	钻中心孔		中心钻	1000		
		2	粗车外圆	T01	90°硬质合金车刀	600	0.2	1.5
		3	精车轮廓至尺寸要求	T02	93°硬质合金车刀	1000	0.1	0.25
		4	粗精车槽	T03	55°尖头车刀	600/1000	0.2/0.1	1.5/0.25
		5	调头加工左端面及倒角	T01	90°硬质合金车刀	600	0.2	1.5

编制		审核		批准		共　页	第　页

⑥ 数值计算　零件生产时，精加工零件轮廓尺寸有偏差存在时，编程应取极限尺寸的平均值：

编程尺寸＝基本尺寸＋(上偏差＋下偏差)/2

在图 8-9 中，$\phi 30mm$ 外圆的编程尺寸＝$30+[0+(-0.15)]\div2=29.925(mm)$

$\phi 60mm$ 外圆的编程尺寸＝$60+[0+(-0.062)]\div2=59.969(mm)$

(2) 编程主要指令

该零件加工编程主要应用 G00、G01、G71、G73 指令。

(3) 加工程序

因为零件加工需要调头，因此程序在编制时分为左边及右边两个部分程序，具体见表 8-12。

表 8-12　加工哑铃状轴右边部分的参考程序

	程序号：O1201	
程序段号	程序内容	程序说明
N10	G21　G97　G99	公制输入，每转进给
N20	M03　S600	主轴正转，转速为 600r/min
N30	T0101	选 1 号 90°硬质合金偏刀
N40	M08	打开切削液
N50	G00　X66　Z2	刀具快速移动到切削循环起点
N60	G71　U1.5　R0.5	定义粗车循环，切削深度 1.5mm，退刀量 0.5mm
N70	G71　P80　Q130　U0.5　W0 F0.2	粗车路线由数控系统根据 N80～N130 描述的精车轮廓指定，粗车后，X 方向留 0.5mm 精车余量，Z 方向不留精车余量，粗车进给量 0.2mm/r
N80	G42　G00　X39.969	精加工程序首句，设置刀具右补偿，快速进刀

程 序 段 号	程 序 内 容	程 序 说 明
N90	G01 Z0 F0.1	切削至原点,精车进给量0.1mm/r
N100	X59.969 Z-10	精车右倒角
N110	Z-90	精车460mm外圆面
N120	X66	切出
N130	G40 G00 X68	取消刀补
N140	M09	关闭切削液
N150	G00 X100	快速退刀,回到换刀点
N160	T0202	换2号93°硬质合金偏刀,准备精车
N170	M03 S1000	提高转速到1000r/min
N180	M08	打开切削液
N190	G00 X66 Z2	刀具快速移动到切削起点
N200	G70 P80 Q130	定义G70精车循环,精车轮廓
N210	M09	关闭切削液
N220	G00 X100	快速退刀,返回换刀点
N230	T0302	换3号4mm宽硬质合金切槽刀
N240	M03 S500	调整主轴转速为500r/min
N250	M08	打开切削液
N260	G00 X66 Z-30	刀具快速移动到切槽起点
N270	G73 U13.5 W0 R10	定义粗车循环,X方向总退刀量为13.5,Z方向总退刀量为0,粗加工循环次数为10
N280	G73 P290 Q340 U0.5 W0 F0.2	粗车路线由数控系统根据N290~N340描述的精车轮廓指定,粗车后,X方向留0.5mm精车余量,Z方向不留精车余量,粗车进给量0.2mm/r
N290	G42 G01 X60 F0.1	精加工首句,设置刀具右补偿,进给量0.1mm/r
N300	X29.925 Z-40	精车哑铃轴中间槽右侧面
N310	Z-80	精车哑铃轴中间槽槽底
N320	X59.969 Z-90	精车哑铃轴中间槽左侧面
N330	X66	沿着X轴切出
N340	G00 G40 X68	取消刀补
N350	G00 Z-30	退刀
N360	S1000	提高转速
N370	G70 P290 Q340	精车哑铃轴中间槽
N380	G00 X100	快速退刀
N390	M05	主轴停转
N400	M09	关闭切削液
N410	M02	程序结束

调头后,三爪卡盘夹持右端 ϕ60mm外圆面,先手工车削左端面,保证总长,然后加工零件左端部分。参考程序见表8-13。

表8-13 加工哑铃状轴左边部分的参考程序

	程序号:O1202	
程 序 段 号	程 序 内 容	程 序 说 明
N10	G21 G97 G99	公制输入,每转进给
N20	M03 S600	主轴正转,转速为600r/rain
N30	T0101	选1号90°硬质合金偏刀
N40	M08	打开切削液
N50	G00 X66 Z2	刀具快速移动到切削循环起点
N60	G71 U1.5 R0.5	定义粗车循环,切削深度1.5mm,退刀量0.5mm
N70	G71 P80 Q120 U0.5 W0 F0.2	粗车路线由数控系统根据N80~N120描述的精车轮廓指定,粗车后,X方向留0.5mm精车余量,Z方向不留精车余量,粗车进给量0.2mm/r

程序段号	程 序 内 容	程 序 说 明
N80	G42 G00 X39.969	精加工程序首句,设置刀具右补偿,快速进刀
N90	G01 Z0 F0.1	切削至原点,精车进给量 0.1mm/r
N100	X59.969 Z-10	精车倒角
N110	Z-31	精车 460mm 外圆面
N120	G40 G00 X61	切出,取消刀补
N130	M09	关闭切削液
N140	G00 X100 Z100	快速退刀,回到换刀点
N150	T0202	换 2 号 93°硬质合金偏刀,准备精车
N160	M03 S1000	提高转速到 1000r/min
N170	M08	打开切削液
N180	G00 X62 Z2	刀具快速移动到切削起点
N190	G70 P80 Q120	定义 G70 精车循环,精车轮廓
N200	M09	关闭切削液
N210	G00 X100 Z100	快速退刀,返回换刀点
N220	M05	主轴停转
N230	M09	关闭切削液
N240	M02	程序结束

8.2.2 孔类零件加工实例

8.2.2.1 编程加工内锥度零件

编程加工图 8-10 所示套类零件,已知材料为 45 钢,毛坯尺寸为 $\phi45mm \times 55mm$。

(1) 制定零件加工工艺规程

① 零件图分析 该零件材料为 45 钢,主要包括外圆柱面、内孔、内锥面及倒角等加工面。外圆、内孔及内锥面的表面粗糙度及尺寸精度要求较高,应分粗、精加工。内孔最小直径为 20mm,可以先用 $\phi18mm$ 的麻花钻钻孔,再镗至要求尺寸。由于毛坯料为 $\phi45mm \times 55mm$,而工件长度为 50mm,故需调头二次装夹零件,完成各个表面的加工。

② 确定加工工艺路线

a. 车端面,钻中心孔。

b. 用 $\phi18mm$ 钻头手动钻内孔。

c. 换镗刀,粗、精车内孔至尺寸要求。

d. 粗、精车 $\phi42mm$ 外圆至尺寸要求。

e. 掉头,夹持 $\phi42mm$ 外圆,取总长,粗、精车 $\phi36mm$ 外圆至尺寸要求。

③ 选择刀具

a. 中心钻、$\phi18mm$ 钻头置于尾座。

b. 选硬质合金镗孔刀置于 T01 刀位,刀尖方位 T 为 2。

c. 选硬质合金外圆刀置于 T02 刀位,刀尖方位 T 为 3。

④ 确定切削用量 内锥度零件加工切削用量见表 8-14。

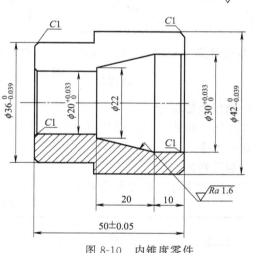

其余 $\sqrt{}$ $Ra\ 3.2$

图 8-10 内锥度零件

表 8-14　内锥度零件加工切削用量

序号	加工面	刀具号	刀具类型	主轴转速 $n/(r/min)$	进给量 $f/(mm/r)$	切削深度 a_p/mm
1	钻中心孔	—	A3 中心钻	1000	—	1.5
2	钻底孔	—	$\phi18mm$ 麻花钻	300	—	9
3	粗车内孔、内锥面	T01	硬质合金镗孔刀	500	0.2	1
4	精车内孔、内锥面	T01	硬质合金镗孔刀	800	0.1	0.25
5	粗车 $\phi36mm$、$\phi42mm$ 外圆	T02	硬质合金外圆刀	500	0.25	2
6	精车 $\phi36mm$、$\phi42mm$ 外圆	T02	硬质合金外圆刀	1000	0.1	0.25

⑤ 加工工序卡　内锥度零件加工工序卡见表 8-15。

表 8-15　内锥度零件加工工序卡

零件名称	内锥度	数量	1	工作场地		日期	
零件材料	45 钢	尺寸单位	mm	使用设备及系统	CKA6150 FANUC 0i-T	工作者	
毛坯规格/mm	$\phi45\times55$					备注	
工序	名称	工艺要求					
1	锯床下料	$\phi45mm\times55mm$ 棒料					
2	数控车削	工步	工步内容	刀具号	刀具类型	主轴转速 $n/(r/min)$	进给量 $f/(mm/r)$	切削深度 a_p/mm

工步	工步内容	刀具号	刀具类型	主轴转速 $n/(r/min)$	进给量 $f/(mm/r)$	切削深度 a_p/mm
1	钻中心孔		A3 中心钻	1000		1.5
2	钻底孔		麻花钻	300		9
3	粗镗内孔留余量 0.5mm	T01	硬质合金镗孔刀	500	0.2	1
4	精镗内孔至尺寸要求	T01	硬质合金镗孔刀	800	0.1	0.25
5	粗车 $\phi42mm$ 外圆	T02	硬质合金外圆刀	500	0.25	2
6	精车 $\phi42mm$ 外圆	T02	硬质合金外圆刀	1000	0.1	0.25
7	调头粗车 $\phi36mm$ 外圆	T02	硬质合金外圆刀	500	0.25	2
8	精车 $\phi36mm$ 外圆	T02	硬质合金外圆刀	1000	0.1	0.25

| 编制 | | 审核 | | 批准 | | 共　页 | | 第　页 | |

⑥ 数值计算　零件生产时，如精加工零件轮廓尺寸存在偏差，编程应取极限尺寸的平均值：

$$编程尺寸 = \frac{基本尺寸+(上偏差+下偏差)}{2}$$

（2）编程主要指令

该零件加工编程主要应用快速点定位 G00、直线插补 G01、G71 外圆粗车循环和 G70 精车循环这四条指令。

（3）加工程序

加工内锥度零件的参考程序见表 8-16。

表 8-16　加工内锥度零件的参考程序

程序号：O2101　（工件右端加工程序）		
程序段号	程序内容	程序说明
N10	G99　G21	每转进给，公制输入
N20	M03　S500	主轴正转，转速 500r/min
N30	T0101	选 1 号镗孔刀
N40	M08	打开切削液
N50	G00　X18　Z2	刀具快速移动到切削起点
N60	G71 U1 R0.5	设置循环参数，背吃刀量为 1mm，退刀量 0.5mm
N70	G71 P80 Q140 U-0.5　F0.2	内孔精加工余量为 0.5mm，粗车进给量为 0.2mm/r
N80	G00　G41 X32.0165	快速进给到精加工轮廓起点
N90	G01　Z0　F0.1	切削至倒角起点，设置精加工进给量为 0.1mm/r
N100	X30.0165　Z-1	车倒角
N110	Z-10	车 $\phi30mm$ 内孔

续表

程序号:O2101　（工件右端加工程序）

程序段号	程序内容	程序说明
N120	X22　W-20	车内锥面
N130	X20.0165	车内台阶面
N140	Z-51	车 ϕ20mm 内孔
N150	G00　G40　Z100	Z 向快速退刀
N160	X100	刀具快速移动到换刀点
N170	M05	主轴停止
N180	M00	程序暂停
N190	M03　S800　T0101	换转速为 800r/min
N200	G00　X18　Z2	刀具快速移动到循环起点
N210	G70　P80　Q140	调用精加工循环,精车内轮廓
N220	G00　Z200	回换刀点
N230	M05	主轴停止
N240	M00	程序暂停
N250	M03　S500　T0202	换外圆刀,换主轴转速为 500r/min
N260	G00　X42.5　Z2	快速移动到切削起点,准备粗车 ϕ42mm 外圆
N270	G01　Z-31　F0.25	粗车 ϕ42mm 外圆,进给量为 0.25mm/r
N280	G00　X44　Z2	快速退刀
N290	X41.9805　S1000	快速进给到切削起点,准备精车 ϕ42mm 外圆
N300	G01　Z-31　F0.1	精车 ϕ42mm 外圆,进给量为 0.1mm/r
N310	G00　X100　Z100	快速回换刀点
N320	M30	程序结束

程序号:O2102　（工件左端加工程序）

程序段号	程序内容	程序说明
N10	G99　G21	每转进给,公制输入
N20	M03　S500	主轴正转,转速 500r/min
N30	T0202	选 2 号外圆车刀
N40	M08	打开切削液
N50	G00　X45　Z2	刀具快速移动到切削起点
N60	G71　U2　R0.5	设置循环参数,背吃刀量为 1mm,退刀量 0.5mm
N70	G71　P80　Q120　U0.5　F0.25	精加工余量为 0.5mm,粗进给量为 0.25mm/r
N80	G00　X33.9805	快速进给到精加工轮廓起点
N90	G01　Z0　F0.1	切削至倒角起点,设置精加工进给量为 0.1mm/r
N100	X35.9805　Z-1	车倒角
N110	Z-20	车 ϕ36mm 外圆
N120	X43	刀具沿 ϕ42mm 外圆端面切出工件
N130	G00　X100　Z100	刀具快速退回换刀点
N140	M05	主轴停止
N150	M00	程序暂停
N160	M03　S1000　T0202	换转速为 1000r/min
N170	G00　X45　Z2	刀具快速移动到循环起点
N180	G70　P80　Q120	调用精加工循环,精车 ϕ36mm 外圆
N190	G00　X100　Z100	快速退回换刀点
N200	M30	程序结束

8.2.2.2　套类零件综合训练

编程加工图 8-11 所示套类零件,已知材料为 45 钢,毛坯为 ϕ45mm×50mm。单件、小批量。

(1) 制定零件加工工艺规程

① 零件图分析　该零件材料为 45 钢,主要包括外圆柱面、内孔、内锥度、内沟槽及倒

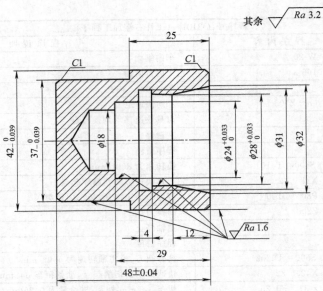

图 8-11　套类零件综合训练

角等加工面。由图可知，加工内轮廓要先用 ϕ18mm 的麻花钻钻底孔，再镗孔至要求尺寸。毛坯料为 ϕ45mm×50mm，而工件长度为 48mm，故需调头二次装夹零件，完成各个表面的加工。

② 确定加工工艺路线

a. 车端面，钻中心孔。

b. 用 ϕ18mm 钻头手动钻内孔。

c. 换镗刀，粗、精车内孔至尺寸要求。

d. 换内槽刀，加工内沟槽至尺寸要求。

e. 粗、精车 ϕ42mm 外圆至尺寸要求。

f. 调头，夹持 ϕ42mm 外圆，取总长，粗、精车 ϕ37mm 外圆至尺寸要求。

③ 选择刀具

a. 中心钻、ϕ18mm 钻头置于尾座。

b. 选硬质合金镗孔刀置于 T01 刀位，刀尖方位 T 为 2。

c. 选硬质合金内槽刀置于 T02 刀位，刀头宽 3mm，左刀尖设为刀位点。

d. 选硬质合金外圆刀置于 T03 刀位，刀尖方位 T 为 3。

④ 确定切削用量　套类综合零件训练切削用量见表 8-17。

表 8-17　套类综合零件训练切削用量

序号	加 工 面	刀具号	刀 具 类 型	主轴转速 $n/(r/min)$	进给量 $f/(mm/r)$	切削深度 a_p/mm
1	钻中心孔	—	A3 中心钻	1000	—	1.5
2	钻底孔	—	ϕ18mm 麻花钻	300		9
3	粗车内孔、内锥面	T01	硬质合金镗孔刀	500	0.2	1
4	精车内孔、内锥面	T01	硬质合金镗孔刀	800	0.1	0.25
5	车内沟槽	T02	硬质合金内槽刀	300	0.05	3
6	粗车 ϕ37mm、ϕ42mm 外圆	T03	硬质合金外圆刀	500	0.25	2
7	精车 ϕ37mm、ϕ42mm 外圆	T03	硬质合金外圆刀	1000	0.1	0.25

⑤ 加工工序卡　套类综合零件加工工序卡见表 8-18。

表 8-18　套类综合零件加工工序卡

零件名称	套类综合零件	数量	1	工作场地		日期	
零件材料	45 钢	尺寸单位	mm	使用设备及系统	CKA6150 FANUC 0i-T	工作者	
毛坯规格/mm				$\phi45\times50$		备注	
工序	名称			工艺要求			
1	锯床下料			$\phi45mm\times50mm$ 棒料			

工步	工步内容	刀具号	刀具类型	主轴转速 $n/(r/min)$	进给量 $f/(mm/r)$	切削深度 a_p/mm
1	钻中心孔		A3 中心钻	1000		1.5
2	钻底孔		麻花钻	300		9
3	粗镗内孔留余量 0.5mm	T01	硬质合金镗孔刀	500	0.2	1
4	精镗内孔至尺寸要求	T01	硬质合金镗孔刀	800	0.1	0.25
5	车内沟槽	T02	硬质合金内槽刀	300	0.05	3
6	粗车 $\phi42mm$ 外圆	T03	硬质合金外圆刀	500	0.25	2
7	精车 $\phi42mm$ 外圆	T03	硬质合金外圆刀	1000	0.1	0.25
8	调头平端面保证总长 48mm	T03	硬质合金外圆刀	700	0.2	1
9	粗车 $\phi37mm$ 外圆	T03	硬质合金外圆刀	500	0.25	2
10	精车 $\phi37mm$ 外圆	T03	硬质合金外圆刀	1000	0.1	0.25

（工序 2：数控车削）

编制		审核		批准		共 1 页	第 1 页	

⑥ 数值计算　零件生产时，如精加工零件轮廓尺寸有偏差存在，编程应取极限尺寸的平均值：

$$编程尺寸 = \frac{基本尺寸 + (上偏差 + 下偏差)}{2}$$

在图 8-11 中：$\phi24mm$ 内孔的编程尺寸 $= 24 + (+0.033 + 0) \div 2 = 24.0165(mm)$

$\phi28mm$ 内孔的编程尺寸 $= 28 + (+0.033 + 0) \div 2 = 28.0165(mm)$

$\phi37mm$ 外圆的编程尺寸 $= 37 + (0 - 0.039) \div 2 = 36.9805(mm)$

$\phi42mm$ 外圆的编程尺寸 $= 42 + (0 - 0.039) \div 2 = 41.9805(mm)$

$(48\pm0.04)mm$ 长度的编程尺寸 $= 48 + (0.04 - 0.04) \div 2 = 48(mm)$

（2）编程主要指令

该零件加工编程主要应用快速点定位 G00、直线插补 G01、G71 外圆粗车循环和 G70 精车循环这四条指令。

（3）加工程序

加工套类综合零件训练的参考程序见表 8-19。

表 8-19　加工套类综合零件训练的参考程序

程序段号	程序内容	程序说明
	程序号:O2201	
N10	G99　G21	每转进给,公制输入
N20	M03　S500	主轴正转,转速 500r/min
N30	T0101	选 1 号镗孔刀
N40	M08	打开切削液
N50	G00　X18　Z2	刀具快速移动到切削起点
N60	G71　U1　R0.5	设置循环参数,背吃刀量为 1mm,退刀量 0.5mm
N70	G71　P80　Q140　U-0.5　F0.2	内孔精加工余量为 0.5mm,粗车进给量为 0.2mm/r
N80	G01　X32　Z0　F0.1	切削至精加工轮廓起点,精加工进给量为 0.1mm/r
N90	X28.0165　Z-12	车内锥度
N100	Z-22	车 $\phi28mm$ 内孔
N110	X24.0165	车 $\phi24mm$ 内孔端面
N120	Z-29	车 $\phi24mm$ 内孔

程序号:O2201

程 序 段 号	程 序 内 容	程 序 说 明
N130	X17	车 ϕ18mm 内孔端面
N140	G00 Z100	Z 向快速退刀
N150	X100	刀具快速移动到换刀点
N160	M05	主轴停止
N170	M00	程序暂停
N180	M03 S800 T0101	换转速为 800r/min
N190	G41 G00 X18 Z2	刀具加入半径补偿,快速移动到循环起点
N200	G70 P80 Q140	调用精加工循环,精车内轮廓
N210	G00 Z10	退刀至孔外
N220	G40 Z100 M05	取消刀具半径补偿,回换刀点,主轴停止
N230	M00	程序暂停
N240	M03 S300 T0202	换内槽刀,换主轴转速为 300r/mm
N250	G00 X26 Z2	刀具快速移动到工件附近
N260	Z-21	刀具快速定位到切削起点
N270	G01 X30.8 F0.05	粗车内沟槽第一刀,留 0.2mm 精加工余量
N280	G00 X27	X 向退刀
N290	G01 Z-22	切削至第二刀起点
N300	X31	车削到槽底
N310	Z-21	精车槽底,去除 0.2mm 精加工余量
N320	X27	精车槽右侧面
N330	G00 Z100	Z 向退刀
N340	X100	快速退回换刀点
N350	M05	主轴停止
N360	M00	程序暂停
N370	M03 S500 T0303	换外圆刀,换主轴转速为 500r/min
N380	G00 X42.5 Z2	快速移动到切削起点,准备粗车 ϕ42mm 外圆
N390	G01 Z-26 F0.25	粗车 ϕ42mm 外圆,进给量为 0.25mm/r
N400	G00 X44 Z2	快速退刀
N410	X41.9805 S1000	快速进给到切削起点,准备精车 ϕ42mm 外圆
N420	G01 Z-26 F0.1	精车 ϕ42mm 外圆,进给量为 0.1mm/r
N430	G00 X100 Z100	快速回换刀点
N440	M30	程序结束

程序号:O2202

程 序 段 号	程 序 内 容	程 序 说 明
N10	G99 G21	每转进给,公制输入
N20	M03 S500	主轴正转,转速 500r/min
N30	T0303	选 3 号外圆车刀
N40	G00 X45 Z2	刀具快速移动到切削起点
N50	G71 U2 R0.5	设置循环参数,背吃刀量为 1mm,退刀量 0.5mm
N60	G71 P70 Q110 U0.5 F0.25	精加工余量为 0.5mm,粗车进给量为 0.25mm/r
N70	G00 X34.9805	快速进给到精加工轮廓起点
N80	G01 Z0 F0.1	切削至倒角起点,设置精加工进给量为 0.1mm/r
N90	X36.9805 Z-1	车倒角
N100	Z-23	车 ϕ37mm 外圆
N110	X43	刀具沿 ϕ42mm 外圆端面切出
N120	G00 X100 Z100	刀具快速退回换刀点
N130	M05	主轴停止
N140	M00	程序暂停
N150	M03 S1000 T0303	换转速为 1000r/min
N160	G00 X45 Z2	刀具快速移动到循环起点
N170	G70 P70 Q110	调用精加工循环,精车 ϕ37mm 外圆
N180	G00 X100 Z100	快速退回换刀点
N190	M30	程序结束

参 考 文 献

[1] 王小荣. 玩转 FANUC 数控铣削宏程序. 北京：科学出版社. 2013.
[2] 王朝琴，王小荣. FANUC 数控铣削编程及应用. 北京：科学出版社，2015.
[3] 陈海舟. 数控铣削加工宏程序及应用实例. 第 2 版. 北京：机械工业出版社，2012.
[4] 陈德道. 超硬刀具与数控加工技术实例. 北京：化学工业出版社，2012.
[5] 杨伟群. 数控工艺培训教材：数控铣部分. 北京：清华大学出版社，2006.
[6] 彼得·斯密斯. 数控编程手册. 原著第 3 版. 北京：化学工业出版社，2012.
[7] 机械工程师手册编委会编. 机械工程师手册. 北京：机械工业出版社，2007.
[8] 杨叔子. 机械加工工艺师手册. 第 2 版. 北京：机械工业出版社，2011.
[9] BEIJNG-FANUC 0i-TB 操作说明书.
[10] BEIJNG-FANUC 0i-MB 操作说明书.
[11] FANUC Series 0i-MODEL D 加工中心用户手册.
[12] FANUC Series 0i-MODEL D 车床系统/加工中心系统通用用户手册.
[13] FANUC Series 0i-MODEL D 连接说明书（功能篇）.
[14] FANUC Series 0i-MODEL B 连接说明书（硬件）.
[15] FANUC Series 0i-MODEL B 维修说明书.